絵ときでわかる 機構学

《第2版》

Mechanism

宇津木 諭
住野 和男
林 俊一 ／共著

はじめに

機械はいろいろな部品が組み合わされて，一連の動作を満足させている．機械を設計し，製作する機械技術者は，要求通りの動作をさせるにはどのような機構や構造にしたら良いかを考え，それを具体的に実現するために，大きさや寸法，材料の選定や既成部品の購入，加工などを行うことになる．

「からくり」という言葉を聞いたことがあると思うが，まさにこの「からくり」が機構である．昔の「からくり」は，一連の動作をすべて機構のみで行っていた．

最近は，ロボットに代表されるように，制御はコンピュータで行っている．しかし，腕や足の構造には，動力としてのモータ以外に，歯車やリンク，カム，ベルトなどの機構を組み合わせている．これらの機構を用いて構成することにより，腕を動かしたり，歩いたりする動作が可能になるのである．

機械に所要の運動をさせるためには機構が必要であり，機構の構成は機械技術者のアイデアが盛り込まれるところでもある．したがって，機械技術者にとって機構の知識は基本であり，機械を設計する上での基礎となる学問が「機構学」である．

本書は，初めて機構学を学ぼうとする学生諸君や実務に携わる初級技術者を対象に，基本的な機構学の知識に重点を置き，数式や計算は必要最低限にとどめ，また，イラストや図を多く用いてわかりやすく解説している．

また，各章の終わりには演習問題を設け，その章の理解度の確認に役立つようにした．自ら演習問題を解き，巻末の模範解答と比較して確認しながら学習を進めてほしい．

本書が機構学への扉を開く 1 冊になってほしいと願い，執筆した．そして，これから機構学を学ぼうとする諸君の一助となれば幸いである．

本書を執筆するにあたり，各種文献を参考にした．これらの著者に感謝の意を表する次第である．

2006 年 10 月

著者らしるす

第2版改訂にあたって

自動車やロボットなどは，古くは機械的な構造や制御が大半であったが，最近はコンピュータ制御がすべてであり，保守・管理者も機械技術者というよりも電子技術者という感がある．自動車の原動機についても空気汚染の関係で内燃機関から電動機に軸足が移行しつつある．

しかしながら，自動車の原動機以外の構造では，タイヤを回転させたり，さらに前進および後退を切り換えたり，車輪（軸）を懸架したり，かじ取りを行ったりすることが必要になる．

また，ロボットでも電子基板だけではなく，腕や足，その他の可動部分には，歯車やリンク，カム，ベルトなどの機構が必要である．

したがって，機械，器具類などに所定の動作をさせるためには，それらがどんなに電子化されようとも，いろいろな部品の組合せや機構が不要になることはないのである．それゆえ，機械の設計に携わる機械技術者にとって，多くの機構やその動作を学んでおくことは，設計センスを磨き，機械設計のアイデアの引出しを増やすことにもなる．

改訂にあたって，読者の皆様よりいただいたご要望やご意見・ご指摘を参考に，内容の新設・追加・削除を行い，よりわかりやすいものとなるよう各ページを再検討した．その一環として，専門用語は，現在 JIS 規格や一般社団法人 日本機械学会で推奨されている用語で統一した．他の書籍や資料においては出版時期により本書と異なる用語を用いているものも多々あるが，読者諸氏には，説明や式からその内容を対比してもらえば理解できる内容となっているはずである．さらに，各章の終わりには演習問題を設けたので，自ら問題を解き，内容についての自身の理解度を確認してほしい．

機構学に少しでも興味をもっている方々に，本書を手に取ってもらえると幸いである．

最後に，本書の出版にあたっては，オーム社書籍編集局の方々に多大なる労をわずらわせた．心から謝意を表する．

2018年6月

著者しるす

目　次

第1章　機構の基礎

1-1　機構の役割 …… 2
1-2　機素と対偶 …… 8
1-3　リンク機構の構成 …… 12
章末問題 …… 17

第2章　機構と運動の基礎

2-1　物体の運動 …… 20
2-2　機構における位置・速度・加速度 …… 26
2-3　機構の自由度 …… 30
章末問題 …… 34

第3章　リンク機構の種類と運動

3-1　平面リンク機構 …… 36
3-2　スライダクランク機構 …… 44
3-3　立体リンク機構 …… 50
3-4　リンク機構の運動 …… 52
3-5　リンク機構の使われ方 …… 60
章末問題 …… 65

第4章　カムの機構の種類と運動

4-1　カム機構の分類と平面カムの種類 …… 68
4-2　立体カム …… 74
4-3　カムの運動とカム線図 …… 78
4-4　カム線図を計算で求める …… 82
4-5　特殊なカムと機構 …… 90
4-6　カム機構の使われ方 …… 94
章末問題 …… 98

第5章　摩擦伝動の種類と運動

5-1　摩擦伝動と摩擦力の基礎 …… 100
5-2　摩擦車伝動の角速度比 …… 106
5-3　摩擦車の使われ方 …… 114
章末問題 …… 118

第6章　歯車伝動機構の種類と運動

6-1　歯車の種類と名称 …… 120
6-2　標準平歯車 …… 128
6-3　中心軸固定の歯車伝動 …… 134
6-4　中心軸移動の歯車伝動 …… 140
6-5　非円形歯車機構 …… 144
章末問題 …… 146

第7章　巻掛け伝動の種類と運動

7-1　巻掛け伝動の種類 …… 148
7-2　巻掛け伝動の運動 …… 160
7-3　巻掛け伝動の使われ方 …… 172
章末問題 …… 176

章末問題の解答 …… 177
付　録 …… 195
文　献 …… 209
索　引 …… 211

第1章 機構の基礎

機械とは，限定された相対運動（部品の一方に対する他方の動き）をするように各部品が組み合わされ，外部から供給されたエネルギーを有効な仕事に変えているものである．このように機械に所要の運動をさせるためには，カムやリンク，歯車，ベルトなどの部品で多くの機構を構成することになる．

機構学はこの部品間の相対運動を扱うもので，機構は運動の拡大や縮小，または運動の形態を変えることができ，機械を設計するうえで技術者のアイデアが十分に発揮できるところである．

本章では，機構が果たす役割や構成などの基礎知識を解説し，これから機構学を学ぶうえでの足がかりとする．

1-1 機構の役割

ワシと一緒やな〜

ロボットっぽいけど動けまへん

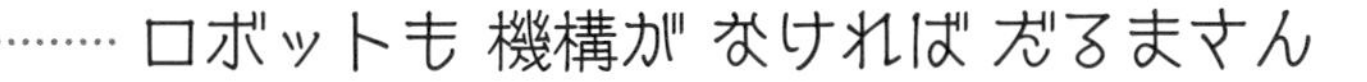

Point

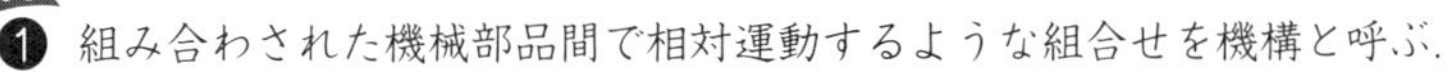

❶ 組み合わされた機械部品間で相対運動するような組合せを機構と呼ぶ.

❷ 機構は勝手な動きではなく，限定された相対運動でなければならない.

どのようなものが**機械**なのか，電子機器の発達にともない，その定義が拡大されるところもあるが，基本的な定義は以下のようなものである.

① 外力に抵抗してそれ自身を保つことのできる部品で構成されている.

② 各部品は拘束された相対運動をする.

③ 外部から供給されたエネルギーを有効な仕事に変換する.

この定義を満たさないものは，「器具」「工具」，あるいは「道具」と呼んでいる.

外力に耐えられるいくつかの部材や部品から構成され，それらが拘束された（限定された）動きをするように組み立てられた機械，器具は，私たちに有用な仕事や情報を提供し，工具あるいは道具類は，機械，器具や工具の製作・組立てや保守管理などに使用されている.

例えば，機械には，自動車や工作機械など，器具にはぜんまいで動く時計や昔の銀塩（フィルム式）カメラなど，工具あるいは道具類にはジャッキや拡大・縮小器などをあげることができる.

これらの内部の動きは，いっけん複雑そうにみえるものの，簡単な動きをする構造を数種組み合わせたものであることが多い．この簡単な動きをする機械的な構造を**機構**と呼ぶ．つまり，機構は「機械や器具などに必要な動作を与え，伝達する基本的なしくみ」である．したがって，新しい機械や器具などをつくる際には，機構に関する深い知識とセンスが必要になる．以下では，機構のいろいろな例から機構について具体的に学ぶ.

❶ 機械と機構

複数の部品で機械を構成し，各部品間で限定された相対運動をするような組合せを機構と呼び，組み立てられている機械の一つひとつの部品を**機素**と呼ぶ．

駅に設置されている「自動改札機」は，複雑な機構が組み合わされた機械である（**図 1･1**）．すべての動作を短時間で処理するにあたって，コンピュータの優れた処理能力もさることながら，切符を搬送する機構とその速さには感心させられる．

この一連の動作を実現するための機構は，相対運動をともない，速く，しかも確実に所定の動作を満足させることが条件になる．まさに機構とコンピュータをうまく融合させた**メカトロニクス**といえる．

① 切符を入れる
機構により，切符を受けとると，所定の位置まですばやく搬送される．

② 計算処理
所定の位置まで搬送された切符は，コンピュータにより計算処理される．

③ 切符を排出する
機構により，計算処理された切符は，受けとりやすいように整えられて搬送され，排出される．

切符
切符
計算処理
切符を搬送するところにはベルトやプーリ，リンク機構がたくさん使われている
この一連の動作を1秒以内で行うんだから，すごい！

図1・1　自動改札機の動作

自動車の懸架装置をみてみよう．自動車の懸架装置（サスペンション）とは，車軸や車輪の保持は無論のこと，路面の起伏（凹凸）を車体に伝えない緩衝装置（ショックアブソーバ）としての機能や，車輪を路面に対して押さえつける機能ももつことで乗り心地や操縦安定性などを向上させる機構である．**図 1･2** の懸架装置は，相対運動をともなうリンク機構（12 ページ参照）で構成されている．

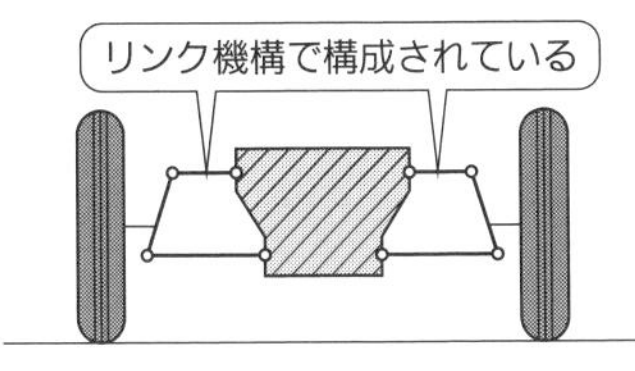

（a）独立懸架式フロント・サスペンション機構

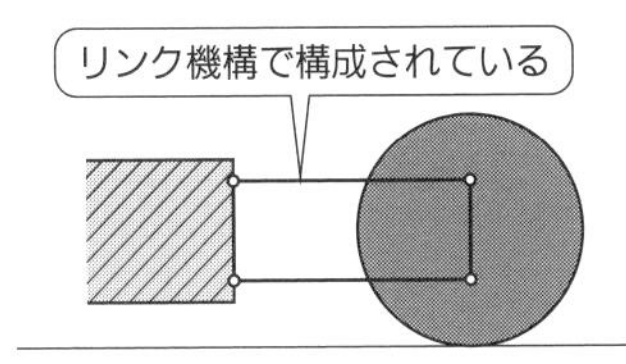

（b）トレーリング・アーム形リア・サスペンション機構

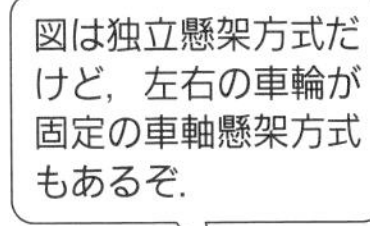

図1・2　自動車の懸架装置

かつては国内外で鉄道の主役であった蒸気機関車は，鉄道の高速化や排煙の問題もあり，日ごろ定期運行ではほとんど見ることができない．しかしながら，汽笛や蒸気音に加え，機構の塊ともいえるメカニカルな動きがいまも多くの人々を魅了し，観光地で運行されているのを見た方も少なくないであろう．**図 1･3** は，蒸気機関車の運動伝達（動輪）機構（蒸気機関のピストンによって動輪を駆動することで機関車を推進する）を示したものである．

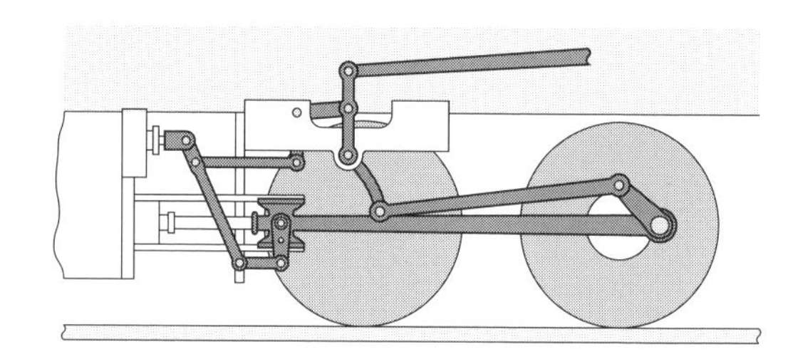

図 1・3　蒸気機関車の運動伝達機構

機械に所要の動作をさせるために，歯車を使ったり，カムやリンク機構で構成したり，ベルトやプーリ，チェーンを使うこともある．**図 1･4** (a)(c) に示すプレス機では，押付け力を得るためにリンク機構やねじなどが利用され，回転力伝達にはチェーンやベルトが使用されている．同図 (b) のボール盤ではドリル径によって回転速度を変えるため，V ベルトの掛替えが可能な構造になっている．

機械の要求仕様を満足させるためには，このように各種機構や機械要素を組み合わせて所要の動作を得ることになる．

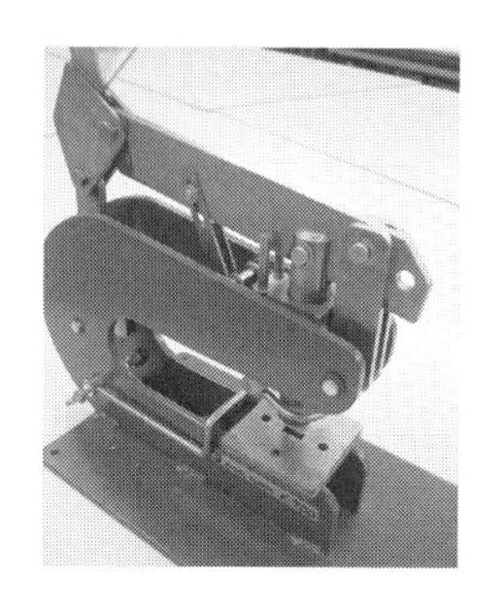

（a）リンクで構成されている機構（ハンドプレス）

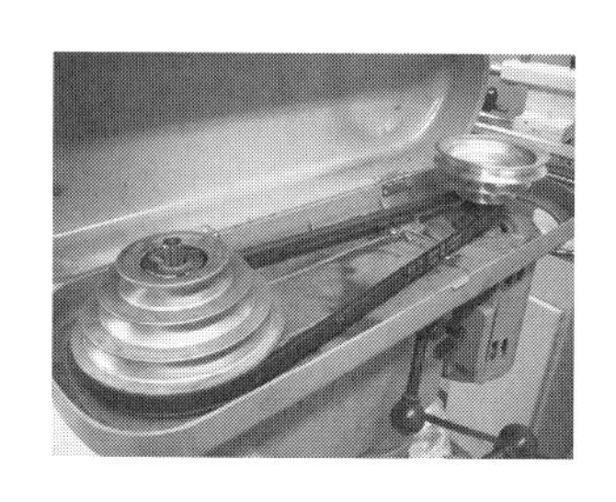

（b）V ベルトによる動力伝達機構（ボール盤）

（c）チェーンによる動力伝達機構（ローラプレス）

図 1・4　各種機械要素を組み合わせた装置

COLUMN　機構学・機械要素・機械設計

機構学をさらに学びたい場合の参考書として，本書に近い内容を取り扱った書籍でも，「機構学」「機械要素」「機械設計」などの名称が使われていることがあるので注意しよう．これらの基本的な違いや重複点の概要は次のようなものである．

「機構学」は，本書の内容でもわかるように機械の一部を構成するメカニズム（機構）を学ぶことが中心で，部品の強度計算ではなく幾何学的動作をテーマとしたものが多い．「機械要素」は，ねじや，軸と軸受をはじめとした機械製作に係る共通の部品に関するものが中心で，歯車，ベルトやチェーンなどもテーマに含まれている．計算については，機械要素の設計や選択に必要な強度計算が中心となっている．

対して，「機械設計」という書名の本は，機械を設計する観点から機械要素を取り上げたものが多いが，歯車減速機，歯車ポンプやウィンチ，工具などの具体的な設計例を扱っているものもある．

2 運動伝達の種類

図1·5に，四つの部材を回転自由なピンで結合したリンク機構（12ページ参照）を示す．同図では，下の1辺の部材は土台（機器本体）に固定され，左端の部材は，原動機あるいはほかの機構から動力・力を加えられて運動し，右端の部材は左端の部材の動きにしたがって外部に仕事をしている．

このような機構において，外部から力を加えて運動を起こす節を**原動節**（**原節**），これにより運動し，外部に対して仕事をする節を**従動節**（**従節**）という．

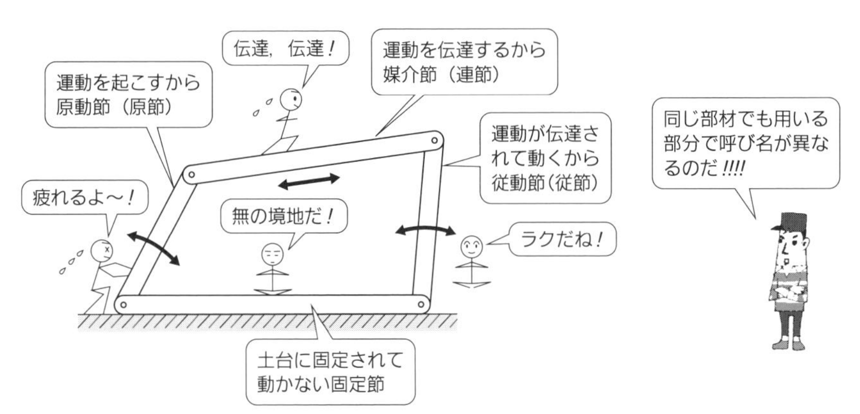

図1・5　リンク機構における各部材の名称

原動節と従動節をつなぐ方法は，直接連結して運動を伝達する方法と，中間の節を介して伝達する方法に分けることができる．原動節から従動節へ運動を伝達するための中間の節を**媒介節**（**連節**あるいは**中間節**），固定されていて動かない節を**固定節**（**静止節**）と呼ぶ．

● 1　直接接触による運動伝達

直接接触して運動を伝達するものには，**図 1·6**（a）に示す**転がり接触**で運動を伝達するもの，同図（b）の**滑り接触**で運動を伝達するもの，同図（c）の転がり接触と滑り接触の両方で運動を伝達するものがある．

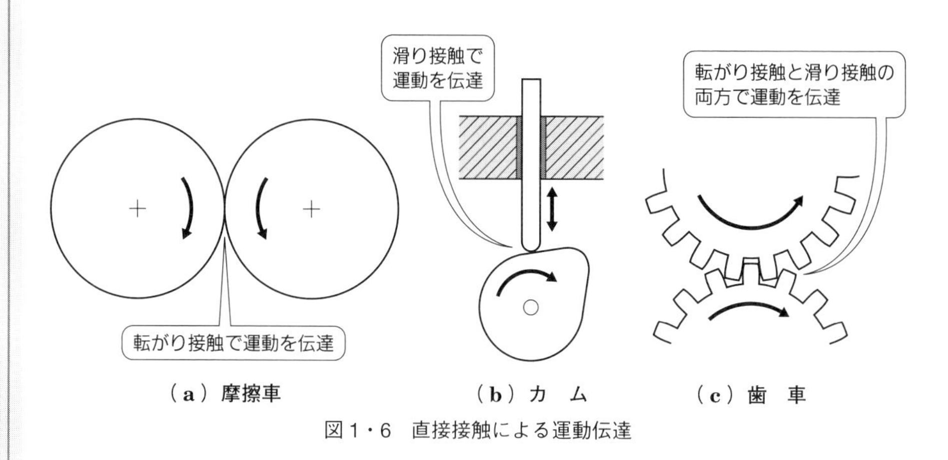

図 1・6　直接接触による運動伝達

● 2　媒介節による運動伝達

中間に媒介節を用いて伝達するものには，**図 1·7**（a）に示すように金属のような硬い棒（これを**連節棒**と呼ぶ）を用いるものと，同図（b）のベルトやチェーンのように自由に曲げることができるものを用いるものとがある．

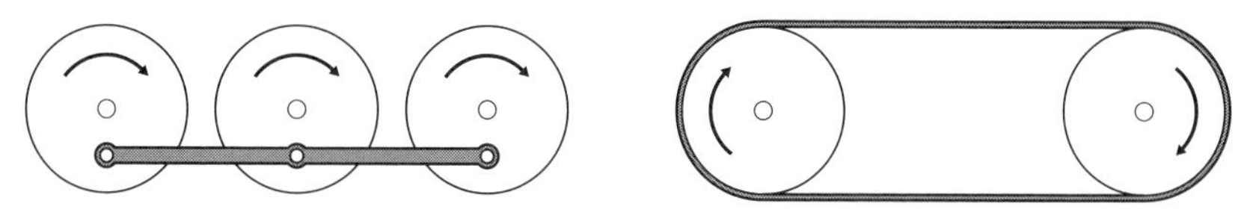
（a）媒介節に連節棒を用いた機構　（b）媒介節にベルトやチェーンを用いた機構

図 1・7　媒介節を用いた機構

例えば，蒸気機関車のC57形やD51形では，複数の動輪が図1·7 (a) のような連接棒で接続されている．また，チェーンを用いた例は，自転車やオートバイなどでみることができる．

COLUMN　原動機で車が走るには

機械の条件の一つに，外部から供給されたエネルギーを有効な仕事に変換することがある．例えば，自動車の内燃機関ではガソリンや軽油などの化石燃料を燃焼させて得た高圧・高温のエネルギーを機械的エネルギーに変換し，最終的にタイヤが回転して動く機構になっている．

自動車の原動機にはその動作方法により，ピストンが往復運動をするレシプロエンジン，ロータリーエンジン，燃料によりガソリンエンジン，ディーゼルエンジン，水素エンジン，そして電気エネルギーによるモータ（電動機）を搭載している EV 車もある．いずれも動力源は回転動力である．

機構学を学ぶ際には，手始めに，例えば，自動車の走行を考えてみるとよい（**図1·8**）．① 原動機からタイヤまでの主たる動力の伝達関係，② ハンドルからタイヤまでのかじ取り関係，③ タイヤの転回に関する機構，④ 原動機自身については動作機構（レシプロエンジン，ロータリーエンジン）やその動弁機構関係などが自動車の機構の主なものである．

図1・8　化石燃料で自動車が走るのも機構の恩恵

1-2

機素と対偶

機構では 接触部分で 考える

❶ 機素どうしが面や線，点で接触し，一定の相対運動を行うとき，その接触部分の組合せを対偶と呼ぶ．

❷ 対偶には，面対偶，線対偶，点対偶がある．

❶ 対偶の種類

複雑な機械の動きを担う構造の運動を分析してみると平面運動，球面運動，らせん運動の３種類であることがわかる．すなわち，機械の各運動は，比較的簡単な機構の組合せによって構成されているのである．

機構において，各機素の接触部分の状態によって，面対偶，線対偶，点対偶がある．また，１つの運動しかできない対偶を**限定対偶**と呼び，これは運動を正確に伝えるためには重要な対偶である．

● 1　面対偶

面対偶とは，機素が互いに面で接触している対偶で，滑り運動するものである．面対偶には**図 1･9** に示すように接触の状態により，同図（a）の滑り対偶，同図（b）の回り対偶，同図（c）のねじ対偶，同図（d）の球面対偶がある．

① **滑り対偶（図 1･10）**

部屋（和室）の引戸（ふすまや障子）をみてみよう．ふすまや障子が敷居に接しながら，滑って運動（移動）していることがわかる．ふすまや障子と，敷居のように，平行に移動する運動を**並進運動**といい，このような対偶を**滑り対偶**と呼ぶ．切削加工に使用する旋盤の刃物送り台も，この滑り対偶である．

② **回り対偶（図 1･11）**

ガラス窓や重い引戸の開閉にはレールと戸車が用いられている．この戸車の軸と車輪のように，あるいは軸と軸受のように接触して回転運動するような対偶を**回り対偶**と呼ぶ．

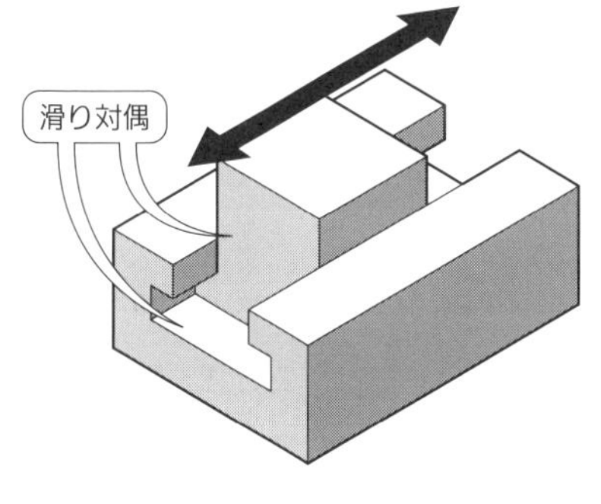

（a）滑り対偶

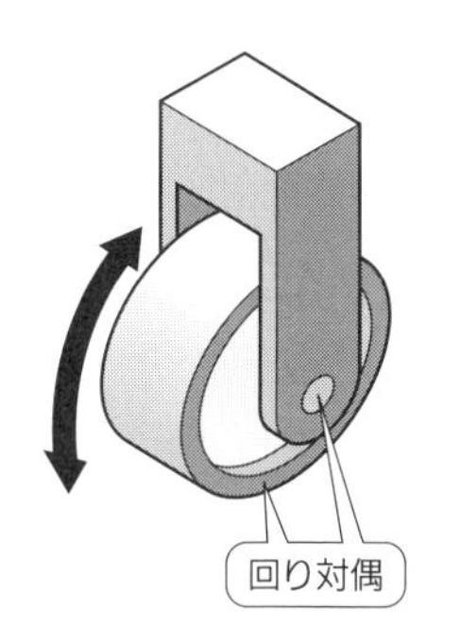

（b）回り対偶

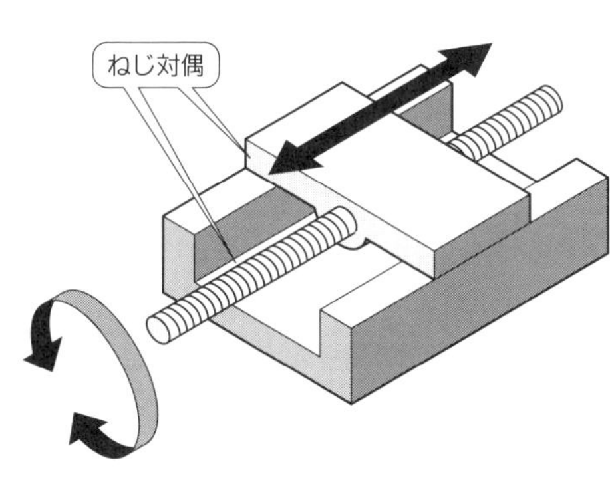

（c）ねじ対偶

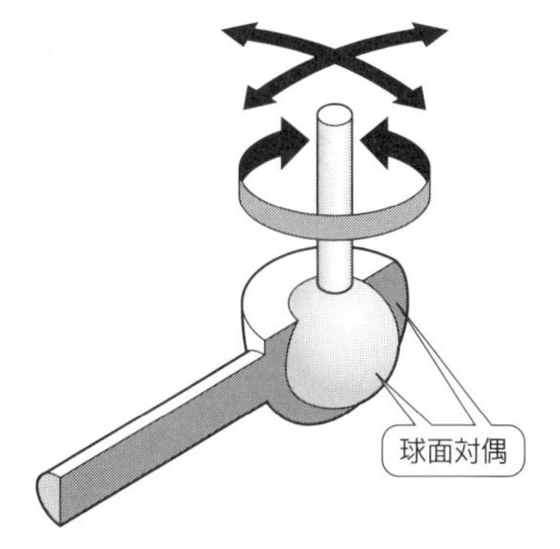

（d）球面対偶

図1・9　面対偶の種類

（a）ふすまと敷居

（b）旋盤の刃物送り台

図1・10　滑り対偶の例

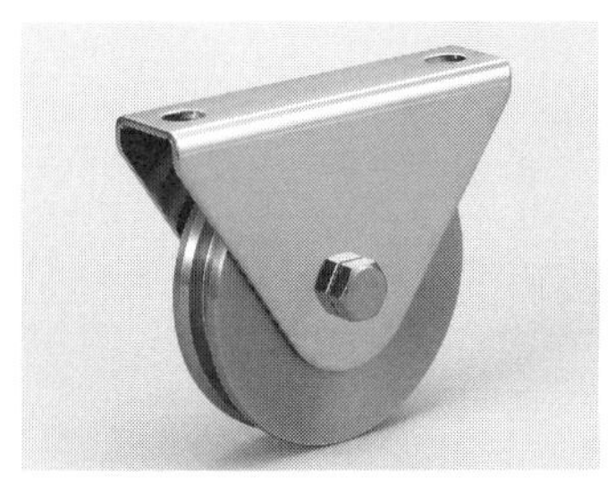

（a）戸車の軸と車輪

（b）軸と軸受

図1・11　回り対偶の例[1)]

（a）ボルトとナット

（b）ねじジャッキ

図1・12　ねじ対偶の例[1)]

③　**ねじ対偶**（図 1·12）

ボルトとナットや，ねじジャッキのように，回転運動と並進運動が同時に行われる対偶を**ねじ対偶**あるいは**らせん対偶**と呼ぶ．軸線のまわりに回転（回軸運動）と同時に，軸方向に一定の割合で移動（並進運動）するので，この運動を**らせん運動**とも呼んでいる．

④　**球面対偶**（図 1·13）

球の一部を包み込んだ状態の対偶を**球面対偶**と呼ぶ．ボールキャスタやロッドエンドなどが球面対偶の例である．

● 2　線対偶（図 1·14）

線対偶とは，機素が互いに線で接触する対偶で，円筒が接触しているような状態をいう．軸受（じくうけ）として使用されている円筒ころ軸受がその例である．

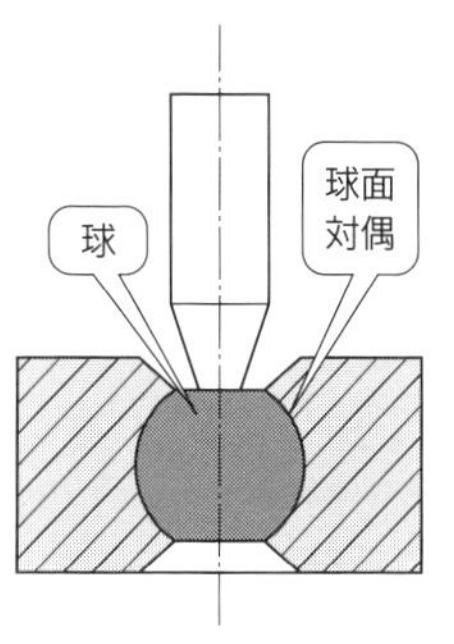

（a）球面対偶

（b）ボールキャスタ

（c）ロッドエンド

図1・13　球面対偶の例[1)]

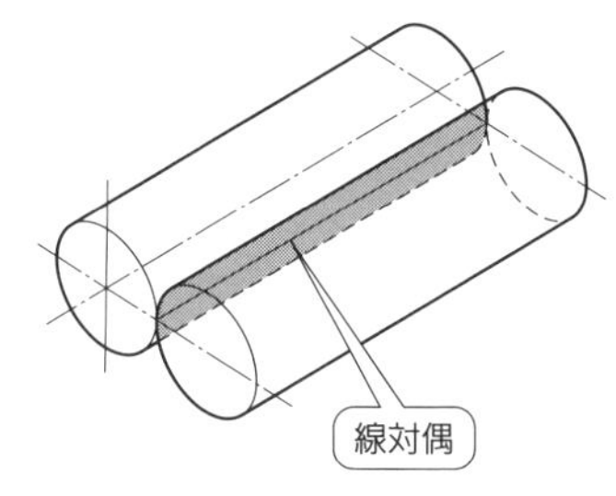

（a）線対偶

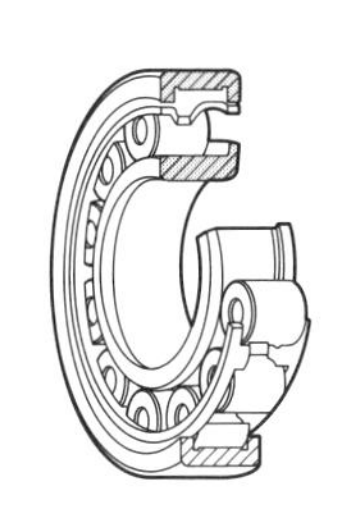
（b）円筒ころ軸受

図1・14　線対偶の例

● 3　点対偶 （図 1·15）

点対偶とは，機素が互いに点で接触する対偶で，球が接触しているような状態をいう．軸受として使用されている玉軸受がその例である．

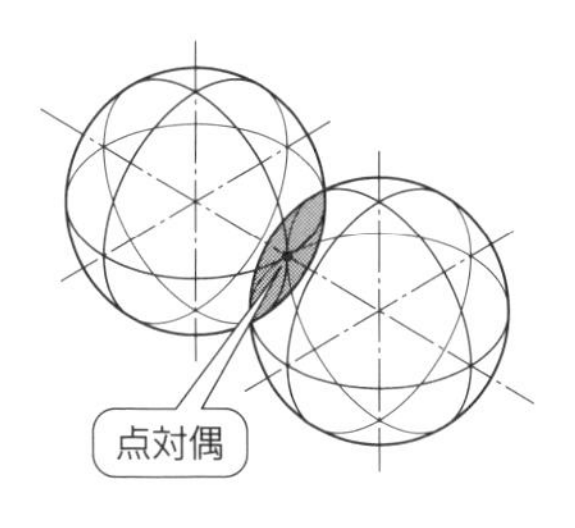

（a）点対偶

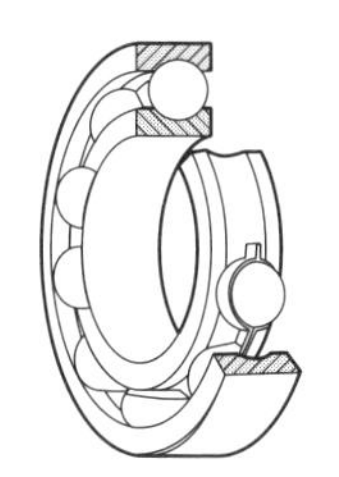
（b）玉軸受

図1・15　点対偶の例

1-3 リンク機構の構成

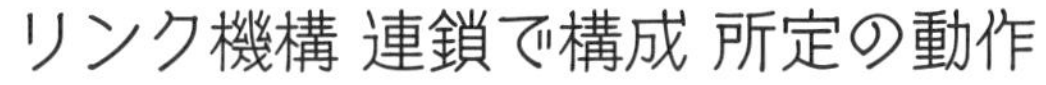

❶ 連鎖には，運動形式により固定連鎖，限定連鎖，不限定連鎖がある．
❷ 4本のリンクが回り対偶で構成された連鎖を4節回転連鎖と呼ぶ．

❶ リンク機構の種類

機素が互いに対偶をなして次々とつながり，最後の機素が最初の機素と対偶をなすように環状につながったものを**連鎖**と呼ぶ．

また，この環状につながった個々の機素を**節（リンク）**という．そして，節が回り対偶または滑り対偶などで結ばれたものを**リンク機構**という．

リンク機構では，連鎖のうちのどれか一つを固定し，限定された相対運動を行わせることで，所定の動作を満足させることができる．

ここで，各節の両端が回り対偶をもち，連鎖を構成するためには，**図1·16**(a)に示すように最低3本の節があればよいが，ただし3本では，各節は固定されてしまって動くことができない．固定されてしまっている連鎖を**固定連鎖**と呼ぶ．

このような機構では機械としての運動はできない．しかし，固定連鎖は運動の必要のない構造物などでは多く用いられている（同図(b)）．

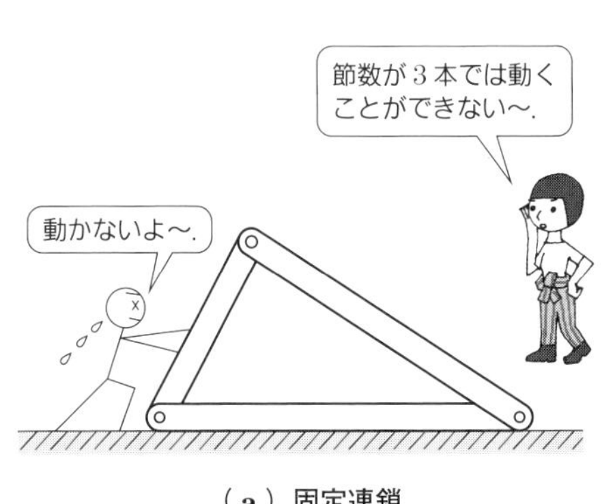

（a）固定連鎖

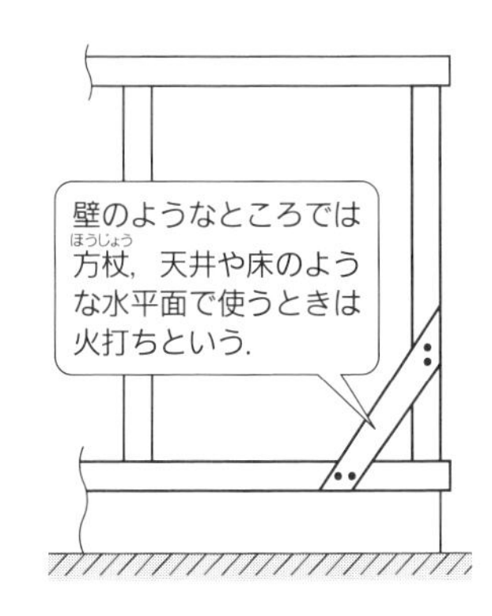

（b）建築物の補強

図1・16　節の数が3本の連鎖

図 1·17 に示すように節の数が 4 本で, 二つの節間に相対運動を与えたとき, 他の節が一定の動きをするように構成した連鎖を**限定連鎖**, または**拘束連鎖**と呼ぶ.

拘束連鎖は, 機械として所要の運動を得るために有効な連鎖であることから, 最も多く用いられている.

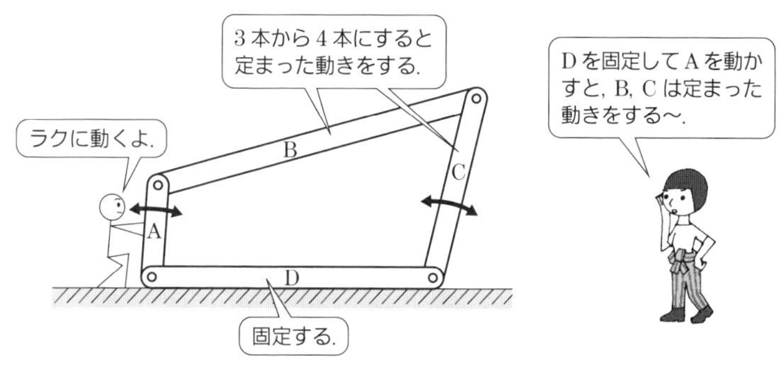

図 1・17　節の数が 4 本の連鎖

しかし, 図 1·17 に示す連鎖に, **図 1·18** (a) に示すような節を内側に 1 本追加すると, この機構は動くことができなくなり固定連鎖となる. これは**トラス**とも呼ばれ, 橋や鉄塔, クレーンのブームなどの構造物に用いられている (同図 (b)).

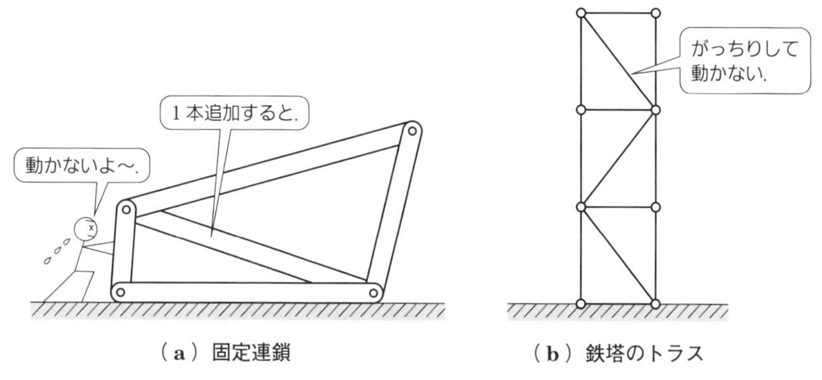

(a) 固定連鎖　　(b) 鉄塔のトラス

図 1・18　トラス

さらに, **図 1·20** に示すように節の数を 5 本にすると, 今度は各リンクは限定された動きができなくなる. このような連鎖を**不限定連鎖**, または**不拘束連鎖**と呼ぶ.

このような機構では, 機械として所要の運動を得ることができないのは理解できるであろう.

COLUMN　トラスとは

図 1･19 に示すように棒状の部材と部材をピン（ヒンジ）で結合し，三角形を基本形状として組み上げられた構造を**トラス**という．

トラスでは，部材の両端はそれぞれ摩擦のない節点となり，荷重はすべてこの節点に作用すると仮定して構造解析が行われる．部材は引っ張られるか圧縮されるかのどちらかになり，節点における軸は軸力（軸方向の力）だけを受けることになる．

しかし，実際に私たちが目にするトラスは，節点はピン（ヒンジ）ではなく，ガセットと呼ばれる板に部材が高力（こうりき）ボルト（一般のボルトよりも強度のある建築用のボルト）で締結されている（このような接合を**剛節接合**と呼ぶ）．

その理由は，剛節接合のほうが部材と部材をピン（ヒンジ）で結合するよりも施工が簡単で経費がかからず，また，剛節接合したトラスを設計する場合でも，ピン接合（節点がすべてヒンジになっている）トラスとして十分な強度をもつように設計しておけば安全だからである．

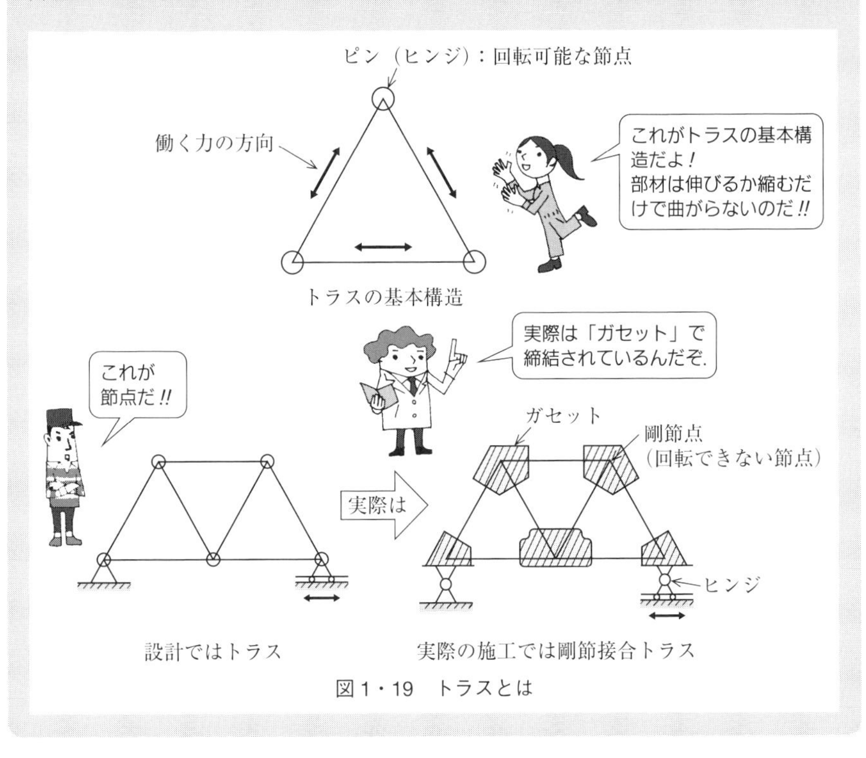

図 1・19　トラスとは

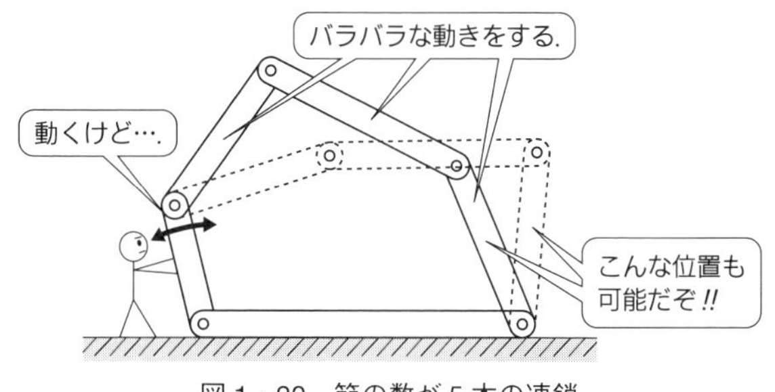

図1・20　節の数が5本の連鎖

これまでの説明からもわかるように，各節が回り対偶で連鎖を構成する場合には，**図1・21**に示すような最低4本の節が必要になる．この連鎖を**4節回転連鎖**と呼んでいる．

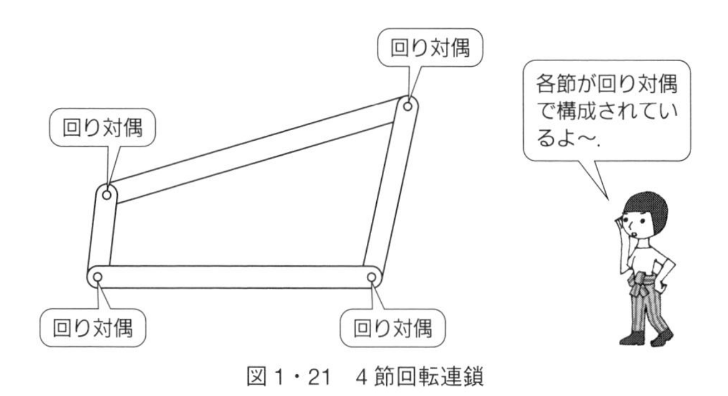

図1・21　4節回転連鎖

2 てことクランク

相対運動する原動節と従動節の動作は，自動車のワイパーの動きのように，ある角度の範囲で揺れ動く揺動（ようどう）運動（**図1・22**(a)）と360°回転する回転運動（同図(b)）の二つのいずれかとなる．揺動運動するものを**てこ**，回転運動をする節を**クランク**と呼んでいる．

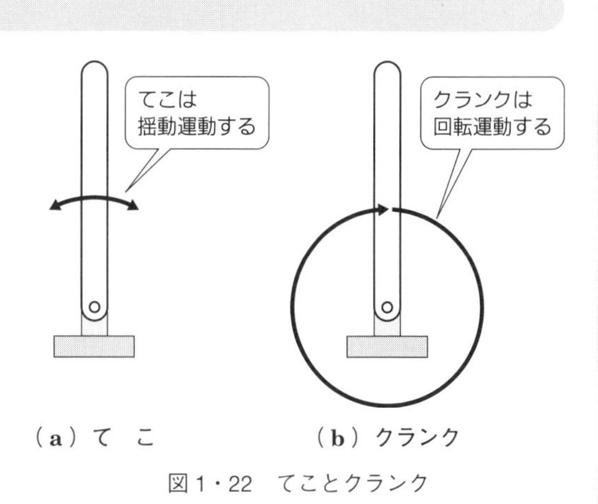

(a) て　こ　　(b) クランク

図1・22　てことクランク

リンク機構ではこれらを組み合わせることにより，複雑な運動を実現しているのである．

COLUMN　コンピュータを使わないロボット

最近，二足歩行ロボットがブームになっている．ロボットが自立して歩くことは，安定性の問題でなかなか実現しなかった．しかし，最近は制御技術が進んで，人間と同じように歩いたり階段を登ったりと，より人間の動作に近づいてきた．また，センサによって，人間の声や顔を認識して会話できるようにもなってきた．

さて，ここに紹介するのは，制御にコンピュータを使わずに，二足歩行を可能にしたロボットである（現在は販売終了，**図 1･23**）．足や手はすべてリンク機構やカム機構で動かし，体重を移動させながら安定して二足歩行を実現している．開発した技術者の執念とこだわりが感じられるロボットである．

そして，工夫しだいでは，機構によって制御が実現可能であることを教えてくれている．

（a）ロボットの外観

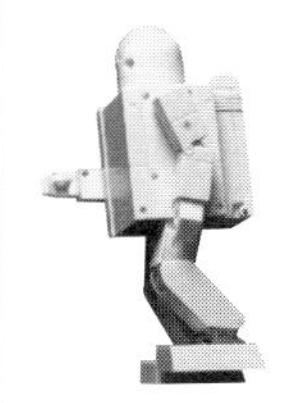

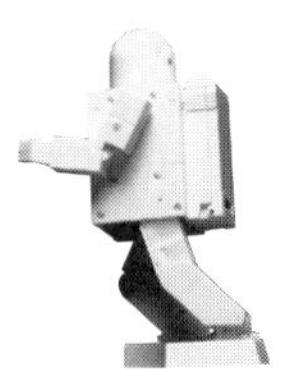

（b）歩行の様子

図 1・23　コンピュータを使わないロボット

章末問題

問題1｜ 次の文章の（　　）に適当な語句を入れ，文章を完成させなさい．

（1） 直接接触で運動を伝達するものには，（　　）で運動を伝えるもの，（　　）で運動を伝えるもの，（　　）で運動を伝えるものがある．

（2） 複雑な機械も，その運動を分析してみると（　　），（　　），（　　）の3種類の組合せであることがわかる．

（3） 機構において，各機素の接触部分の状態によって，（　　），（　　），（　　）がある．

（4） 機構において，外部から力を加えて運動を起こす節を（　　），これにより運動する節を（　　），この両者間へ運動を伝達する節を（　　），固定されていて動かない節を（　　）と呼ぶ．

問題2｜ **図1･24** について，下記の問いに答えなさい．

（1） 節 A～D で構成される機構の名称を答えなさい．

（2） 節 A は原動機で回転運動（一定角速度 ω）が与えられている．このとき，節 A，節 B，節 C および節 D の名称を答えなさい．ただし，節 D は土台に固定されているとする．

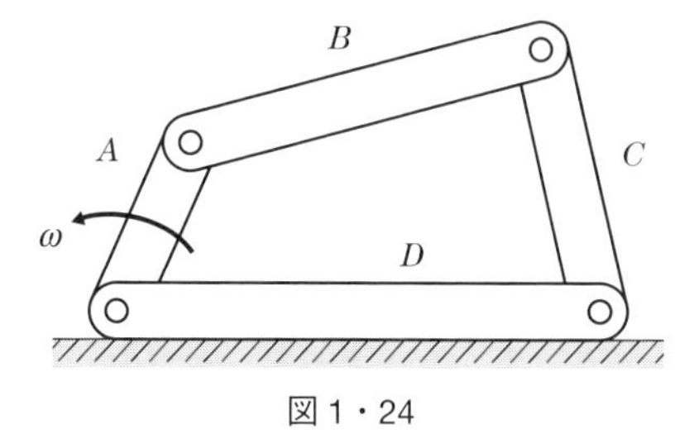

図1・24

問題3｜ てことクランクの違いを説明しなさい．

問題4｜ 機構について，下記の問いに答えなさい．

（1） 機構とは何かを説明しなさい．

（2） 機構と機械の違いを説明しなさい．

Memo

第2章

機構と運動の基礎

機械，例えば自動車では目的どおりに動かすために．内燃機関であるエンジンあるいは電気モータが動力源になり，タイヤまで動力が伝動される．また，方向転換のときはハンドルが原節になり，タイヤまで方向転換の動きが伝わっている．このような動きの中では，原動側から最終の従動側まで，いくつかの基本的な機構が組み合わさって目的が達成されていると考えられる．これらの機構の基本となるのがリンク機構の動きである．このリンク機構を知ることで，伝達機構の設計が可能となるのである．

この章では，物体が運動する場合における基本を学び，リンク機構の運動に応用する足がかりとする．まずは運動の基本をしっかりと学習してほしい．

さらに詳しく知りたい諸君は，専門書を参考にしてほしい．

2-1 物体の運動

物体の運動は 並進運動と回転運動の組合せ

❶ どんな運動でも，始まりの状態と終わりの状態がわかれば，これを回転運動に置き換えることができる．

❷ 物体上の点の速度の大きさは，瞬間中心からの距離に比例する．

1 物体移動における回転中心

物体が平面上を移動するとき，その運動は並進運動と回転運動とに分けて考えることができる．

例えば，状態1にある物体の任意の2点 A_1，B_1 が一定時間経過後，状態2の A_2，B_2 に移動したとする．この場合，**図2･1** (a) に示すように，1回の並進運動（平行移動）と1回の回転運動の合成と考えることができる．また，図2･1 (b) に示すように，ある点を中心にして回転運動をしたとも考えられる．

いま，物体を状態1から状態2に移動させるのに，ある1点を中心とした回転運動だけで行うには，どこを中心にすればよいか考えてみよう．

並進運動と回転運動の組合せで，物体は状態1から状態2に移動するんだ！

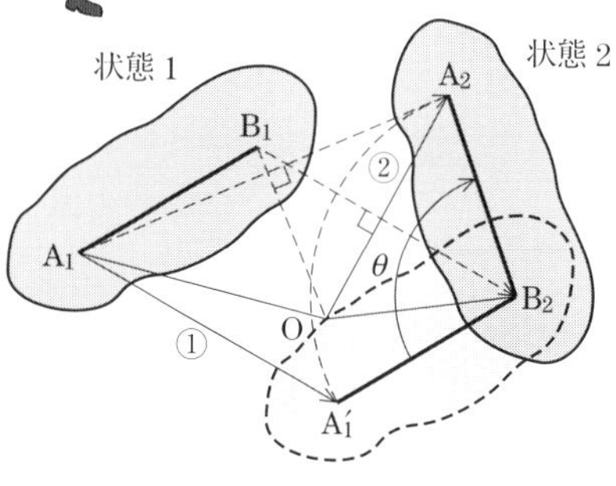

（a） 並進運動と回転運動

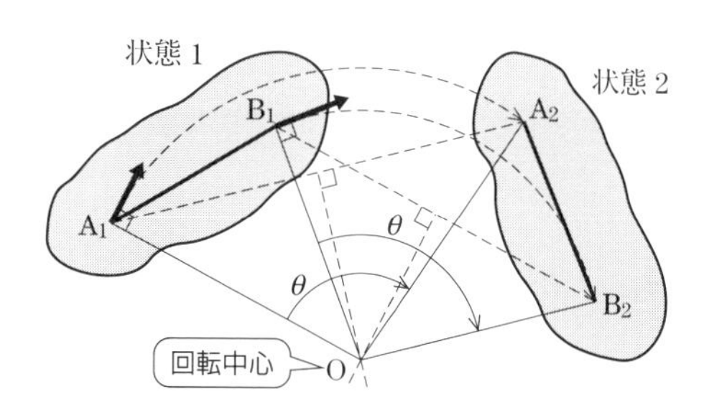

（b） 回転運動

図2・1　回転中心

図 2·1 (b) に示すように，線分 $\overline{A_1A_2}$ の垂直二等分線と線分 $\overline{B_1B_2}$ の垂直二等分線との交点を O とすると，$\triangle OA_1B_1 \equiv \triangle OA_2B_2$（3 組の対応する辺がそれぞれ等しいので合同）より，

$$\angle A_1OB_1 = \angle A_2OB_2$$
$$\angle A_1OB_1 + \angle B_1OA_2 = \angle A_2OB_2 + \angle B_1OA_2$$
$$\therefore \quad \angle A_1OA_2 = \angle B_1OB_2$$

この角度 $\angle A_1OA_2$ を θ とすると，点 O を中心として，物体を状態 1 から θ だけ回転させて，状態 2 に移動させることができる．このときの点 O を**回転中心**という．

2 物体移動における瞬間中心

図 2·1 (b) に示した状態 1 から状態 2 に移動する時間 Δt をかぎりなく 0 に近づけると，線分 $\overline{A_1A_2}$ と線分 $\overline{B_1B_2}$ はそれぞれの経路（図中に破線で示した $\widehat{A_1A_2}$ および $\widehat{B_1B_2}$）の接線（図中に各矢印で示した）にかぎりなく近づく．つまり，状態 1 にある物体の回転中心は，A_1 の経路の接線に垂直な線と B_1 の経路の接線に垂直な線との交点である．この点を物体の**瞬間中心**と呼んでいる．

ここまでは，一つの物体の移動に対しての瞬間中心について示したが，次に，互いに動く二つの物体間の瞬間中心について考えてみよう．

図 2·2 に示すように二つの物体 A，B が運動している場合，二つの物体 A，B に無相関な絶対的座標（x–y）系ではなく，一方の物体，例えば物体 A の動きに追従した座標（x_A–y_A）系で考えると，問題を容易に理解できることが多い．二つの物体 A，B が運動（移動）した場合，相対座標（x_A–y_A）系で考えると，物体 A は移動せず，物体 B の運動は図 2·1 (b) と同様に考えることができ，瞬間中心の存在も，理解できるはずである．

また，回転中心には，固定中心と永久中心が含まれる．例えば，**図 2·3** に示す二つの回転中心（O_{AB}，O_{BC}）について，O_{AB} は，固定された台・部材 A（節 A）に回転が自由なピン（回り対偶）で部材 B（節 B）が連結された点，O_{BC} は，部材 B（節 B）の他端に回転が自由なピン（回り対偶）で部材 C（節 C）が連結された点とする．このとき，適当な座標（x–y）系を考えた場合，節 A は固定されているので，回転中心 O_{AB} は，

例えば，太陽系で，太陽から見た月の動きは複雑だけど，地球からの月の動きは単純だ !!

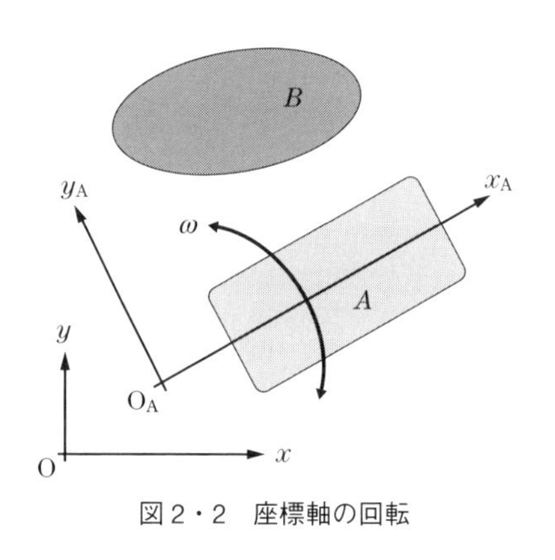

図 2・2　座標軸の回転

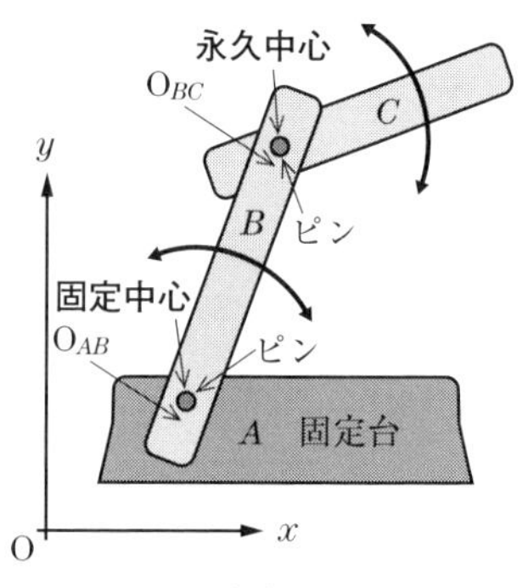

図 2・3　固定中心と永久中心

節 B が回転しても座標移動はない．このような座標が変化しない回転中心を**固定中心**という．一方，節 B が節 A のまわりに回転すると，回転中心 O_{BC} は，節 B の一部なので，その回転中心の座標は変化（移動）する．このような回転中心を**永久中心**と呼ぶ．

❸ 物体移動の速度と速さ

瞬間中心（固定中心や永久中心も含む）と速度の関係を調べておこう．速度とは，「大きさ」と「方向（向き）」をもっているベクトルである．速度の「大きさ」（ベクトルに対してスカラーという）を「速さ」と表現する．機構学で速度を扱う場合，理論的解析と図式解析の方法があり，後者では，速度も図示する必要がある．

速度（ベクトル）を図示する場合，大きさを線の長さで示し，その線に矢印を付けて方向を表している．例えば，物体上のある点 A，B における速度をそれぞれ $\overrightarrow{v_A}$，$\overrightarrow{v_B}$ とし，図 2·4 のように図示する．図示した速度 $\overrightarrow{v_A}$ の意味は，点 A から引かれた矢印の長さが，速度 $\overrightarrow{v_A}$ の大きさ（速さ）であり，矢印の方向が，点 A から移動する方向を意味している．速度 $\overrightarrow{v_B}$ も同様である．

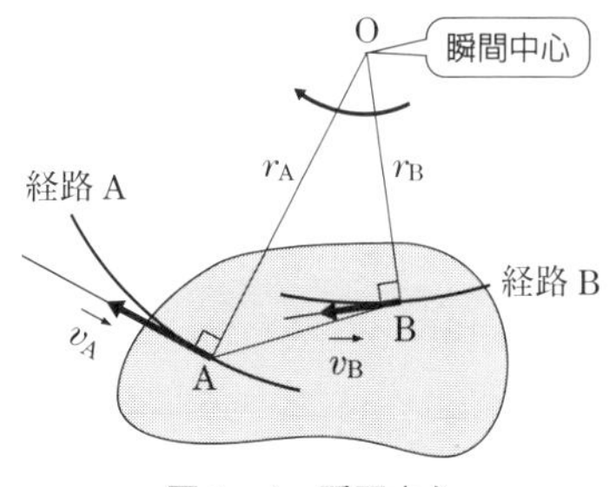

図 2・4　瞬間中心

次に，点 A，B を通り，$\overrightarrow{v_A}$，$\overrightarrow{v_B}$ に対して垂直に引いた線の交点を求めると，その交点 O が運動した物体移動の瞬間中心である．

このとき，線分 $\overline{OA} = r_A$，$\overline{OB} = r_B$ とし，A，B の瞬間の角速度を ω とすると

$$|\overrightarrow{v_A}| = r_A \times \omega$$

$$|\overrightarrow{v_B}| = r_B \times \omega$$

が成り立つ．ここで，$|\overrightarrow{v_A}|$，$|\overrightarrow{v_B}|$ はそれぞれ $\overrightarrow{v_A}$，$\overrightarrow{v_B}$ の大きさを示す．上式より

$$\frac{|\overrightarrow{v_A}|}{|\overrightarrow{v_B}|} = \frac{r_A}{r_B}$$

を導くことができる．すなわち，物体上の点の速度の大きさは，瞬間中心からの距離に比例することがわかる．

4 三中心の定理

機構を構成する任意の二つの節の間には一つの瞬間中心が存在する．したがって，3 個の節からなる機構の瞬間中心の数は 3 である．これらの三つの瞬間中心は，常に一直線上にある．これを**三中心の定理**（**3 瞬間中心の定理**と表現することもある），または**ケネディー**（Kennedy）**の定理**という．

COLUMN　ガソリンエンジン車と電気自動車

2017 年に，フランスとイギリスでは，2040 年までに，内燃機関自動車（ガソリンエンジンやディーゼルエンジン車）の販売を禁止するという方針を発表した．すべて電気自動車にして，排ガスによる環境汚染や地球温暖化に歯止めをかけようとした提案と思われる．

内燃機関乗用車の部品点数は 3～10 万点強におよぶほどといわれている．そのうちガソリンエンジンやディーゼルエンジン関連の部品点数は 1～3 万点におよぶが，電気自動車に搭載するモータの部品点数は数十点ほどで，関連の部品点数を加えてもわずか 100 点ほどといわれている．そのほか，電気自動車になると必要な部品もあるが，全体として，部品点数は，2/3～1/2 程度に減少する．それゆえ，自動車産業そのものも大きく変わらざるをえない状況となる．

内燃機関は，ピストンやロータの動きに同期した動作が必要で，多くの複雑な機構の集まりでもありノウハウの塊でもある．電気自動車はこのノウハウを必要としない単純な電動機（モータ）を用いているので，自動車製造メーカ以外の企業の参入が容易であると考えられる．

以下，三中心の定理について考えてみよう．

図 2･5 において節 A，節 B，節 C の３節が互いに運動をしているとする．節 A と節 B の間の瞬間中心を O_{AB}，節 B と節 C の間の瞬間中心を O_{BC}，節 A と節 C の間の瞬間中心を O_{AC} とする．

節 B は節 A に対して瞬間的には O_{AB} を中心として回転運動をしているのであるから，節 B 上のすべての点の節 A に対する速度は，その点と O_{AB} を結ぶ線に垂直方向を向いている．

例えば，**図 2･6** に示すように，節 B 上の点 B_1 の速度は線分 $\overline{O_{AB}B_1}$ の垂直方向（矢印の方向），点 B_2 の速度は線分 $\overline{O_{AB}B_2}$ の垂直方向（矢印の方向）ということである．各速度の大きさは，瞬間中心からの距離に比例する．

いま，節 B と節 C の間の瞬間中心を O_{BC} とし，**図 2･5** に示す位置にあるとする．この点も節 B 上の点でもあるから，その速度 v_1 の向きは，線分 $\overline{O_{BC}O_{AB}}$ に垂直である．

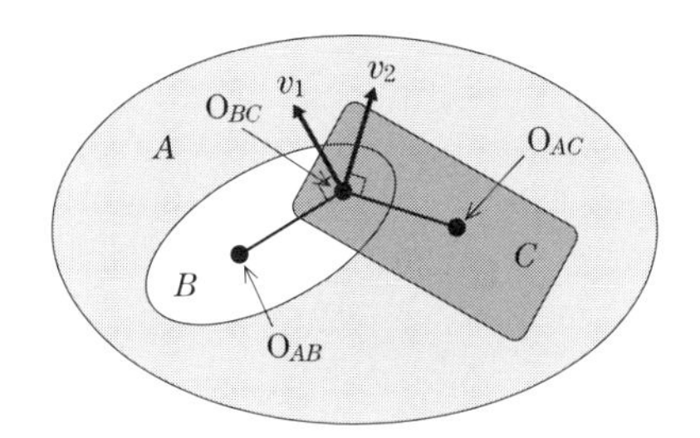

図２・５　三中心の定理の説明

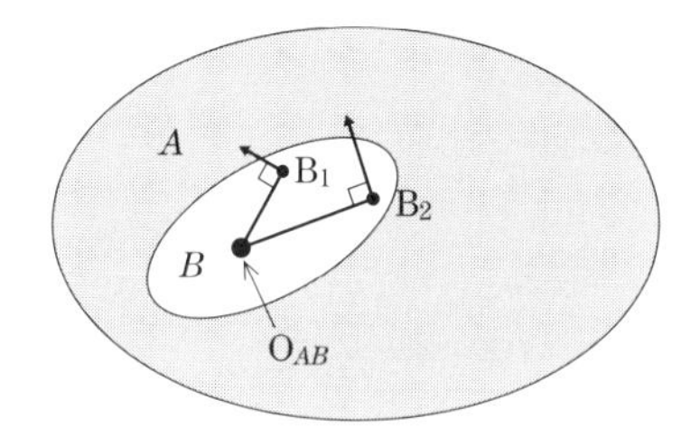

図２・６　回転中心と速度の考え方

同様に，節 C 上のすべての点の節 A に対する速度は，その点と O_{AC} を結ぶ線の垂直方向に向いている．ここで，O_{BC} は節 C 上の点であるので，その点の節 A に対する速度 v_2 の向きは，線分 $\overline{O_{BC}O_{AB}}$ に垂直である（図 2･5）．

したがって，O_{BC} は節 B と節 C との瞬間中心であるから，v_1 と v_2 は一致しなければならないことになる．図示した位置では，v_1 と v_2 の速度ベクトルは重ならない．これが一致するためには，O_{BC} は O_{AB}，O_{AC} を結ぶ直線上になければならない．すなわち，互いに運動する３個の節間の瞬間中心は一直線上にあることになる．

その具体的な例として摩擦車を考えてみよう．**図 2·7** に示した摩擦車 1，2 は軸受によって支持されて転がり接触をしている．このとき O_{13}，O_{23} はそれぞれ軸受の中心であり，O_{12} は摩擦車の接点（実際には摩擦車は円筒形であるので接触線）である．O_{12} においては両摩擦車の周速度は等しく，相対速度 0 の点である．そして O_{13}，O_{12}，O_{23} は一直線上に並んでいる．

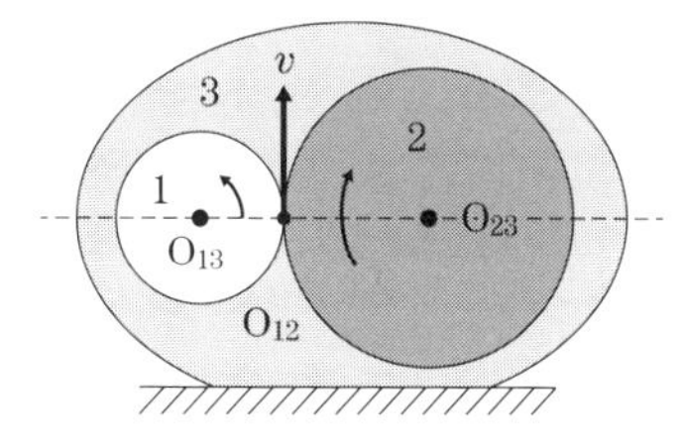

図 2・7　摩擦車の接触点の速度

例題

2-1　平面上を直径 $d = 2$ m の円板が滑らずに転がり運動をしている．ある瞬間における円板の中心の前進速度 $v_C = 1.5$ m/s であった．この瞬間における円板の頂点 A の速度 v_A，および点 A から 90° 左側の点 B の速度 v_B を求めなさい．ここで，v_A，v_B は速度の大きさを示す．

解答　転がり接触の場合，接触点が瞬間中心となるので，点 A の反対側の点 O_S が瞬間中心となる．

各速度について，**図 2·8** に示すように，点 A の速度 v_A は線分 $\overline{O_S A}$ の垂直方向（矢印の方向），点 B の速度 v_B は線分 $\overline{O_S B}$ の垂直方向（矢印の方向，水平成分が v_C と同じになる方向）ということになる．また，その大きさ（速さ）は，O_S からの距離に比例する．

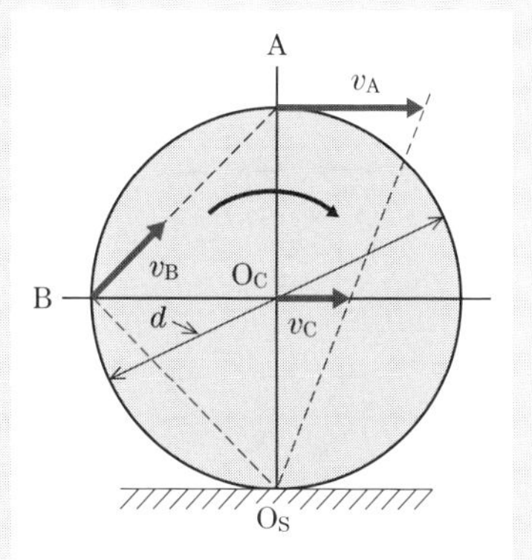

図 2・8　転がる円板

以上のことから，v_A と v_C は直線上にあるので

$$v_A = \frac{\overline{O_S A}}{\overline{O_S O_C}} v_C = \frac{2}{1} \times 1.5 = 3 \text{ m/s}$$

となり，v_B は

$$v_B = \frac{\overline{O_S B}}{\overline{O_S O_C}} v_C = \frac{\sqrt{2}}{1} \times 1.5 \fallingdotseq 2.12 \text{ m/s}$$

となる．

2-2

機構における位置・速度・加速度

運動は 位置・速度・加速度で 考える

❶ 位置・速度・加速度は，物体の運動状態を表す重要な要素である．
❷ 位置・変位・速度・加速度はベクトルで表すことができる．

1 位置・変位・速度・加速度

運動している物体の位置はベクトルで表すと便利である．**ベクトル**は方向と大きさをもつ量である．位置を示すベクトルを**位置ベクトル**と呼び，位置の変化は**変位ベクトル**で表すことができる．

また，運動している物体の単位時間あたりの変位ベクトルの変化を示すベクトルを**速度ベクトル**と呼び，運動している物体の単位時間あたりの速度ベクトルの変化を示すベクトルを**加速度ベクトル**と呼ぶ．

物理量には，大きさと方向をもつベクトルと，大きさのみをもつ**スカラー**がある．ベクトルには，速度や力などがあり，スカラーには，速さ，質量，温度や長さなどがある．

例えば，「台風が東北東へ時速 50 km で進んでいる」という表現では，東北東が方向であり，時速 50 km が大きさである．つまり，「東北東，時速 50 km」という表記がベクトルであり，「時速 50 km」はスカラーの速さである．ベクトル

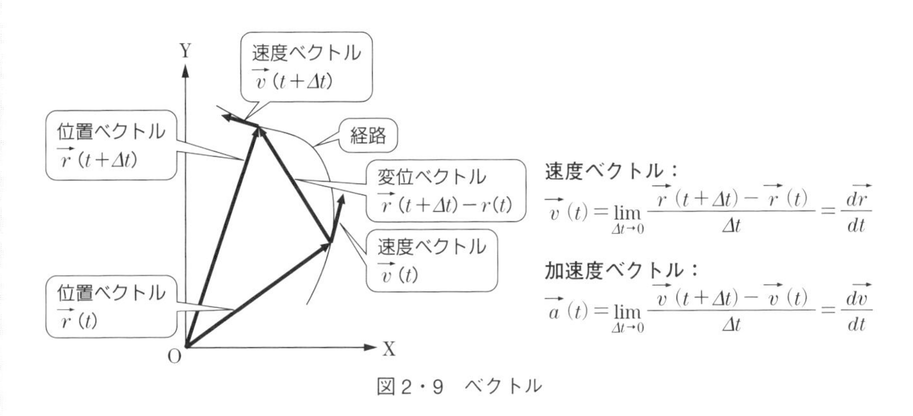

図2・9　ベクトル

の大きさはそのベクトルの絶対値を付ける．すなわち

|ベクトル|＝ベクトルの大きさ（＝スカラー）

である．変位，速度，加速度を図式で解析するために，各ベクトルの関係を**図 2･9** に示す．

2 等速円運動の速度と加速度

1 等速円運動している物体の速度

物体が円周上を一定の速さで回る運動を**等速円運動**という．

図 2･10（a）に示すように，物体 P が半径 r の円周上を一定の角速度 ω〔rad/s〕で運動しているとする．いま，時間 Δt〔s〕の間に，物体が $\Delta\theta$〔rad〕回転して P から P′ に移動したとき，$\overset{\frown}{PP'}$ は $\overset{\frown}{PP'} = r\Delta\theta$ と表される．

この両辺を Δt で割ると，$\dfrac{\overset{\frown}{PP'}}{\Delta t}$ は物体の速さ v〔m/s〕を，$\dfrac{\Delta\theta}{\Delta t}$ は角速度 ω〔rad/s〕を表すから，速さ v（速度 $\vec{v}$ の大きさ）は次のように表される．

$v = r\omega$〔m/s〕（半径も角速度も一定）

2 等速円運動している物体の加速度

等速円運動の速度の方向は，図 2･10（a）に示すように，半径に対して直角の方向，つまり円の接線方向と同じである．

すなわち，この運動では，速度の大きさ v は変わらないが，その方向は時々刻々

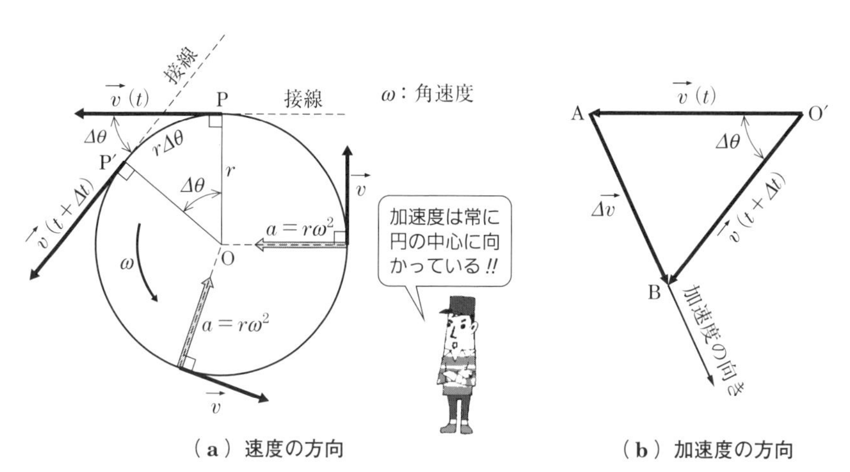

（a）速度の方向　（b）加速度の方向

図 2・10　等速円運動の速度と加速度

と，回転角に等しい角度だけ変化している．

図 2･10 (b) より，速度 $\vec{v}(t)$ は，時間 Δt の間に A から B へ $\Delta\theta$ だけ回転し，$\vec{v}(t+\Delta t)$ に変化していることがわかる．このときの速度の変化 $\overrightarrow{\Delta v}$ を，それに要した時間 Δt で割った量が加速度である．

したがって，加速度の大きさ a は，Δv を $\overrightarrow{\Delta v}$ の大きさとすると

$$a = \frac{\Delta v}{\Delta t}$$

$\Delta\theta$ は微小角度であるから，$\Delta v = v\Delta\theta$ となり

$$a = \frac{v\Delta\theta}{\Delta t}$$

$$\therefore \quad a = v\,\frac{\Delta\theta}{\Delta t} = v\omega$$

$$= r\omega \cdot \omega = r\omega^2 = \frac{v^2}{r} \ \text{〔m/s}^2\text{〕}$$

となり，r，ω，v も一定であるので，加速度の大きさも一定となる．

図 2･10 (b) で，Δt は微小であるので，△O′AB は二等辺三角形と考えられる．そこで，$\Delta\theta$ をかぎりなく 0 に近づけていけば，$\overrightarrow{\Delta v}$ が 0 に近づくので∠O′AB は 90° に近づいていくことがわかる．

すなわち，等速円運動の加速度の方向は，速度 $\vec{v}(t)$，$\vec{v}(t+\Delta t)$ に対して直角の方向，つまり円の中心に向かう方向であることがわかる．加速度の大きさは一定であるが，方向は時間とともに変化しているため，加速度は一定ではない．

2-2　図 2･11 において，長さ 50 cm の棒 AB の両端 A, B が矢印の方向にそれぞれ動く．A 点の速度が $\vec{v_A} = 40$ cm/s であるときの，棒の角速度 ω，および B 点の速度 $\vec{v_B}$ を求めなさい．

解答　瞬間中心は各運動方向に対して垂直に引いた線の交点 O である．$\overline{OA}$ と $\overline{OB}$ の長さを，正弦定理（**付録 2.1** ②，199 ページ）を使って求める．まず，正弦定理より

$$\frac{\overline{OA}}{\sin 90^\circ} = \frac{\overline{OB}}{\sin 30^\circ} = \frac{50}{\sin 60^\circ} = 57.735\cdots \fallingdotseq 57.74 \text{ cm}$$

を得る．したがって

$$\overline{OA} = 57.74 \cdot \sin 90^\circ \fallingdotseq 57.74\ \mathrm{cm}$$

$$\overline{OB} = 57.74 \cdot \sin 30^\circ \fallingdotseq 28.87\ \mathrm{cm}$$

となる．

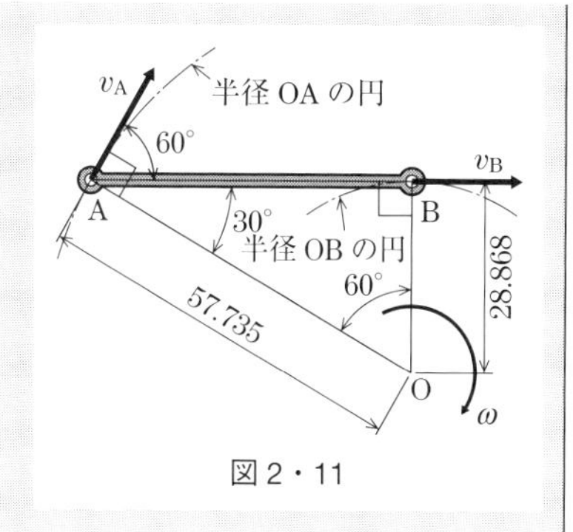

図 2・11

棒 AB は，点 O を中心に，一定速度 40 cm/s で回転しているから，棒の角速度 ω は

$$\omega = \frac{|\overrightarrow{v_A}|}{\mathrm{OA}} \fallingdotseq 0.6928 \fallingdotseq 0.693\ \mathrm{rad/s}$$

となる．また，端 B の速度は

$$v_B = \overline{OB} \cdot \omega = 28.87 \cdot 0.6928$$

$$\fallingdotseq 20.00 \fallingdotseq 20.0\ \mathrm{cm/s}$$

となる．

COLUMN 動弁機構

図 2・12 は，4 サイクルエンジンの模式図である．4 サイクルとは，吸気行程，圧縮行程，燃焼行程，排気行程のサイクルで，この間にクランク軸は 2 回転している．給気行程では吸気弁が開き，圧縮行程と燃焼行程では二つの弁は閉じている．排気行程では排気弁が開き，燃焼後の排ガスを排気する．

この弁の動きは，ピストン，シリンダ，クランクなどで構成されるスライダ・クランク機構と連動している必要がある．

動弁機構は，クランク軸の回転をカムに伝え，そのカムによって吸気弁や排気弁の開閉を行っている．

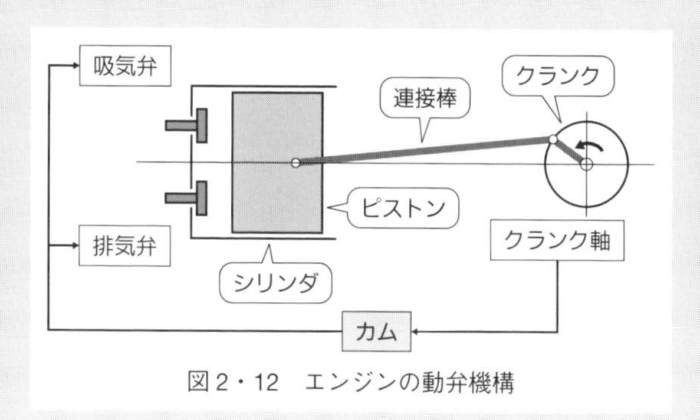

図 2・12　エンジンの動弁機構

2-3

機構の自由度

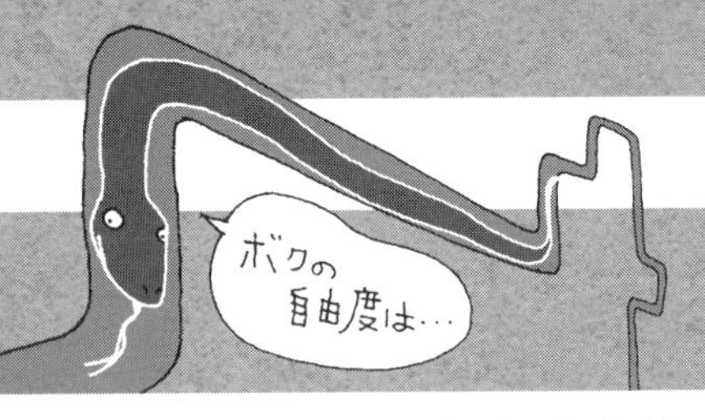

関節の 滑らかな動きは 自由度次第

❶ 連鎖の自由度は，固定連鎖は 0，限定連鎖は 1，不限定連鎖は 2 以上となる．
❷ 自由度 1 の対偶には，滑り対偶，回り対偶，ねじ対偶がある．

ロボットの関節の仕様などで使われる自由度とはなんであろうか．**自由度**とは拘束の条件を表すものである．したがって，互いに対偶をなして結合されている連鎖において，動かない機構（固定連鎖）の自由度は 0，限定連鎖の自由度は 1，不限定連鎖のように限定された動きのできない機構の自由度は 2 以上となる．

限定連鎖において，滑り対偶，回り対偶，ねじ対偶の自由度はそれぞれ 1 となり，並進運動または回転運動をする．

1 面対偶の自由度

面対偶は，節が面で接触しているような対偶である．いま，平面に板が接している状態を考えてみる（**図 2･13**）．平面に平行で，互いに直交する x，y 軸を仮定する．その交点を O とし，点 O を通る x–y 平面の法線を z 軸とする．

この状態で，板が面接触を保ちながら運動する場合，

① 板は x，y 軸方向に移動できる．
② 板は x，y 軸まわりには回転できない（なぜなら，板が傾いてしまい，平面との接触部分が面でなくなる＝面対偶にならなくなる）．
③ 板は z 軸まわりに回転できる．
④ 板は z 軸方向には移動できない（なぜなら，板が平面から離れてしまうか，なかに入ってしまう＝面対偶にならなくなる）．

したがって，この場合

① x，y 軸方向の移動で，自由度 2.
② x，y 軸まわりの回転はできないので，自由度はそれぞれ 0.
③ z 軸まわりの回転で，自由度 1.
④ z 軸方向の移動はできないので，自由度 0.

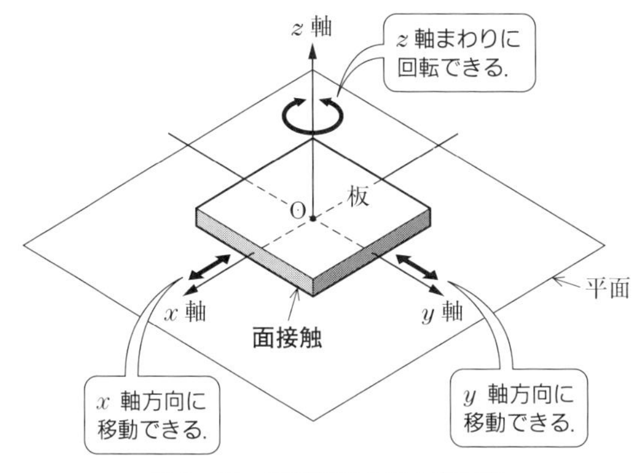

図 2・13　面対偶における自由度

つまり，面対偶の自由度は 2+0+1+0＝3 となる．これを自由度 3 と呼ぶ．

ただし，面対偶の最大自由度は 3 ということで，動きが拘束（いずれか二つが拘束される）された限定対偶では，自由度は 1 となる．

2 点対偶の自由度

点対偶は，節が 1 点で接触しているような対偶である．いま，平面上の点 O_1 にて点接触している球を考えてみる（**図 2・14**）．平面に平行で，球の中心 O を通り，互いに直交する x，y 軸を仮定して，点 O を通る x-y 平面の法線（垂直な直線）を z 軸とする．球は，点 O_1 にて平面に点接触している．

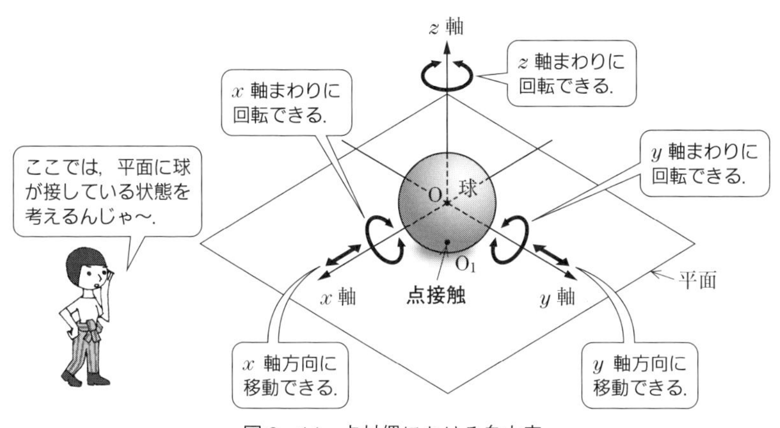

図 2・14　点対偶における自由度

この状態で，球が点接触を保ちながら運動する場合，

① 球は x，y 軸方向に移動できる．

② 球は x，y，z 軸まわりに回転できる．

③ 球は z 軸方向には移動できない（なぜなら，球が平面から離れてしまうか，なかに入ってしまう＝点対偶にならなくなる）．

したがって，この場合

① x，y 軸方向の移動で，自由度 2.

② x，y，z 軸まわりの回転で，自由度 3.

③ z 軸方向の移動はできないので，自由度 0.

つまり，点対偶の自由度は 2＋3＋0＝5 となる．これを自由度 5 と呼ぶ．

3 線対偶の自由度

線対偶は，節が線で接触しているような対偶である．いま，平面に円柱が接している状態を考えてみる（**図 2･15**）．平面に平行な円柱の軸を y 軸とする．平面に対して平行で，y 軸に直角な方向を x 軸とする．その交点を O とし，点 O を通る x-y 平面の法線を z 軸とする．

この状態で，円柱が線接触を保ちながら運動する場合，

① 円柱は x，y 軸方向に移動できる．

② 円柱は y，z 軸まわりに回転できる．

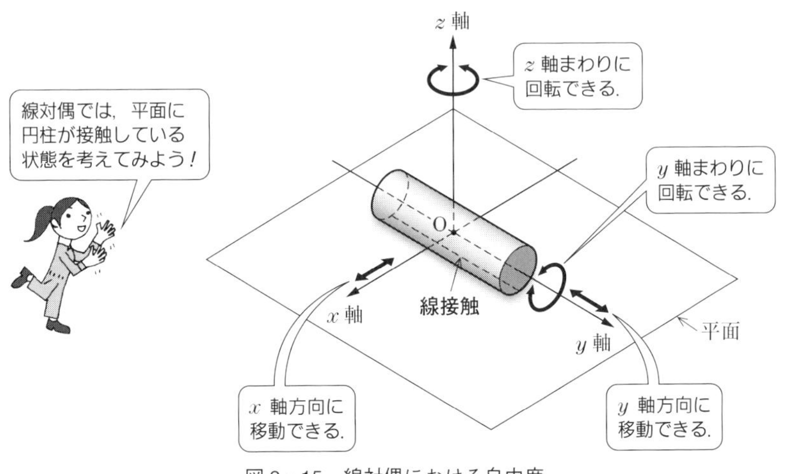

図 2・15　線対偶における自由度

③　円柱は x 軸まわりには回転できない（なぜなら，円柱が傾いてしまい，平面との接触部分が線でなくなる＝線対偶にならなくなる）.

④　円柱は z 軸方向に対して移動できない（なぜなら，円柱が平面から離れてしまうか，なかに入ってしまう＝線対偶にならなくなる）.

したがって，この場合

①　x，y 軸方向の移動で，自由度 2.

②　y，z 軸まわりの回転で，自由度 2.

③　x 軸まわりの回転はできないので，自由度 0.

④　z 軸方向の移動はできないので，自由度は 0.

つまり，線対偶の自由度は $2+2+0+0=4$ となる．これを自由度 4 と呼ぶ.

空間内を何の拘束も受けずに自由に運動できる（対偶の条件がない）場合，その自由度は 6 となる.

COLUMN　歯車の歴史

歯車の歴史は古く，紀元前の古代エジプト，ローマ，ギリシャ時代にさかのぼり，当時，すでに動力伝達手段として，木製の車の外周に簡単な突起や歯を設け，水車や揚水装置の変速装置に使われ始めていた．時代は進み，機械式時計が誕生するにいたり，歯車は木製から金属製へと変わり，加工技術や精度が格段に進歩を遂げた．なんと，歯車を組み合わせて計算できる機械式計算機も誕生している.

しかし，本格的に産業界で歯車が使われ出したのは，何といっても 18 世紀に起こった産業革命においてであった．蒸気機関から生み出された動力を伝えるために歯車が使われ，重要な役割を果たしたのである．ジェームズ・ワット（J. Watt）が発明した蒸気機関には，ピストンの往復運動を回転運動に変換する装置に，なんと「遊星歯車機構」（歯車装置の一つで，太陽と惑星〔遊星〕の配置に模した名称，142 ページ参照）が用いられていたのである.

現在の情報化社会においても，歯車が重要な位置を占めていることに変わりはない．プリンタや携帯電話，家電製品などに，小型化・高精度化された歯車が組み込まれている．近年，さらに小型化・高精度化が進み，ナノサイズ（1 nm＝10 億分の 1 m）の歯車が研究されており，宇宙産業や人体への応用が試みられるなど，将来の夢は尽きない時代となっている.

章末問題

問題 1｜ **図 2・16** (a), (b) におけるそれぞれの面対偶の自由度はいくつか.

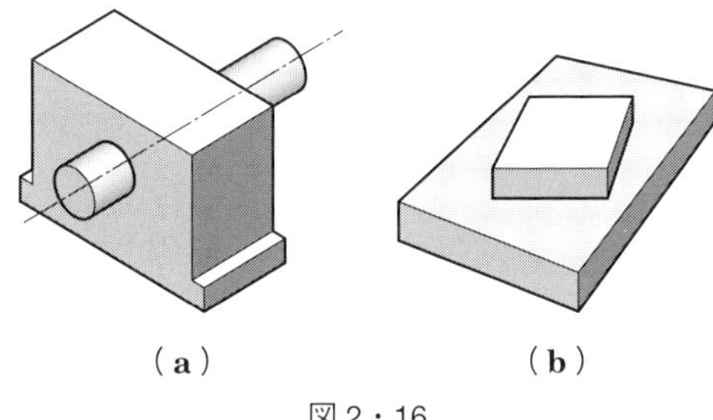

図 2・16

問題 2｜ 次の文章の（　　）に適当な語句を入れ, 文章を完成させなさい.

(1) 物体が平面上を移動するとき, その運動は（　　）と（　　）の組合せとなる.

(2) どんな運動でも, 始まりの状態と終わりの状態がわかれば, 移動を（　　）に置き換えることができる.

問題 3｜ 半径 OQ = 100 mm の円が, ω = 10 rad/s の角速度で直線に沿って転がっている（**図 2・17**）.

(1) 中心 O の速度を求めなさい.

(2) $\theta = 60°$ のとき, 中心 O から 50 mm の距離にある点 P の速度を求めなさい.

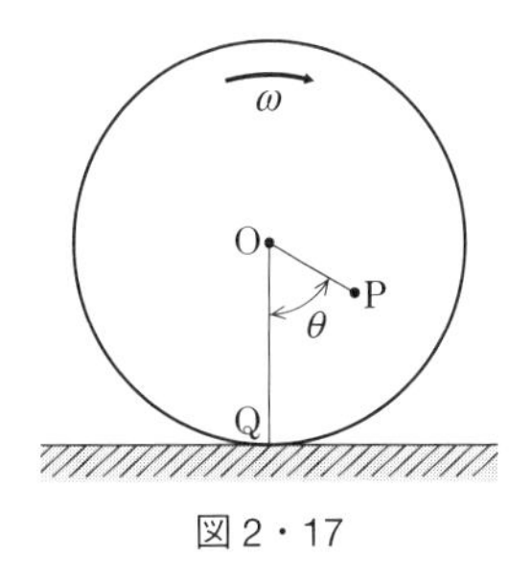

図 2・17

問題 4｜ AB = 80 cm の棒の両端を床および斜面に接触させて滑らせる（**図 2・18**）. 端 A は一定の速度 20 cm/s で動いている.

棒と床のなす角 θ がちょうど 30° になったとき

(1) 棒の瞬間中心を求めなさい.

(2) 棒の角速度を求めなさい.

(3) 端 B の速度を求めなさい.

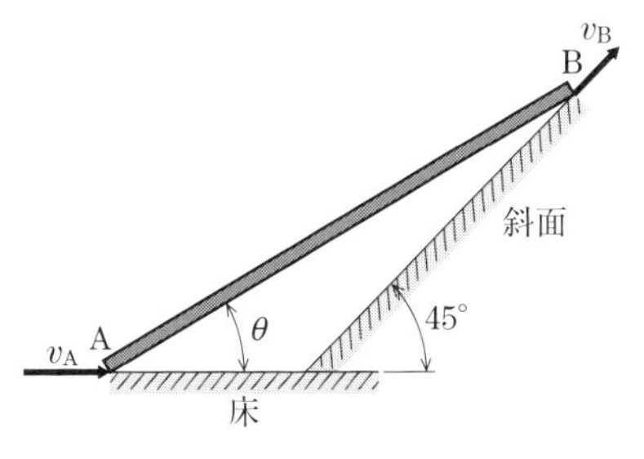

図 2・18

第3章 リンク機構の種類と運動

機械では，外部からエネルギーを取り入れ，機械内部で動力や運動を伝達し，所定の動作を行っている．このとき，機械内部では，剛体と考える機素に，回り対偶，滑り対偶などを用いて運動を伝えている．この剛体の節がいくつかの対偶で結ばれたものをリンク機構という．

リンク機構で最も基本的なものは４節回転連鎖である．これを応用して，さまざまな機構が構成され多種多様な機械がつくられている．４節回転連鎖は，私たちの目には見えないところで活躍している縁の下の力持ちといえる．

この章では，リンク機構の基礎と応用を学ぶ．何事も基本が大事であることを念頭において，しっかりと学習してほしい．

3-1 平面リンク機構

リンク機構 固定と 長さで 考える

1. リンク機構は，平面リンク機構と立体リンク機構に分類できる．
2. 回転する節はクランク，揺動する節はてこと呼ぶ．
3. リンク機構の基本は，4節回転連鎖である．

1 4節回転連鎖

機構の運動形態が平面的であるものを**平面リンク機構**と呼ぶ．機構は簡単な構造で複雑な動きができるため，蒸気機関車の動輪機構から最先端の自動車まで，また，家電製品やオーディオ機器から近未来的なロボットまで産業機械の機構部分に多く使われている．

リンク機構は隣り合う節が，回り対偶や滑り対偶で結ばれ，連鎖を構成している．したがって，機構は節の数でも分類することができ，リンク機構において最も基本となるのが4節回転連鎖である（**図3·1**，15ページ参照）．

4節回転連鎖は，各節の長さと，どの節を固定するかにより，てこクランク機

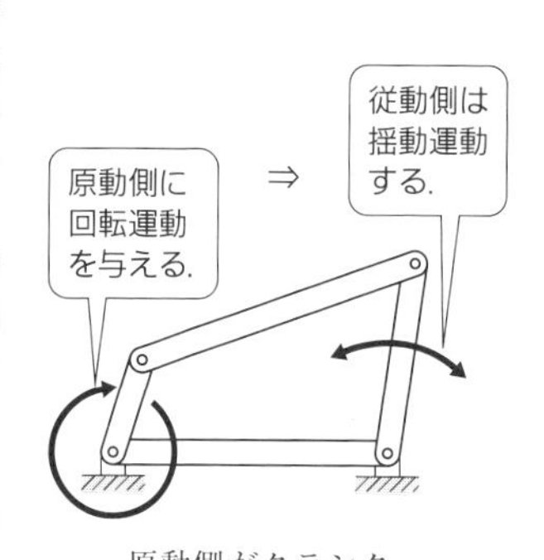

原動側がクランク，
従動側がてこになる．

（a）てこクランク機構

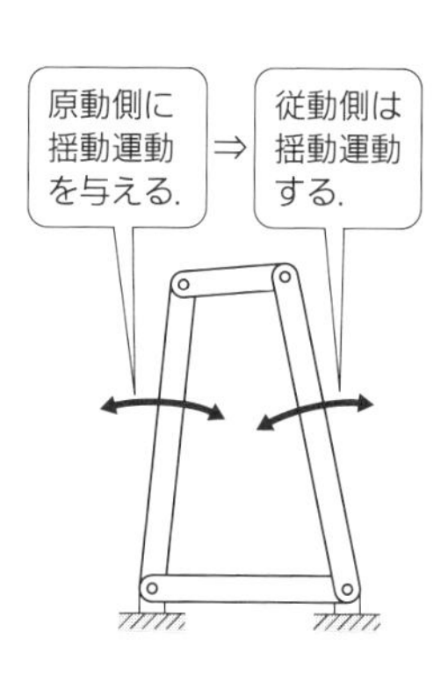

原動側と従動側の
両方がてこになる．

（b）両てこ機構

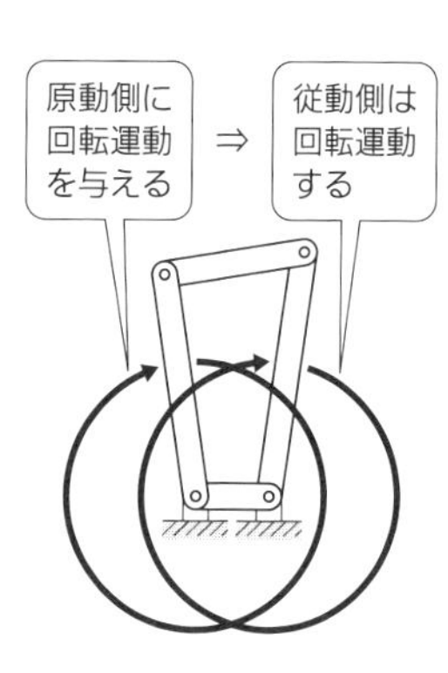

原動側と従動側の両方
がクランクになる．

（c）両クランク機構

図3·1　4節回転連鎖の種類

構，両てこ機構，両クランク機構となる．これを**機構の交替**と呼ぶ．ここで，360° 回転可能な節を**クランク**，360° 未満の範囲で揺動する節を**てこ**（**レバー**あるいは**ロッカ**ともいう），原動節と従動節を結ぶ節を**連接棒**（**コンロッド**，**コネクティングロッド**ともいう）と呼ぶ．はじめに，4 節回転連鎖が，てこクランク機構となるための条件から考えてみよう．

2 てこクランク機構

てことクランクが組み合わさった機構を**てこクランク機構**と呼ぶ．てこクランク機構では，長さが最も短い節（最短節）と対偶をなす節を固定する．この機構では，原動節がクランクで，従動節がてことなる組合せと，原動節がてこで，従動節がクランクとなる組合せがある．

図 3･2 のような 4 節回転連鎖において，節 D を固定し，最短節 A を O_{AD} を中心に回転運動させると，節 A はクランクとなり，節 C は連節棒 B を介して O_{CD} を中心に揺動運動するてことなる．

図 3･2 に示したてこクランク機構を構成するための条件について考えてみよう．

1 四辺形の構成条件

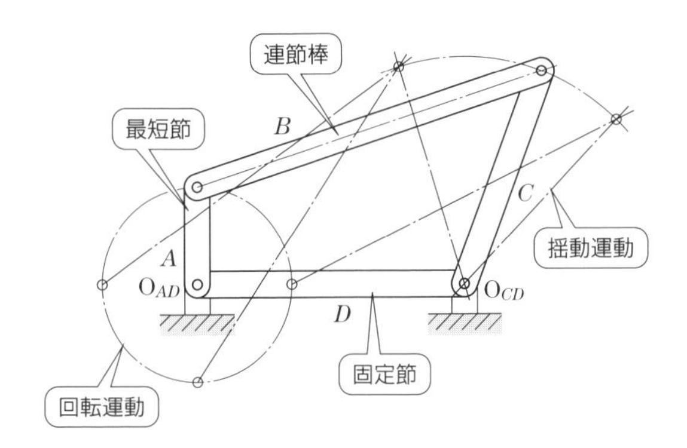

図 3・2　てこクランク機構

四つの節 A，B，C，D が閉じた四辺形を形成しているので，一般的な四角形の性質である「任意の 3 節の長さの和が残りの 1 節の長さよりも大きい」ことは満たしている．これを式として表すと，次のようになる．

$$\left.\begin{array}{ll} A+B+C>D, & A+B+D>C \\ A+C+D>B, & B+C+D>A \end{array}\right\} \quad (3\cdot1)$$

● 2 クランクとなる条件

次に，節 A がクランクとなる条件，すなわち節 A が点 O_{AD} を中心に 360° 回転できる条件を考える．節 A が回転して，節 B と一直線に並んだ**図 3·3**（a）の $\triangle O_{AD}O_{BC}O_{CD}$ の各辺に対して，三角形の成立条件「三角形の 2 辺の和は他の 1 辺より大きい」を適用すると

$$\left.\begin{array}{l} A+B<C+D \\ A+B+D>C \\ A+B+C>D \end{array}\right\} \quad (3\cdot2)$$

が成り立つ必要がある．ここで，式（3·2）の第 2 式，および第 3 式は節 A，B，C，D が四辺形となっている条件式（3·1）に含まれているので，式（3·2）の第 1 式の条件だけが，節 A がクランクとなるための条件の一つとなる．

また，節 A が回転して，節 D と一直線に並んだ図 3·3（b）の状態では，$\triangle O_{AB}O_{BC}O_{CD}$ においても式（3·2）と同様に三角形の成立条件を適用して

$$\left.\begin{array}{l} A+D<B+C \\ A+D+B>C \\ A+D+C>B \end{array}\right\} \quad (3\cdot3)$$

が成り立つ必要がある．ここで，式（3·3）の第 2 式および第 3 式は条件式（3·1）に含まれているので，式（3·3）の第 1 式の条件だけが，節 A がクランクとなるための条件に追加される．

さらに，節 A が回転して，また節 B と一直線に並んだ図 3·3（c）の状態では，$\triangle O_{AD}O_{BC}O_{CD}$ の各辺の長さは，$B-A$，C，および D となるので，

$$\left.\begin{array}{lll} (B-A)<C+D & \Rightarrow & A+C+D>B \\ (B-A)+C>D & \Rightarrow & A+D<B+C \\ (B-A)+D>C & \Rightarrow & A+C<B+D \end{array}\right\} \quad (3\cdot4)$$

が成り立つ必要がある．ここで，式（3·4）の第 1 式は，条件式（3·1）の第 3 式と同じである．また式（3·4）の第 2 式は式（3·3）の第 1 式と同じである．それ

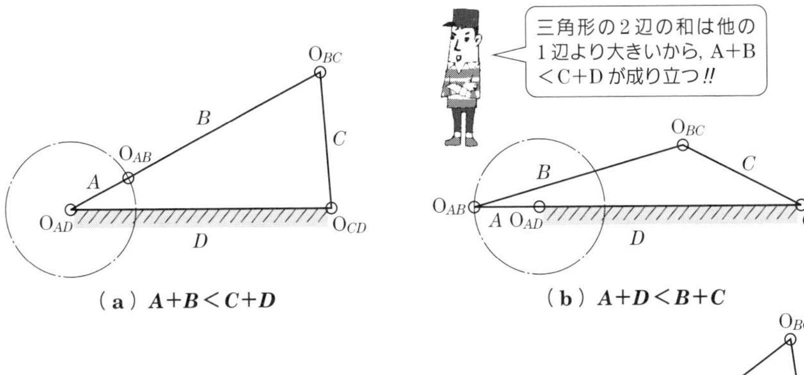

(a) $A+B<C+D$　(b) $A+D<B+C$

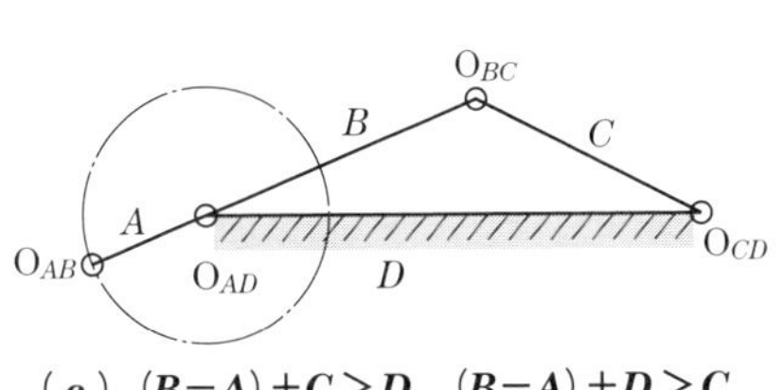

(c) $(B-A)+C>D$, $(B-A)+D>C$

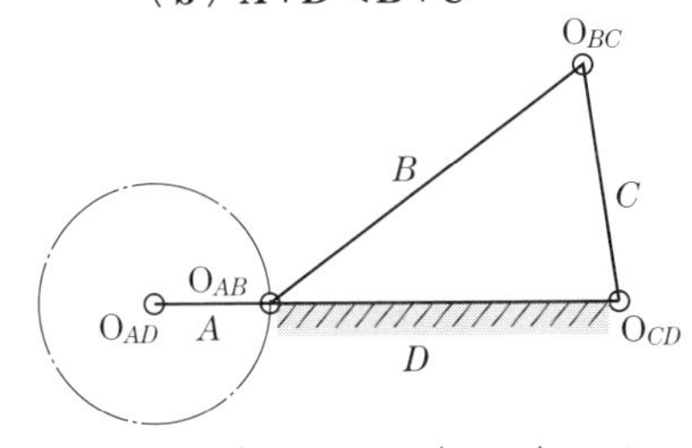

(d) $(D-A)+B>C$, $(D-A)+C>B$

図3・3　4節回転連鎖がてこクランク機構となるための条件

ゆえ，第3式だけが，節Aがクランクとなるのための条件に追加される．

さらに，節Aが回転して，また節Dと一直線に並んだ図3·2 (d) の状態では，$\triangle O_{AB}O_{BC}O_{CD}$の各辺の長さは，$D-A$，$B$，および$C$となるので，同様に三角形の成立条件を適用して整理すると，

$$\left.\begin{aligned}(D-A)<B+C &\ \Rightarrow\ A+B+C>D\\ (D-A)+B>C &\ \Rightarrow\ A+C<B+D\\ (D-A)+C>B &\ \Rightarrow\ A+B<C+D\end{aligned}\right\} \qquad (3\cdot5)$$

が成り立つ必要がある．ここで，式 (3·5) の第1式は，条件式 (3·1) に含まれ，式 (3·5) の第2式，第3式は式 (3·2) と式 (3·4) に含まれる．したがって，節Aがクランクとなるための条件は

$$\left.\begin{aligned}A+B<C+D &\ \cdots\ ①\\ A+C<B+D &\ \cdots\ ②\\ A+D<B+C &\ \cdots\ ③\end{aligned}\right\} \qquad (3\cdot6)$$

となる．ここで，図3·3 (a)～(d) において，各節の長さの関係で，三角形がより扁平となり，その極限（2辺の和が他の1辺と等しい）の場合も含めると等号が入る．したがって，式 (3·6) は

$$
\left.
\begin{array}{ll}
A+B \leq C+D & \text{——①} \\
A+C \leq B+D & \text{——②} \\
A+D \leq B+C & \text{——③}
\end{array}
\right\} \qquad (3\cdot7)
$$

となる．式 (3·7) を**グラスホフの定理**といい，これを満たす機構を**グラスホフ機構**と呼ぶことがある．式 (3·7) は，各節の相対運動の条件を示しているので，両てこ機構や両クランク機構においても成り立つ条件である．

式 (3·6) の関係が成立した場合，

①＋② より，$A \leq D$

①＋③ より，$A \leq C$

②＋③ より，$A \leq B$

となり，節 A が最短節になることが確認できる．

COLUMN　思案点と死点

図 3·4 (a)(b) のように，てこクランク機構において，クランク A と連節棒 B が一直線上に並んだとき，てこ C の運動に対して，クランク A は左右いずれの方向にも回転可能である．このような一方向の力に対して回転方向が定まらない位置を**思案点**という．

また，てこ C に運動を与えても，静止したクランク A を回転させることができないことがある．このような位置を**死点**と呼ぶ．

一般に，思案点と死点は一致する場合が多い．

このような現象を避けるためには，慣性力を利用するはずみ車や，位相差のある二つの機構の並列利用が有効である．

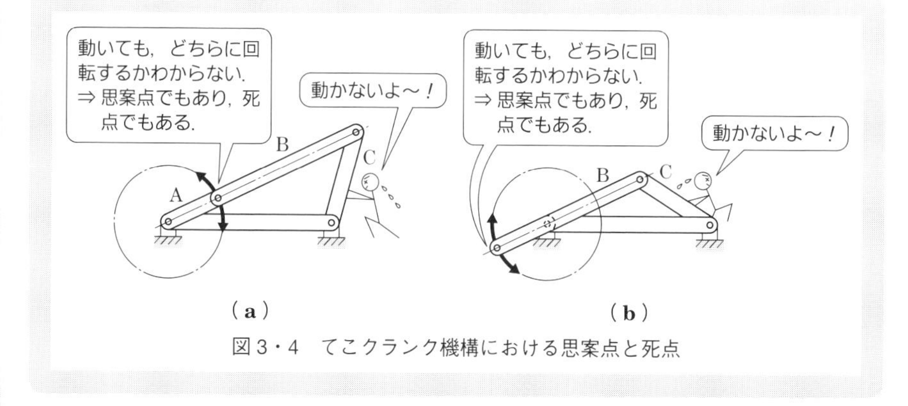

図 3・4　てこクランク機構における思案点と死点

❸ 両てこ機構

図 3･5 に示すように，最短節 A と向き合う節 C を固定して，節 D に揺動運動を与えると，節 B も揺動運動する．このように，ともにてことして運動する機構を**両てこ機構**という．

ここで，節 D を原動節にして，節 A と節 B が一直線になった状態から節 D を動かしたとき，節 A は節 B に対して左右どちらの方向にも動くことが可能で思案点（死点）となる．同様に，節 B を原動節にして，揺動運動を与えた場合，節 A と節 D が一直線になった位置も思案点（死点）となる．

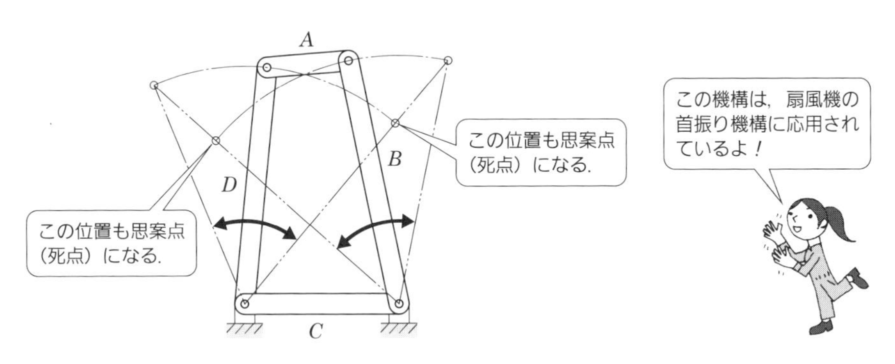

図 3・5　両てこ機構

❹ 両クランク機構

原動側と従動側の両方がクランクになる機構を，**両クランク機構**と呼ぶ．両クランク機構は，**図 3･6** に示すように，最短節 A を固定して節 B を回転運動させると，節 D も回転運動し，ともにクランクとして運動する機構を基本としている．

両クランク機構において，**図 3･7** (a) に示すような対向する節の長さが等しく，対向する節が平行になるような特別な両クランク機構（同図 (b) のように節 B と節 D が交差するような機構は考えない）を，**平行クランク機構**，あるいは**平行リンク機構**という．静止節を含まない組の節はどちらも 360° 回転可能で，かつ平行位置を保持している．

図 3･7 (a) に示すような平行クランク機構において，原動節が節 A あるいは節 C の場合は，滑らかに回転する．しかしながら，節 B を原動節とした場合，節 A および節 C が回転し静止節 D と一直線になったとき（同図 (c) に示したように，四つの回転中心が一直線上に並んだとき），この点では節 A および節 C はどちら

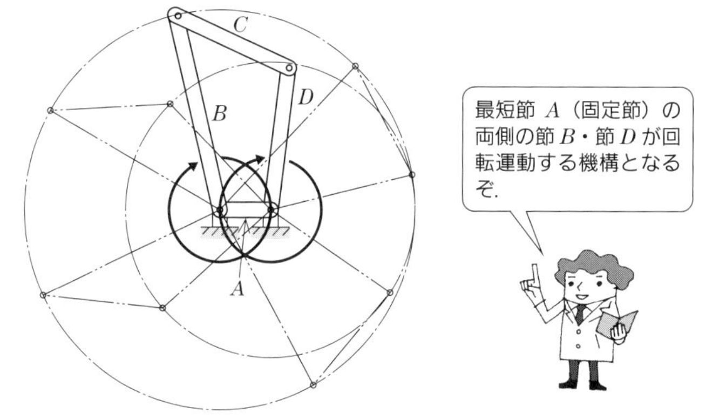

図3・6　両クランク機構

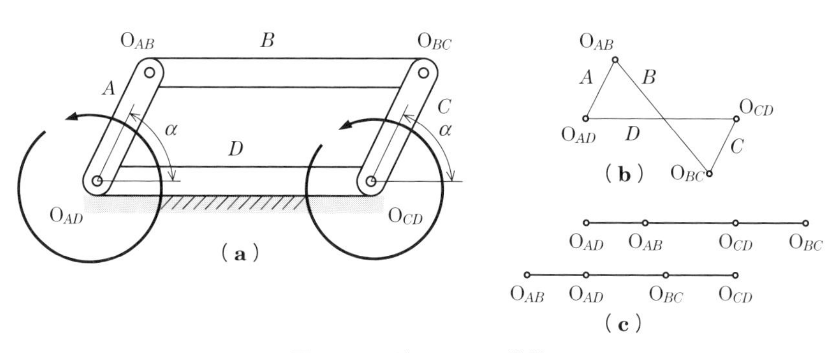

図3・7　平行クランク機構

の方向にも回転可能な状態となる．このときの節 A と節 B の接続点 O_{AB}，および節 B と節 C の接続点 O_{BC} の位置が思案点（死点）である．なお，平行クランク機構は，動作中も平行四辺形を維持するので，節 A を原動節とした場合，固定節 D に対する節 A の角度 α は，節 D に対する節 C の角度 β と等しくなる $(\alpha=\beta)$．

また，両クランク機構と節を固定する位置などが異なるが，四つの節の長さが等しいリンク機構（ひし形）を**パンタグラフ機構**と呼ぶ．

このように，4 節回転連鎖においては，てこクランク機構，両てこ機構，両クランク機構などによって，いろいろな動きを得ることができる．

一般に，思案点（死点）が存在するリンク機構では，位相の異なる複数のリンク機構を併用したり，大きい質量のはずみ車を用いて慣性力を利用したり，思案点を通過しない角度範囲で使用したりすると，クランクやてこの動きが不限定となることを避けることができる．

3-1　図 3·8 のような 4 節回転連鎖機構，$A = 35$ mm，$B = 40$ mm，$C = 55$ mm，$D = x$〔mm〕がある．

この機構がグラスホフの定理を満たすための $D = x$ の条件を求めなさい．また，この条件下における機構の種類の名称を述べなさい．

解答　図 3·8 に示されたような 4 節回転連鎖機構の場合，今回の設問で与えられた三つの各節の長さでは，節 A が最も短くなっている．4 節回転連鎖機構では，最短節が問題となるので，長さが未知の節 D について，節 A と比較して次の二つの場合が考えられる．

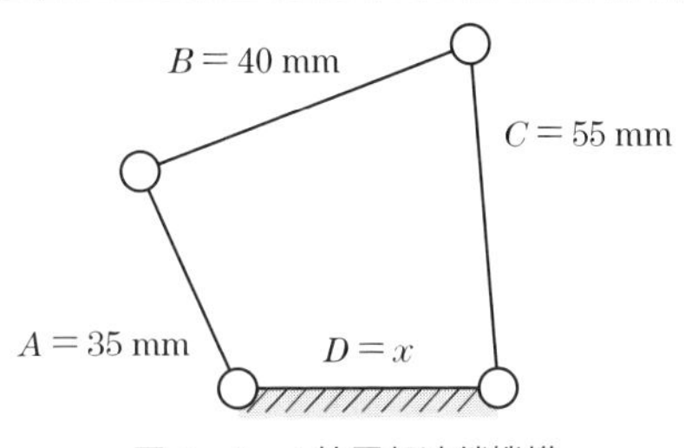

図 3・8　4 節回転連鎖機構

(1)　節 D が節 A より長い場合，すなわち節 A が最短節となる場合

式 (3·7) のグラスホフの定理より

$$\begin{cases} 35+40 \leq 55+x & => \quad \therefore \quad x \geq 20 \\ 35+55 \leq 40+x & => \quad \therefore \quad x \geq 50 \\ 35+x \leq 40+55 & => \quad \therefore \quad x \leq 60 \end{cases}$$

上記の 3 式を同時に満たすとともに，最短節 $A = 35$ mm より長くなる条件が必要であるので，$50 \leq x \leq 60$ となる．

このとき，節 D を固定しているので，節 A がクランク，節 C がてことなるてこクランク機構である．

(2)　節 D が節 A より短い場合，すなわち節 D が最短節となる場合

節 D が最短節となる場合，既知の短節 A よりも短くなる条件より，$x \leq 35$ である．最短節 D の長さが x，最長節は $C = 55$ なので，グラスホフの定理より

$$\begin{cases} x+35 \leq 40+55 & => \quad \therefore \quad x \leq 60 \\ x+40 \leq 35+55 & => \quad \therefore \quad x \leq 50 \\ x+55 \leq 35+40 & => \quad \therefore \quad x \leq 20 \end{cases}$$

となる．以上から $D = x \leq 20$ mm となる．このとき，最短節を固定しているので，両クランク機構となる．

3-2 スライダクランク機構

滑る機構で 往復運動

❶ スライダクランク機構は，回転運動から直線運動の変換や，またその逆の変換もできる．

❷ スライダクランク機構は，どの節を固定するかで，さまざまな動きを構成できる．

❶ 往復スライダクランク機構

図 3･9（a）に示した4節回転連鎖の節 C を，図 3･9（b）に示すように，節 D に対して滑り対偶に置き換えた連鎖を，**スライダクランク機構**（**スライダクランク連鎖**）と呼ぶ．

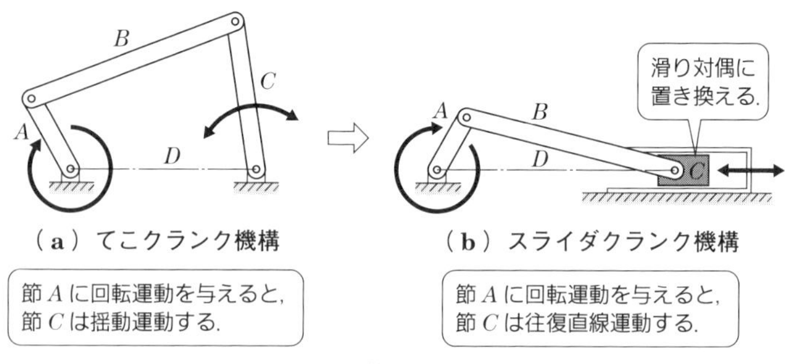

図 3・9　てこクランク機構とスライダクランク機構

このとき，節 C は節 D に沿って滑るので，**スライダ**と呼ばれる．さらに，この場合，直線のスライダ部分は往復運動することになる．節 C を原動節，節 A を従動節と考えれば，内燃機関（自動車のレシプロエンジンなど）のピストンやシリンダや，蒸気機関のピストンと動輪との運動伝達機構のように，節 A はクランクとなる．また，原動側と従動側を入れ替えると，回転運動を直線往復運動に変換する機構となる．

以上のようなスライダクランク機構をとくに，**往復スライダクランク機構**と呼び，動力伝達にかぎらず，空気圧縮機（エア・コンプレッサ）やポンプなどにも応用されている．

❷ 往復スライダクランク機構の解析

以下では，**図 3·10** に示すような往復スライダクランク機構について，スライダの変位，速度および加速度の大きさを理論的に求める．

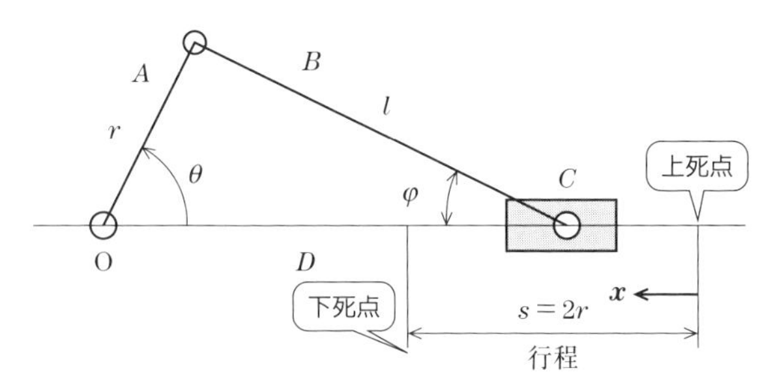

図 3・10　往復スライダクランク機構

● 1　スライダの変位

図 3·10 に示すスライダクランク機構で，節 A はクランクで半径 r，節 B は連接棒（コンロッド）で長さ l，節 C はスライダでピストンにあたる．節 A の回転中心が O でクランク軸中心である．また，シリンダの中心線が節 D に相当し，ここでは，シリンダ，ピストンおよびクランク軸が一直線上にあるものとし，節 D からクランクの回転角を θ，連接棒の揺動角を φ とする．

上死点からのスライダの位置における距離を x とおくと，

$$x=r+l-(r\cos\theta+l\cos\varphi)$$
$$=r(1-\cos\theta)+l(1-\cos\varphi)$$

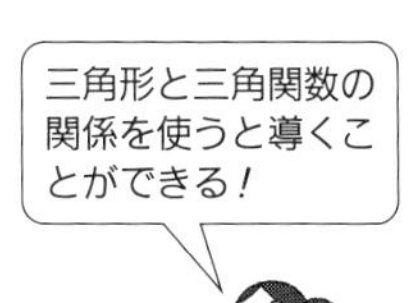

となる．クランクと連接棒の長さの比 $\lambda=\dfrac{r}{l}$ を用いると

$$x=r\left\{(1-\cos\theta)+\frac{1}{\lambda}(1-\cos\varphi)\right\}$$

となる．ここで

$$\left.\begin{array}{l} r\sin\theta=l\sin\varphi\ \text{より，}\ \sin\varphi=\lambda\sin\theta \\ \sin^2\varphi+\cos^2\varphi=1\ \text{より，}\ \cos\varphi=\sqrt{1-\sin^2\varphi} \end{array}\right\}$$

の関係を用いると，次のようになる．

$$x=r\left\{(1-\cos\theta)+\frac{1}{\lambda}\left(1-\sqrt{1-\lambda^2\sin^2\theta}\right)\right\} \qquad (3\cdot8)$$

●2 スライダの速度

スライダの速度 v は変位 x を時間 t で微分して

$$v=\frac{dx}{dt}=\frac{dx}{d\theta}\,\frac{d\theta}{dt}=\frac{dx}{d\theta}\,\omega$$

で求めることができる．上式に，変位式 (3·8) を代入すると

$$v=r\omega\left(\sin\theta+\frac{\lambda\sin 2\theta}{2\sqrt{1-\lambda^2\sin^2\theta}}\right) \tag{3·9}$$

となる．ここで，ω はクランクの角速度である．

●3 スライダの加速度

速度の式 (3·9) を時間 t で微分して，加速度 a を求めると，以下のようになる．

$$a=\frac{dv}{dt}=\frac{dv}{d\theta}\,\frac{d\theta}{dt}=\frac{dv}{d\theta}\,\omega=r\omega^2\left(\cos\theta+\frac{\lambda\cos 2\theta+\lambda^3\sin^4\theta}{\sqrt{(1-\lambda^2\sin^2\theta)^3}}\right)$$

となる．

3 揺動・回り・固定スライダクランク機構

図 3·9 (b) に示した一般的なスライダクランク機構は，図 3·9 (a) の 4 節回転連鎖の節 C を節 D に対して滑り対偶に置き換えたものである．

しかしながら，**図 3·11** に示すように，どの節に対して滑り対偶にするのかによって，スライダクランク機構はいろいろな動きをするという特徴がある．例えば，節 C を節 B に対して滑り対偶に置き換えると，揺動スライダクランク機構となり，また，節 A を固定して，節 D をクランクとして回転させると，回りスライダクランク機構となり，さらに，節 C を固定し，節 B を揺動させると，固定スライダクランク機構になる．

4 オフセットスライダクランク機構

いままでに解説したスライダクランク機構では，スライダの滑る中心軸とクランクの回転中心軸が一致していたが，中心軸が一致しないスライダクランク機構を**オフセットスライダクランク機構**と呼ぶ（**図 3·12**）．

これは直線運動を回転運動，回転運動を直線運動に変換するのは同じであるが，スライダの滑る中心軸とクランクの回転中心軸をずらすことにより，スライダの往行程と復行程で動く速度が異なってくるので，早戻り機構などに利用できる．

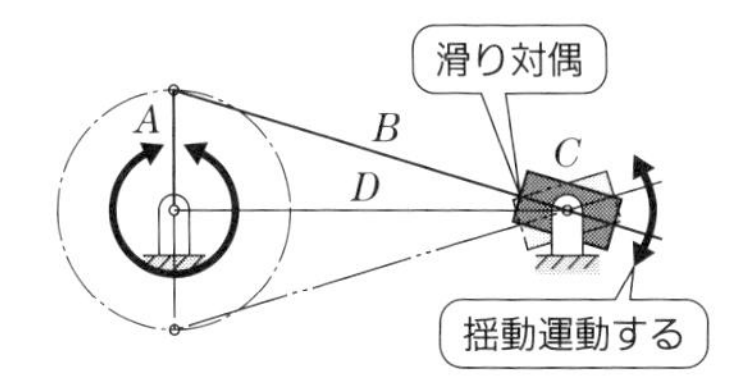

節 A をクランクとして回転させると，スライダ C が揺動運動する機構となる!!

（a）揺動スライダクランク機構

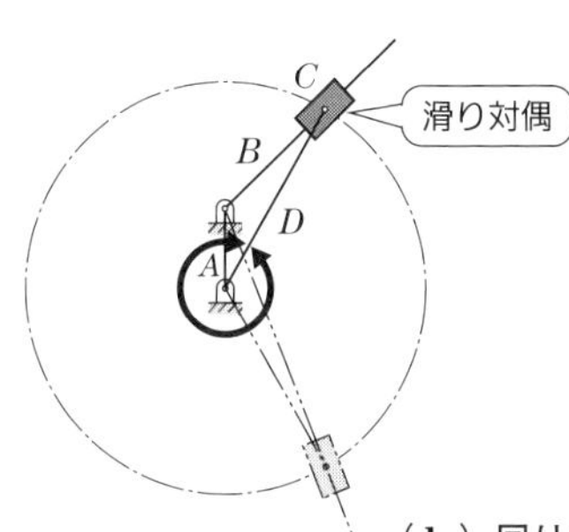

節 A を固定節にして節 D をクランク運動させると，スライダ C はクランク D を半径にして回転運動しながら，節 B 上を滑りながら回転運動する～.

（b）回りスライダクランク機構

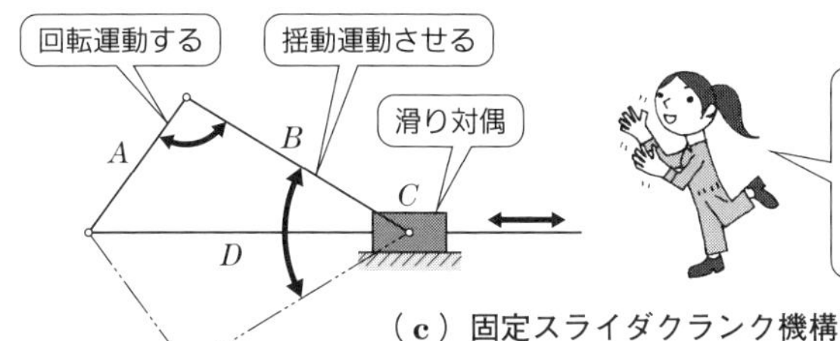

スライダ C を固定節にして節 B を揺動運動させると，節 A は節 B に対して回転し，節 D はスライダ C 上を往復運動する!

（c）固定スライダクランク機構

図3・11　往復スライダクランク機構の種類

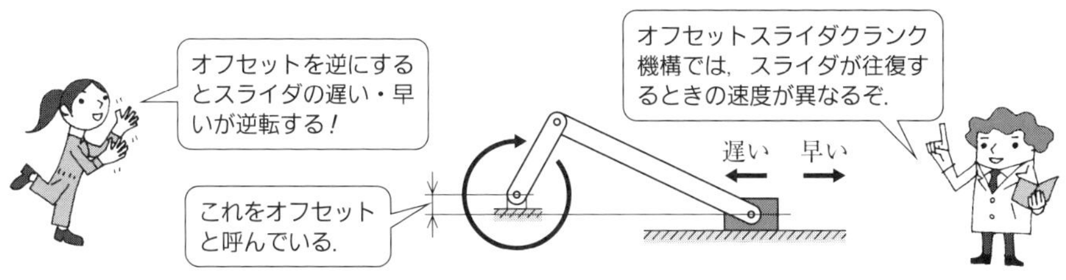

図3・12　オフセットスライダクランク機構

3-2　**図 3·13** に示すオフセットスライダクランク機構について，上死点および下死点のクランクの角度（$\theta=0$ からの最小角度）を求めなさい．ただし，クランクの長さを r，連接棒の長さを l，オフセット量を e，クランクの回転角を θ とする．

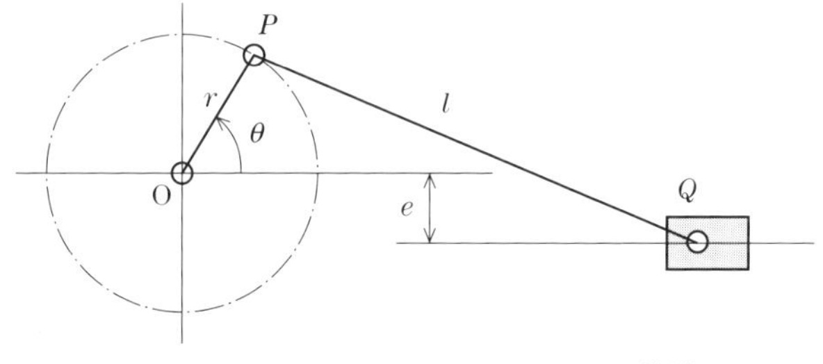

図 3・13　オフセットスライダクランク機構

解答　スライダクランク機構では，上死点や下死点はクランクと連接棒が一直線状に並んだ位置である．

スライダが上死点となるクランクの角は，図 3·13 で θ が 0° 近傍であり，**図 3·14** (a) に示すような状態である．つまり，クランクが回転して，$P \to P_1$，$Q \to Q_1$ に移動して，点 O，P_1，Q_1 が一直線上に並んだ位置である．Q_1 からクランク軸の水平中心線上に下した垂線の足を H_1 とすると，$\triangle OQ_1H_1$ から

$$OH_1=\sqrt{(l+r)^2-e^2}$$

$$\tan\theta_1=\frac{e}{\sqrt{(l+r)^2-e^2}}$$

を得る．同様に，下死点となるクランクの角は，図 3·13 で θ が 180° 近傍であり，図 3·14 (b) に示すような状態である．つまり，クランクが回転して，$P \to P_2$，$Q \to Q_2$ に移動して，点 P_2，O，Q_2 が一直線上に並んだ位置である．Q_2 からクランク軸の水平中心線上に下した垂線の足を H_1 とすると，$\triangle OQ_2H_2$ から

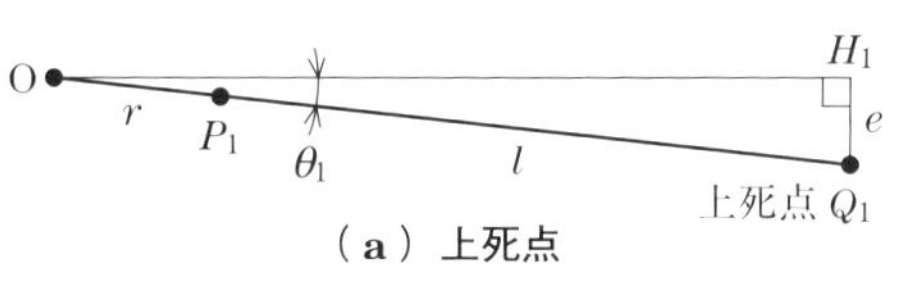

（a）上死点

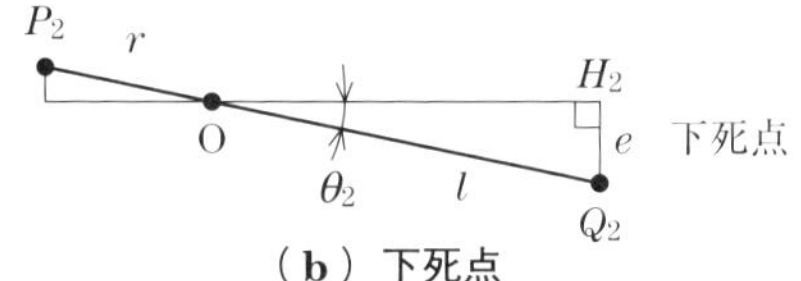

（b）下死点

図 3・14　クランクと連接棒の位置関係

$$OH_2=\sqrt{(l-r)^2-e^2}$$

$$\tan\theta_2=\frac{e}{\sqrt{(l-r)^2-e^2}}$$

を得る．

COLUMN　星形エンジンはどうなっているの

一般的な直列多気筒エンジンでは，それぞれのピストンは連接棒から個々にクランクシャフトにつながっているが，星形エンジンと呼ばれるシリンダを放射状に配列したレシプロエンジンでは，主連接棒と呼ばれるものだけがクランクシャフトにつながっている（**図 3・15**）．残りの連接棒はどうかというと，すべて主連接棒に連結されているのである．

星型エンジンはエンジン本体とプロペラが一緒に回転する機構によって零戦（ぜろせん）など初期の航空機で採用されている．

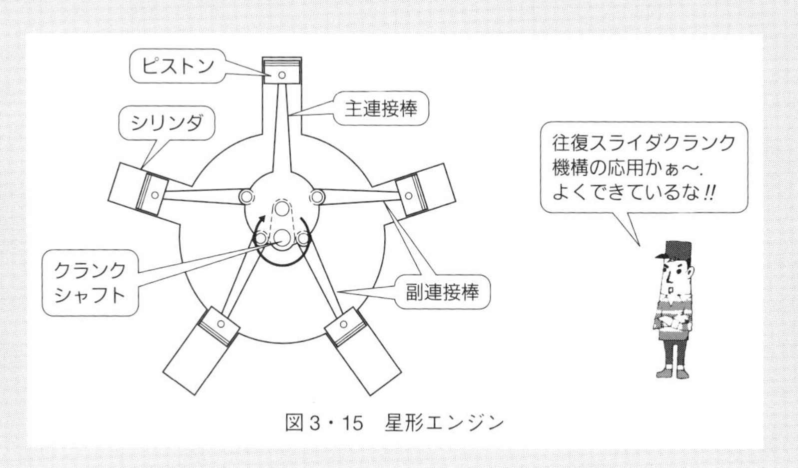

図 3・15　星形エンジン

COLUMN　耐震補強とリンク機構

通常，**図 3・16**（a）に示すように，建築物は柱（縦棒）やはり（横棒）の組合せと，壁や屋根でつくられている．この場合，多くは 4 節のリンク機構構造となっており，地震の揺れに対して強くはない．そこで，同図（b）のように筋交い（少なくとも四角形の対角線の一方）を入れることにより，固定連鎖あるいはトラスとなり，補強されることになる．

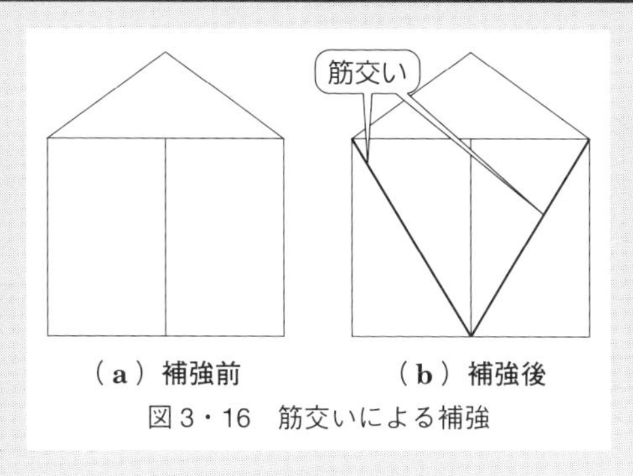

図 3・16　筋交いによる補強

3-3 立体リンク機構

リンク機構 立体運動で 回転伝達

❶ 球面リンク機構を応用したものに，自在継手がある．
❷ 自在継手には，等速円運動するものと不等速円運動するものがある．

❶ 球面リンク機構

平面リンク機構では，各節は同一の平面上を運動していた．これに対して，各節が立体的（3 次元的）に運動するものを**立体リンク機構**という．

また，4 節回転連鎖の回り対偶の軸心がすべて 1 点を通るとき，各節は球面上を運動することになる．このような立体的な連鎖を**球面リンク機構**と呼んでいる．

❷ 自在継手（フック継手）

球面リンク機構を応用したものに**自在継手**（**フック継手**）がある．この継手は，ある角度で交わる 2 軸間で回転を伝えるものであり，構造が簡単であるため，自動車のエンジンから車軸（シャフト）への動力伝達機構にも使われている．

しかし，自在継手では，入力側の軸が一定速度で回転していても，出力側の軸においては増速と減速を繰り返す現象が起こる．

図 3･17 (a) に示すように，自在継手を介して，入力軸と出力軸がある角度で接続しているとする．入力軸 a は入力軸側の回転面 A 上で円運動し，出力軸 b は出力軸側の回転面 B 上で円運動する．しかし，軸 a の運動を面 B 上に投影すると，その運動はだ円になることがわかる．

つまり，面 A の回転する角度と面 B の回転した角度には周期的に差が生じるため，入力側の軸が一定速度で回転しても，出力側の軸では速度の変動が起きることになる．この速度変動は，図 3･17 (b) に示すように，入力軸が 1 回転する間に 2 回現れ，入力軸と出力軸の交わる角度 θ が大きくなるほど増加する．

なお，この現象を打ち消して入力軸と出力軸を等しい速度で回転させるには，2 組の自在継手を組み合わせるか，等速ジョイントを用いればよい．

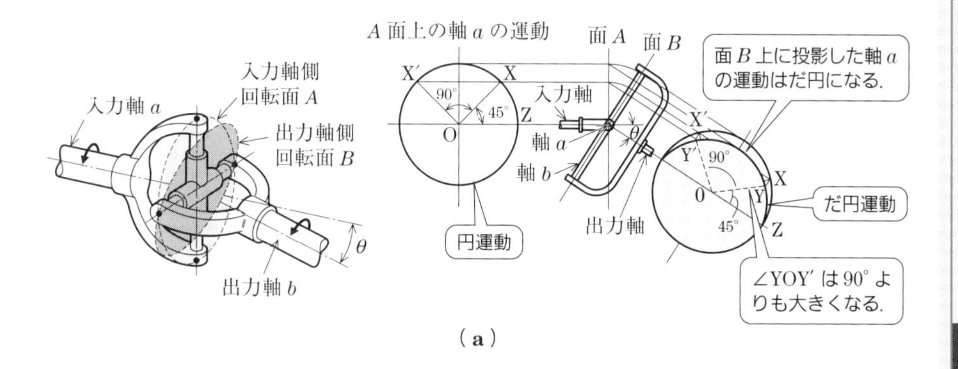

（a）

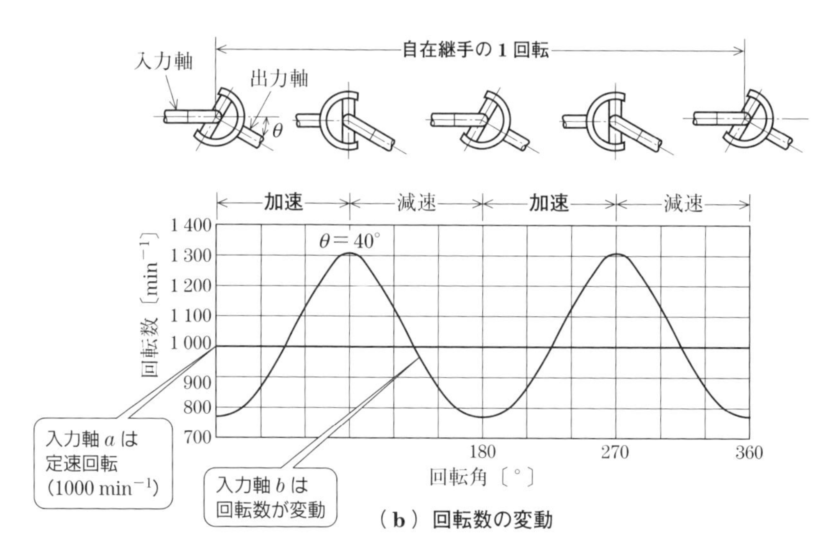

（b）回転数の変動

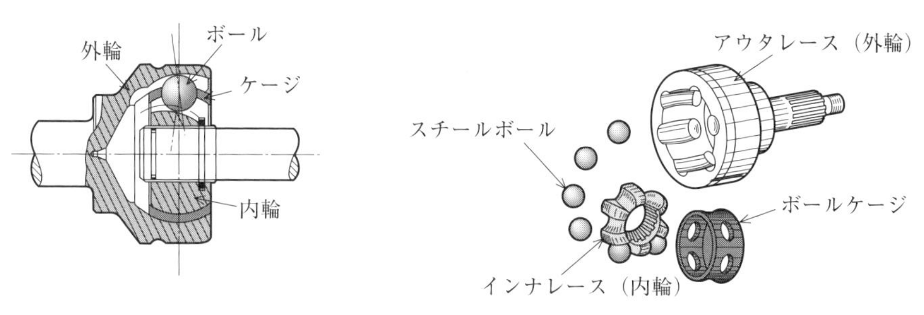

（c）等速ジョイント

図 3・17　自在継手[1)]

3-4

リンク機構の運動

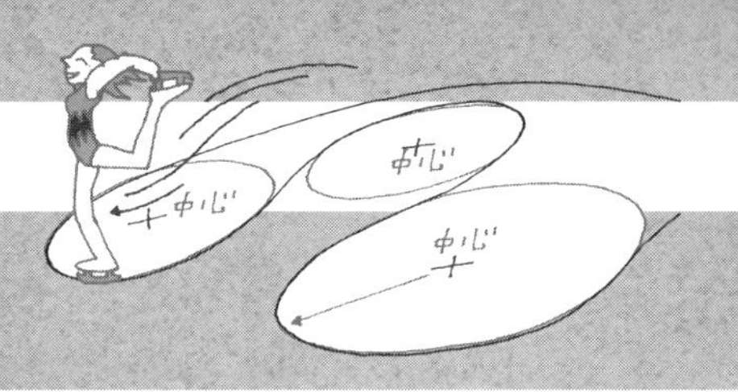

Point
❶ 相対運動している二つの節の間には，瞬間中心が存在する．
❷ 瞬間中心の数は節数で決まる．

❶ 4節回転連鎖における瞬間中心

4 節回転連鎖とは，四つの節がすべて回り対偶によって接続されている機構である．**図 3·18** (a) に示すように，点 O_{AD}，O_{AB}，O_{BC}，O_{CD} はそれぞれ，節 A と節 D，節 A と節 B，節 B と節 C，節 C と節 D における回り対偶の回転軸上の点であるから，いずれも二つの節が相対運動をもたない（なぜなら，離れることなく一緒に動いているから）唯一の点である．したがって，これらの点は瞬間中心である（21 ページ参照）．

さらに，このような瞬間中心は，節どうしの互いの位置関係が変化しても，常に回り対偶の回転軸上にあるので，**永久中心**という．また，節 D が固定してある場合，これら永久中心のうち O_{AD}，O_{CD} は，**固定中心**と呼ばれる．

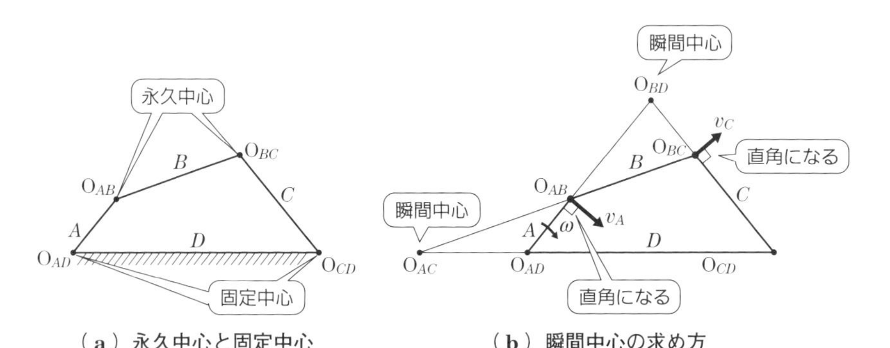

（a）永久中心と固定中心　（b）瞬間中心の求め方

図 3・18　4 節回転連鎖における瞬間中心

次に，節 B と節 D との間の相対運動を考える．節 D を固定したとき，相対する節 B の節 D に対する瞬間中心 O_{BD} を求めてみよう．図 3·18 (b) に示すように，節 A が O_{AD} を中心として回転すると，連節棒（節 B）を介して節 C も O_{CD} を中心として回転するので，節 B 上の 2 点 O_{AB}，O_{BC} の運動速度の方向（v_{A}，v_{B}）はそれぞれ線分 $\overline{\mathrm{O}_{AD}\mathrm{O}_{AB}}$，$\overline{\mathrm{O}_{CD}\mathrm{O}_{BC}}$ に対して直角になることがわかる．このとき，2 点 O_{AB}，O_{BC} はともに節 B 上の点でもあるので，節 B の瞬間中心 O_{BD} はそれぞれの点 O_{AB}，O_{BC} を通り，その点の速度方向に直角に引いた直線の交点であるから，線分 $\overline{\mathrm{O}_{AD}\mathrm{O}_{AB}}$，$\overline{\mathrm{O}_{CD}\mathrm{O}_{BC}}$ の延長線の交点として求まる．

最後に，節 A と節 C との間の相対運動を考える．ここで節 C を固定すると，相対する節 A の節 C に対する瞬間中心 O_{AC} は，瞬間中心 O_{BD} を求めたときと同様にして，線分 $\overline{\mathrm{O}_{BC}\mathrm{O}_{AB}}$，$\overline{\mathrm{O}_{CD}\mathrm{O}_{AD}}$ の延長線の交点として求めることができる．

以上のことから，4 節回転連鎖の瞬間中心は全部で 6 個（固定中心が 2 個，永久中心が 2 個，向かい合った節どうしの瞬間中心が 2 個）あることがわかる．

一般に，機構を構成するどの二つの節の間にも一つの瞬間中心があることから，N 個の節からなる機構では，瞬間中心の数は $\dfrac{N(N-1)}{2}$ 個あることになる．

2 分解法によるリンク機構速度解析

リンク機構の解析には，理論的手法（理論的解析）と作図による方法（図式解析法）がある．ただし，理論的解析は，三角関数や微分法などの知識が少なからず必要であり簡便な方法ではない．

ここでは，定規，コンパス，分度器や物差し（スケール）などを用いて容易に行える**図式解析法**を学ぶ．大きさと方向（向き）をもつ速度ベクトルを図式で扱う場合，ベクトルの初歩的な考え方（ベクトル解析）が必要なので，以下では，まずその基礎を示す．なお，ベクトル解析の理論的な方法については数学の専門書を参考にしてほしい．

1 ベクトルの基礎

図 3･19 に示すように，**ベクトル**は，線の長さで大きさを示し，線の角度と矢印でその方向を示す．記号では，文字の上部に矢印を冠したり，太字にしたりして示す．また，図示されたベクトルが表すのは，その大

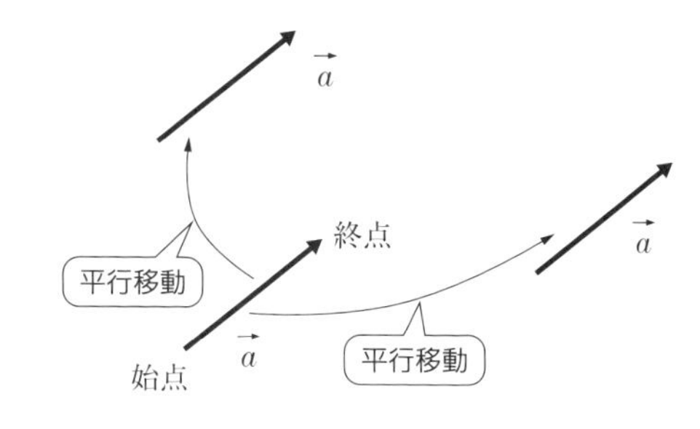

図 3・19　ベクトルの表示と性質

きさ（線の長さ）と方向だけであり，始点の位置は無関係なので，ベクトルが平行移動しても同じベクトルである．つまり，図 3·21 に示した三つのベクトルは同じである．

次に，リンク機構の速度の図式解析において必要となる，最低限の性質を示しておく．

図 3·20 はベクトルの合成（足し算）方法である．同図 (a) でベクトル $\vec{a}$ と $\vec{b}$ が与えられたとき，$\vec{a}$ と $\vec{b}$ の始点が一致するように平行移動し，$\vec{a}$ と $\vec{b}$ を 2 辺とした平行四辺形を描き，その対角線に始点とは逆方向に矢印を付けたものが合ベクトル $\vec{c}$ である．数式では，$\vec{a}+\vec{b}=\vec{c}$ とする．

同図 (b) では，$\vec{a}$ の始点を $\vec{b}$ の終点と一致するように平行移動し，$\vec{b}$ の始点と $\vec{a}$ の終点を結び，$\vec{a}$ の終点方向に矢印を付けたものが合ベクトル $\vec{c}$ である．この操作は $\vec{b}$ を平行移動しても同じである．

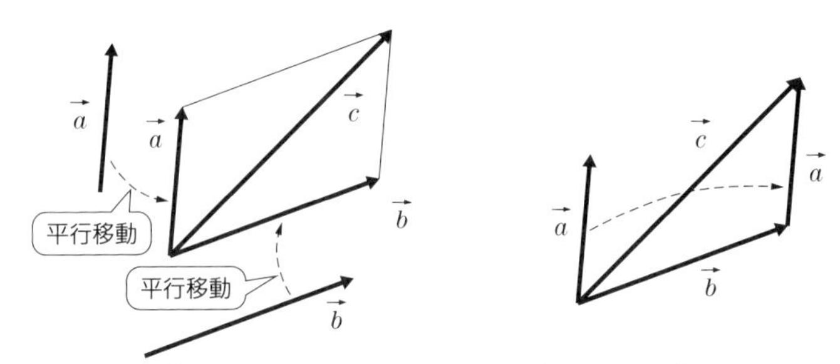

（a）$\vec{a}$ と $\vec{b}$ の始点を一致させる　（b）$\vec{a}$ の始点を $\vec{b}$ の終点に一致させる

図 3・20　ベクトルの合成（足し算）

対して，**図 3·21** はベクトルの分解の考え方を示している．いま，ベクトル $\vec{c}$ が与えられ，作用線（例えば，力の働く方向を示す）1 と 2 が与えられたとする．この場合，作用線 1 と 2 とベクトル $\vec{c}$ の終点でつくる平行四辺形（長方形や正方形，ひし形を含む，ベクトル $\vec{c}$ が対角線となる）を考えれば，その 2 辺がベクトル $\vec{c}$ を分解した 2 成分ベクトル $\vec{a}$ と $\vec{b}$ になる．

同様に，作用線 3 と 4 で考えれば，$\vec{s}$ と $\vec{t}$ が $\vec{c}$ を分解した 2 成分ベクトルとなる．また，作用線の交点とベクトル $\vec{c}$ の始点が一致してない場合は平行移動して始点を一致させればよい．

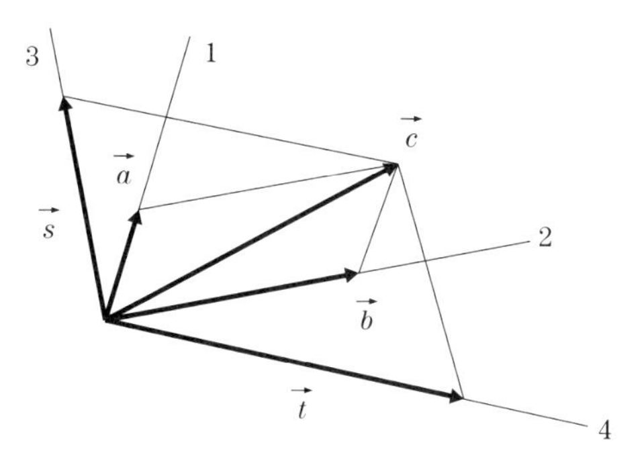

図3・21　ベクトルの分解

2　分解法で求める速度ベクトル

さて，作図によって節上の点の移動速度（節速度）を求める方法の一つに**分解法**がある．この方法は，ある節上の点速度（速度ベクトル）が与えられたとき，その速度ベクトルをもとに，速度ベクトルを対偶点で直交する二つのベクトルに分解し，別の節上の点の速度ベクトルを求める方法である．ベクトルの分解は，前述したとおり，二つの任意の作用線を与えれば一意的に可能である．

いま，**図3·22**のように，節Aの点O_{AB}（節Bとの対偶点）の速度ベクトル$\overrightarrow{v_A}$が与えられた場合を考えよう．ここで，速度ベクトル$\overrightarrow{v_A}$の方向は節Aに垂直である．この速度ベクトル$\overrightarrow{v_A}$を**図3·23**に示すように，節Bに平行な方向（節Bの延長線）と垂直な方向の2成分に分解する．節Bに平行な方向成分を$\overrightarrow{v_{At}}$，垂直方向成分を$\overrightarrow{v_{An}}$とする．

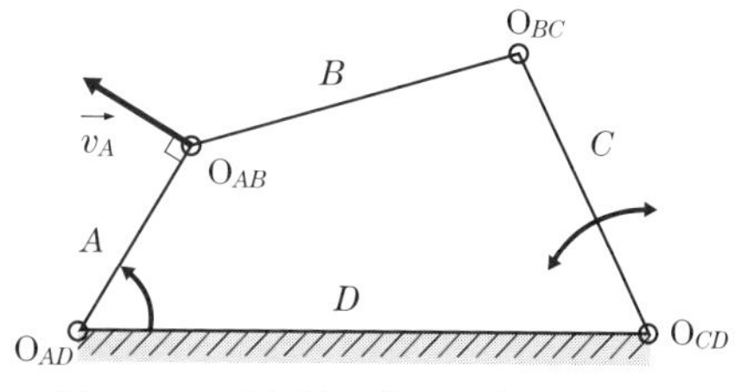

図3・22　分解法で求める速度ベクトル

次に，節Cの点O_{BC}（節Bとの対偶点）の速度ベクトル$\overrightarrow{v_C}$（未知）を考え，$\overrightarrow{v_C}$の節Bに平行な方向成分を$\overrightarrow{v_{Ct}}$と垂直な方向成分を$\overrightarrow{v_{Cn}}$とする．ここで，節Bに平行な速度成分$\overrightarrow{v_{At}}$と$\overrightarrow{v_{Ct}}$が等しいことは明らかである（節B上のすべての点の，節Bに平行な速度成分は等しい）．また，速度

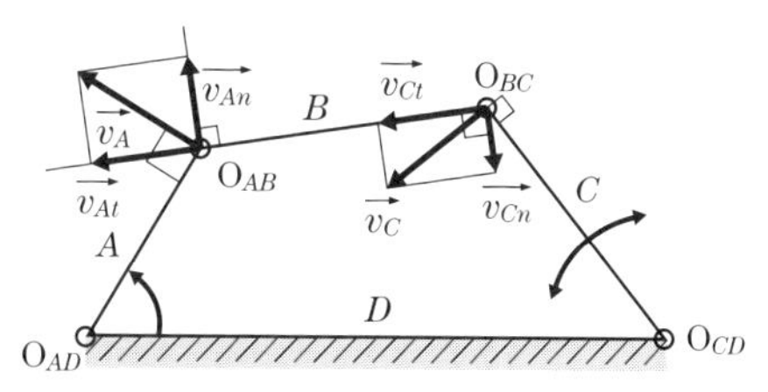

図3・23　分解法の手順

ベクトル $\overrightarrow{v_C}$ は大きさは未知であるが，その方向は節 C に垂直（節 C は点 O_{CD} 中心に揺動するので）である．

このことから，節 C の速度ベクトル $\overrightarrow{v_C}$ を図式で求める手順は以下のとおりである．

① 速度ベクトル $\overrightarrow{v_A}$ から節 B に平行な方向成分 $\overrightarrow{v_{At}}$ を求める．
② $\overrightarrow{v_A}$ の節 B に平行な方向成分 $\overrightarrow{v_{At}}$ の始点を点 O_{BC} まで平行移動する．
③ 点 O_{BC} から節 C に垂直な作用線を引く．
④ 移動した $\overrightarrow{v_{At}}$（$=\overrightarrow{v_{Ct}}$）の終点から節 B に垂直な作用線を引く．
⑤ 点 O_{BC} から ③ と ④ の作用線の交点までを結び $\overrightarrow{v_C}$ を得る．

3 移送法によるリンク機構速度解析

移送法は，瞬間中心を用いて，図式で節速度を求める方法の一つである．ここでいう瞬間中心は，固定中心や永久中心を含んでいる．

節速度を求めるために必要な，瞬間中心に関連した考え方は以下の 3 項目である．

① 運動物体はすべて瞬間中心回りの回転運動をする．
② 物体の任意の点における速度の大きさは瞬間中心からの距離に比例する．
③ 速度の方向は，任意の点と瞬間中心を結ぶ直線に，垂直な方向である．

瞬間的には，物体は回転運動をすると考えてよい．（半径）×（角速度）がその点の速度だぞ．

図 3·24 のように節 A の点 O_{AB}（節 B との対偶点）の速度ベクトル $\overrightarrow{v_A}$ が与えられた場合を考えよう．速度ベクトル $\overrightarrow{v_A}$ の方向は節 A に垂直である．

まず，節 B と節 D の瞬間中心 O_{BD} を求めるには，三中心の定理（23 ページ参照）より，瞬間中心点 O_{AD} と点 O_{AB}，O_{BD} は一直線上にあり，また，瞬間中心点 O_{CD} と点 O_{BC}，O_{BD} も一直線上にあることがわかる．したがって，それらの交点が，求める瞬間中心 O_{BD} である．

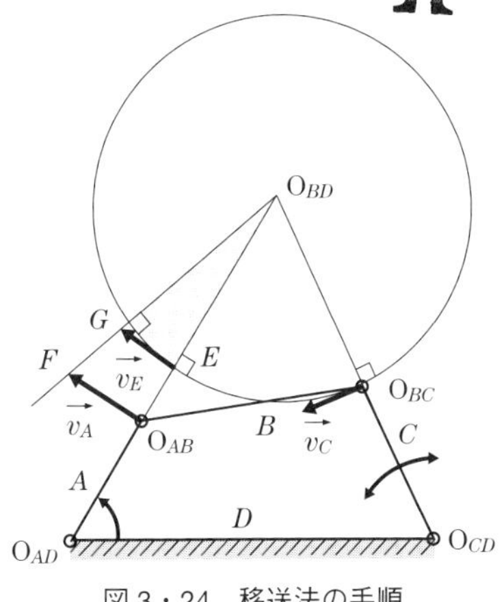

図 3・24　移送法の手順

次に，求めた瞬間中心 O_{BD} と与えられた速度ベクトル $\overrightarrow{v_A}$ の終点を直線で結ぶ．さらに，瞬間中心 O_{BD} を中心に，速度ベクトルを求めたい O_{BD} を通る円弧を描き，線分 $\overline{O_{BD}O_{AB}}$ の交点を E とする．定めた点 E から速度ベクトル $\overrightarrow{v_A}$ に平行，すなわち線分 $\overline{O_{BD}O_{AB}}$ に垂直に線を引き，線分 $\overline{O_{BD}F}$ の交点を点 G とし，$\overrightarrow{EG}=\overrightarrow{v_E}$ とする．また，$\overline{O_{BD}O_{BC}}$ と $\overline{O_{BD}E}$ の長さは等しいので，点 E と点 O_{BC} の速度の大きさも等しいこともわかる．したがって，求める速度ベクトル $\overrightarrow{v_C}$ は，大きさ（図中の線の長さ）は $\overrightarrow{v_E}$ と同じで，方向は $\overline{O_{BC}O_{CD}}$ に垂直に引けばよい．あるいは，先に引いた瞬間中心 O_{BD} を中心とした O_{BC} を通る円弧に沿って移動すればよいことがわかる．

以上のことを数学的に確認してみよう．$\triangle O_{BD}FO_{AB}$ と $\triangle O_{BD}GE$ は三つの内角が等しいので，相似である．つまり，$\triangle O_{BD}FO_{AB} \backsim \triangle O_{BD}GE$ より，三角形の各辺には

$$|\overrightarrow{v_A}|:|\overrightarrow{v_E}|=\overline{O_{BD}F}:\overline{O_{BD}G}=\overline{O_{BD}O_{AB}}:\overline{O_{BD}E}$$

の関係が成り立つ．

｜　｜の記号はベクトルの絶対値で大きさを意味する（203 ページ参照）．

また，$\overline{O_{BD}E}=\overline{O_{BD}O_{BC}}$ なので

$$|\overrightarrow{v_A}|:|\overrightarrow{v_E}|=\overline{O_{BD}O_{AB}}:\overline{O_{BD}O_{BC}}$$

の関係も成り立っている．

この式で，両ベクトルの大きさの比率が確認でき，また，$\overrightarrow{v_A}$ と $\overrightarrow{v_E}$ はともに線分 $\overline{O_{BD}O_{AB}}$ に垂直であるので，方向も同じである．つまり，点 E の速度ベクトル $\overrightarrow{v_E}$ は

$$\overrightarrow{v_E}=\overrightarrow{v_A}\left(\frac{\overline{O_{BD}G}}{\overline{O_{BD}F}}\right)=\overrightarrow{v_A}\left(\frac{\overline{O_{BD}E}}{\overline{O_{BD}O_{AB}}}\right)$$

である．

移送法の手順は上記のとおりであるが，作図法なので，瞬間中心 O_{BD} が遠方の場合，紙面の大きさの関係で作図できないことや，紙面の関係で縮小して描くと精度が悪くなることなども予想される．

そこで，紙面をあまり使わない手順を示しておく．まず，**図 3·25** に示すように，線分 $\overline{O_{AD}O_{AB}}$ の延長線上に点 O_{AB} からベク

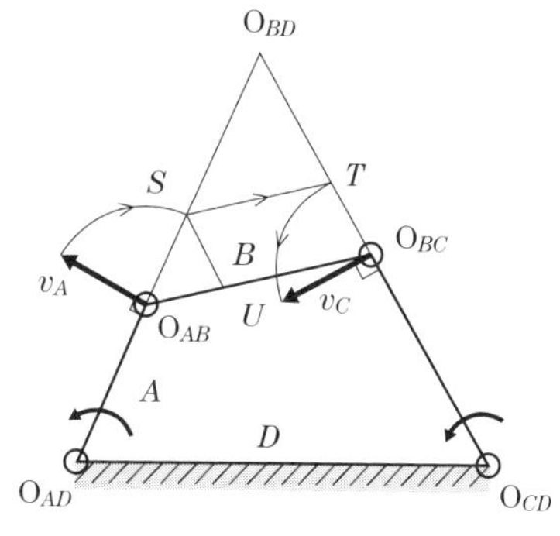

図 3・25　連節法の手順

トル $\overrightarrow{v_A}$ の大きさと等しい点 S をとる．次に，点 S から線分 $\overline{\mathrm{O}_{AB}\mathrm{O}_{BC}}$ に平行線を引き，線分 $\overline{\mathrm{O}_{CD}\mathrm{O}_{BC}}$ との交点を点 T とする．次に，点 O_{BC} から線分 $\overline{\mathrm{O}_{CD}\mathrm{O}_{BC}}$ に垂直で，長さが $\overline{\mathrm{O}_{BC}T}$ と同じ線分を描けば，それが求めるベクトル $\overrightarrow{v_C}$ となる．この方法を**連節法**という．

上記のことを数学的に確認しておこう．点 S から $\overline{\mathrm{O}_{CD}\mathrm{O}_{BC}}$ に平行に，線分 $\overline{\mathrm{O}_{AB}\mathrm{O}_{BC}}$ に補助線を引き，その交点を点 U とする．このとき，$\triangle \mathrm{O}_{BD}\mathrm{O}_{AB}\mathrm{O}_{BC}$ と $\triangle S\mathrm{O}_{AB}U$ は三つの角が等しいので相似である．また，$\overline{\mathrm{O}_{BC}T} = |\overrightarrow{v_C}| = \overline{SU}$ なので

$$|\overrightarrow{v_A}| : |\overrightarrow{v_C}| = \overline{\mathrm{O}_{BD}\mathrm{O}_{AB}} : \overline{\mathrm{O}_{BD}\mathrm{O}_{BC}}$$

となり，物体上の点の速度の大きさは，瞬間中心からの距離に比例する条件を満たしている．

図 3･25 には説明のため瞬間中心 O_{BD} を示したが，この方法は瞬間中心 O_{BD} を求める必要がないので，作図が簡単である．

COLUMN　オルダム軸継手

オルダム軸継手は**図 3･26** のように，円盤で構成されている．円盤 A と C には直径方向に突起が設けられ，円盤 B は両面にそれぞれ互いに直角をなす方向に溝が設けられている．

円盤 B の溝は，円盤 A，C の突起にはまって滑るようになっている．円盤 A が回転すると，円盤 B，C も同じ角度だけ回転し，角速度は等しくなる．

二つの軸が平行で，中心がずれている場合の回転を伝達したいときに用いられる．

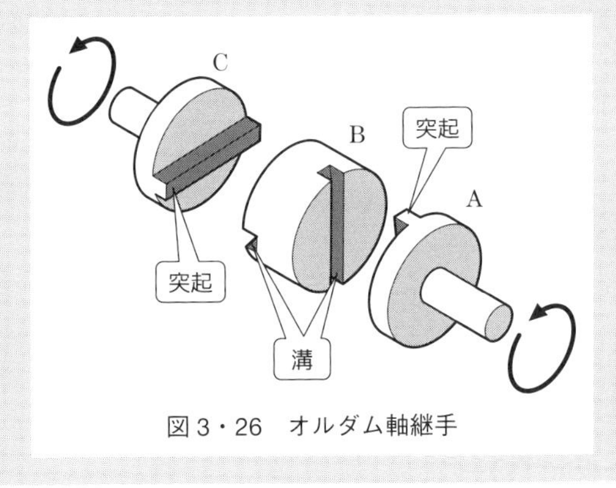

図 3・26　オルダム軸継手

COLUMN　インターロック機構

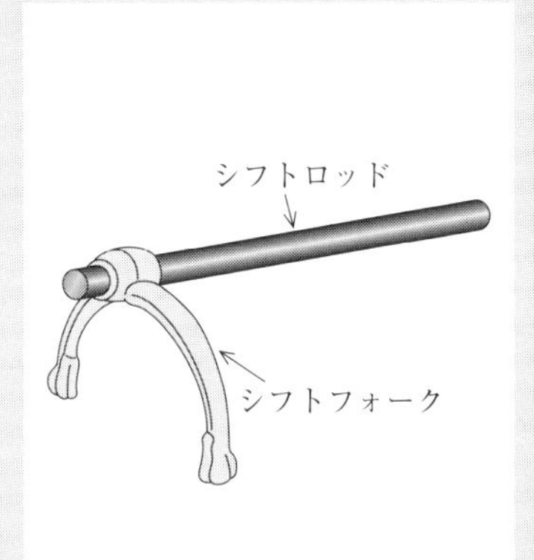

図 3・27　変速用シフトフォーク

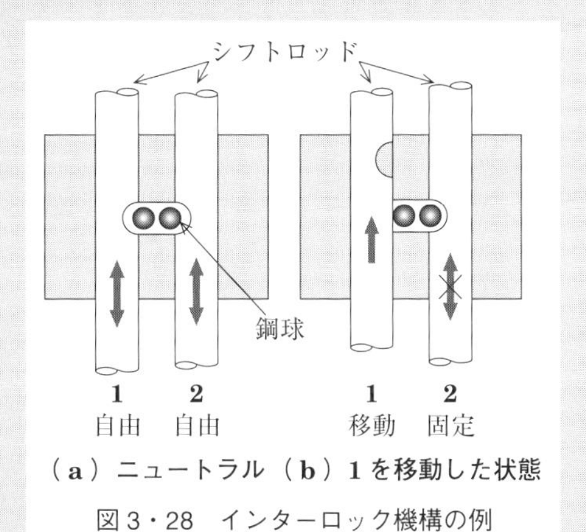

図 3・28　インターロック機構の例

いまではレトロとなったが，自動車のマニュアルミッション（MT，マニュアル）車の変速装置や各種変速歯車装置などでは，歯車の切換えが必要となる．このとき利用される機素の一例が**図 3·27** に示すようなシフトフォークロッドである．MT 車で歯車の切換えは，このシフトフォークで歯車を押したり引いたりして行う．

多段変速の場合はこのシフトロッドが複数本必要となるが，それぞれがいつでも自由に移動できると，異なる速度比の歯車が組み合わされ，歯車装置に支障を生ずる．そこで用いられる制御法の一つの単純化した例が**図 3·28** に示すインターロック機構で，球体や端面を球面加工した，円柱などを利用している．

図 3·18 (a) は，ニュートラル（オートマ車の N の位置）の状態で，シフトロッドの 1 と 2 はいずれも移動できる自由状態である．例えば，シフトロッド 1 を動かそうとすると，鋼球は押されて右側に移動し，シフトロッド 1 は動かせることになる．また，同図 (a) の状態から，シフトロッド 2 を動かそうとすると，鋼球は押されて左側に移動し，シフトロッド 2 は動かせることになる．

しかし，同図 (b) では，シフトロッド 1 は移動して，シフトロッド 1 の側面で鋼球が右側へ押され，シフトロッド 2 のくぼみ（凹(おう)部）に入り，シフトロッド 2 の動きを固定（阻止）している．この状態でもシフトロッド 1 は自由に移動することができる．また，シフトロッド 2 を移動させるためには，シフトロッド 1 を動かし，同図 (a) に戻す必要がある．

これがインターロックの考え方である．

3-5 リンク機構の使われ方

リンク機構 見えないところで 力持ち

Point
❶ リンク機構は各節の長さ，固定箇所，どの節を原動側に，あるいは従動側にするかにより，さまざまな運動を得ることができる．
❷ リンク機構で，倍力装置や拡大装置を構成することができる．

❶ トグル機構の応用

図3·29 (a) に示すように，点Oを垂直方向に小さな力 P で押せば，スライダ C 側に発生する力 F は大きく増幅される．節 A, B が一直線状に近づくにしたがって，スライダ C 側には非常に大きな力が発生し，一直線状になったときには理論上は無限大の力となる．

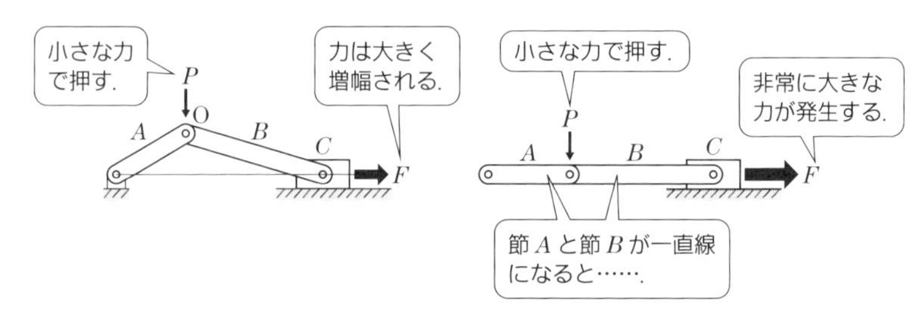

（a）トグル機構

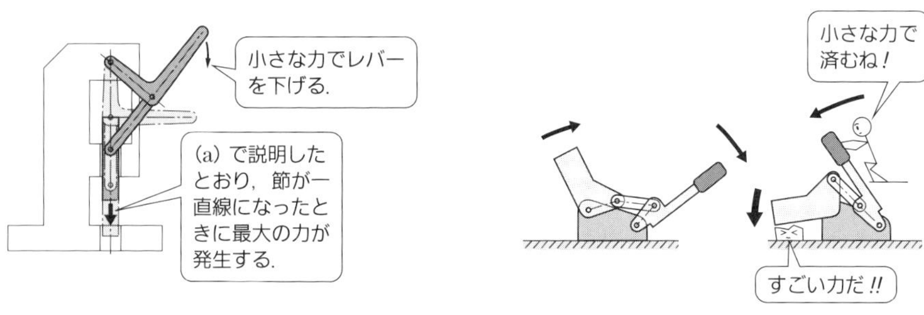

（b）トグルプレスの機構　（c）トグルクランプ機構

図3・29　トグル機構の応用

このように，小さな力で大きな力を発生させることができる機構を**トグル機構**（**倍力装置**）と呼んでいる．応用範囲は広く，工作物の固定や締付け，プレス機械やハンドプレス機などにも使われている．

❷ 両てこ機構の応用

自動車の舵取り装置には，両てこ機構が使われている．しかし，自動車が旋回する場合，タイヤが横滑りを起こさないようにするための工夫が必要となる．つまり，ハンドルを操作したときに，左右の前輪の舵取り角に差ができるように（外側車輪の舵取り角と内側車輪の舵取り角に差ができるように）している．

この条件を満足させるために考え出されたのが，**図 3･30** に示すような両てこ機構で構成された**アッカーマン方式による舵取り装置**である．

その他の両てこ機構の応用としては，扇風機の首振り機構がある．

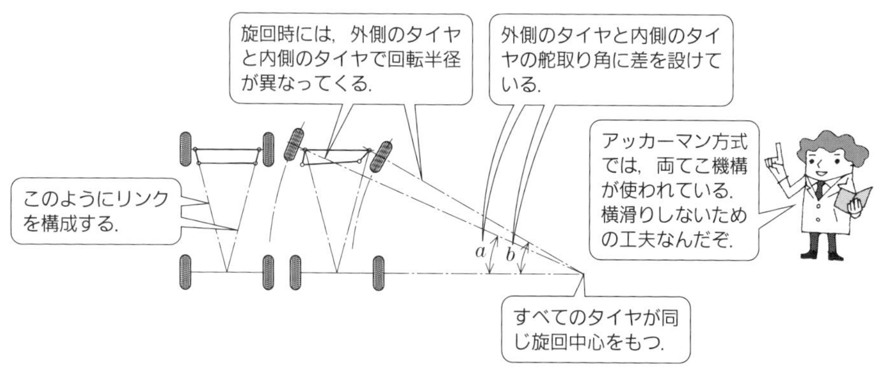

図 3・30　アッカーマン方式による舵取り装置

❸ 平行クランク機構の応用

平行クランク機構（平行リンク機構）は，動作中は常に平行四辺形を維持している．つまり，対向する辺は同じ方向を常に向いていることになる．この幾何学的性質を利用して，平行クランク機構は多方面に応用されている．

例えば，**図 3･31** に示すような上皿天秤（ロバーバル秤）の一種である．平行四辺形を構成する節 A と節 C の各節の延長上に皿を付け，節 B の中点と節 D の中点を節 E で結び，本体支柱に固定する．節 A 側の皿に測定する物質を載せ，節 C 側の皿に分銅を載せ，つり合いがとれればよい．同図のように両者が平衡でな

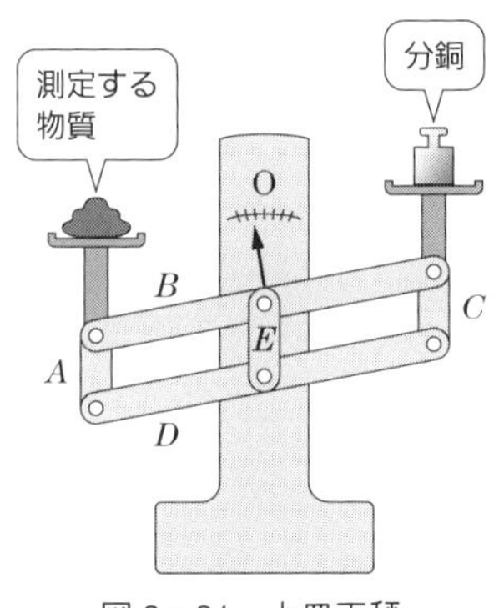

図 3・31　上皿天秤

い場合も皿が傾くことはない．

その他，平行定規やそれを応用した万能製図定規（ドラフティングマシン），多関節ロボットのアームやロボットハンド，大型自動車のワイパーなどにも応用されている．

4 パンタグラフ機構の応用

平行クランク機構の特殊な場合で，4 本の節が同じ長さのものを**パンタグラフ機構**という．平行クランク機構の一つなので，平行運動を得ることができ，さらに，4 節の長さが等しいひし形なので，対向する対偶を結ぶ線（ひし形の対角線）は常に直交する．

この機構を利用したものの一つが，**図 3・32** に示した自動車搭載用としても使われているねじジャッキである．

その他，この特長を利用したものに電車のパンタグラフ（集電装置），ノートパ

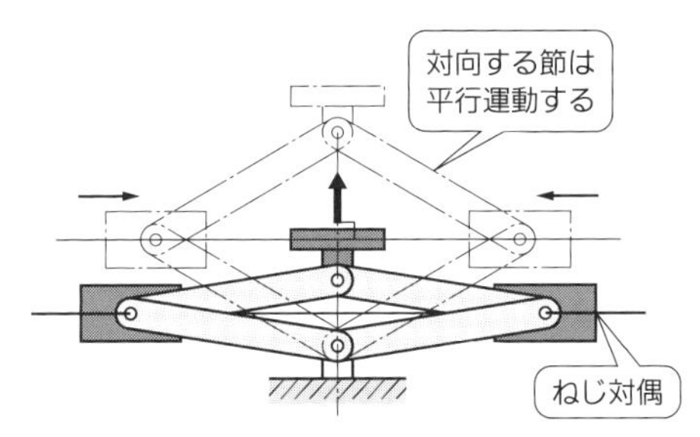

図 3・32　パンタグラフ機構を用いたねじジャッキ

ソコンなどの一部のキーボードのキーの保持具，玩具のマジックハンドなどがあり，平行移動の応用としては，製図道具の縮小拡大器がある．

5 てこクランク機構の応用

てこクランク機構は，クランクを原動節とすれば，従動側（出力側）がてこになり，てこを原動節とすれば，従動側がクランクとなる機構である（37 ページ参照）．

図 3･33（a）に示す足踏み式ミシンは，足踏み板がてこになっている機構である．同図（b）に示したてこクランク機構の足踏み板（てこ）をつま先と踵(かかと)で交互に踏みつけると，クランクに相当する下部のフライホイル（はずみ車）が回転する．下部のフライホイルと上部のプーリは革のロープで結ばれているので，回転動力が本体に伝わることになる．実際の始動の際は，上部フライホイルを手で回し（逆転しないように），それにより伝わる足踏み板の動きに合わせて，足踏み動作を継続する．なお，上下のプーリは回転を円滑にするフライホイル（はずみ車）の役割ももっている．

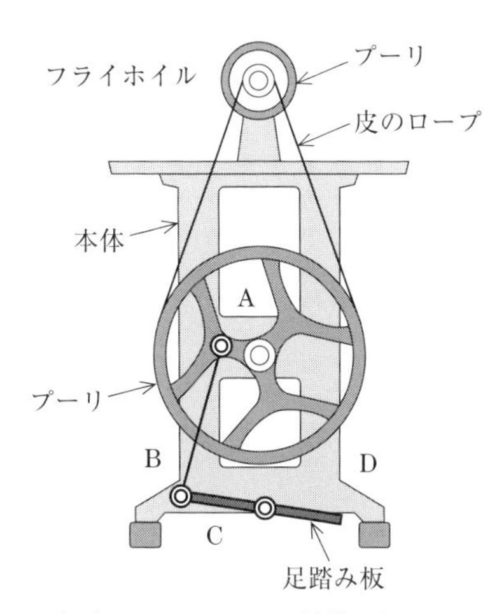

（a）てこクランクの機構の例

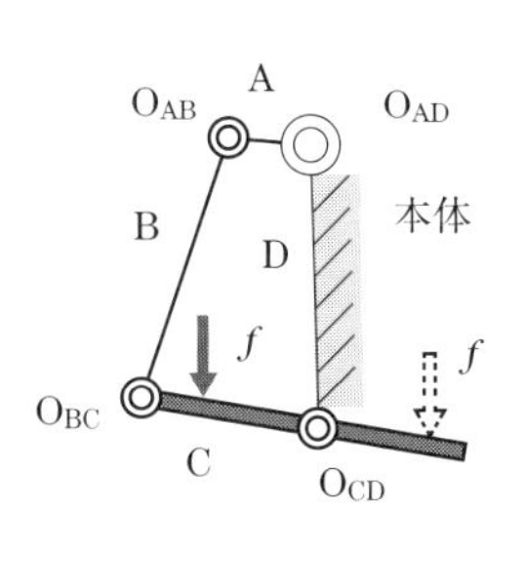

（b）足踏み式ミシンの足踏み板

図 3・33　てこクランク機構の例

その他，パワーショベルのショベル部の操作や自動車のワイパーの操作にも，てこクランク機構が応用されている．

6 スライダクランク機構の応用

機械，例えば自動車が外部から取り入れるエネルギーは，電力や化石燃料などが主なものである．電力は電動機で力学的エネルギー（回転とトルク）に直接変換されるが，化石燃料などは直接力学的エネルギーになるわけではない．

化石燃料からは，燃焼による熱エネルギーから高温・高圧の気体（ガスや水蒸気）を得ることができる．この高温・高圧の気体から力学的エネルギーを得る主な機構が**図 3･34** に示すスライダクランク機構である．

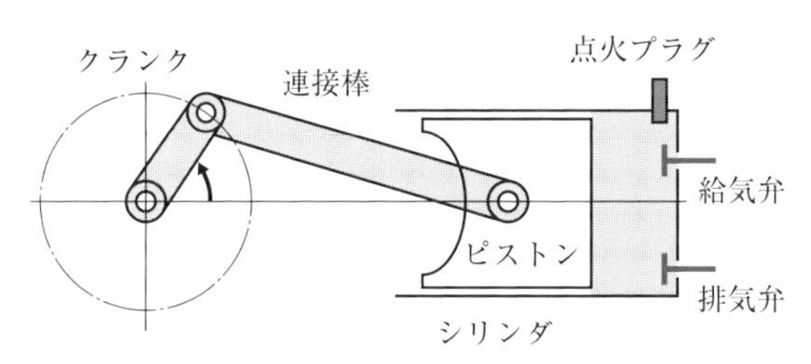

図 3・34　ガソリンエンジンの模式図

図 3･34 は 4 サイクルガソリンエンジンの模式図である．ピストンの動きに連動してガソリンと空気の混合気を吸気弁より吸入し，圧縮して点火プラグで着火して，その高温・高圧ガスでクランクに力学的エネルギーを伝える．その後，燃焼ガスは排気弁よりピストンで排気される．

この機構では，クランクが 2 回転する間の燃焼・膨張の 1 行程においてのみ，力学的エネルギーが得られる．

一方，ディーゼルエンジンの機構では，圧縮行程で空気のみを圧縮し，そこへ燃料を噴射して自然着火させ，高温・高圧の状況をつくり，次の行程で排気する．大きく異なる点は，点火プラグによる火花着火と，自然着火という点である．

章末問題

問題1 平行クランク機構において，死点および思案点を取り除くにはどのような方法が考えられるか示しなさい．

問題2 てこクランク機構において，クランクが 30 mm，てこが 60 mm，連節棒が 100 mm のとき，固定節の長さの条件を求めよ．

問題3 **図 3·35** において，$A=30$ mm, $B=100$ mm, $C=60$ mm, $D=120$ mm である．節 A が $\omega_A=50$ rad/s で回転するとき，$\theta=65°$ の位置における O_{BC} の速度を求めよ．また，そのときの節 C の角速度 ω_C はいくらか．

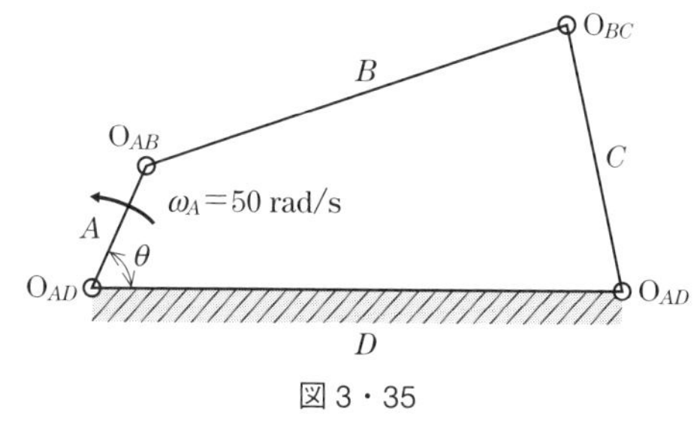

図 3・35

問題4 **図 3·36** のてこクランク機構において，クランクの長さ $A=30$ mm，連節棒の長さ $B=100$ mm,てこの長さ $C=60$ mm, 固定節の長さ $D=120$ mm のとき，C の揺動角を求めよ．

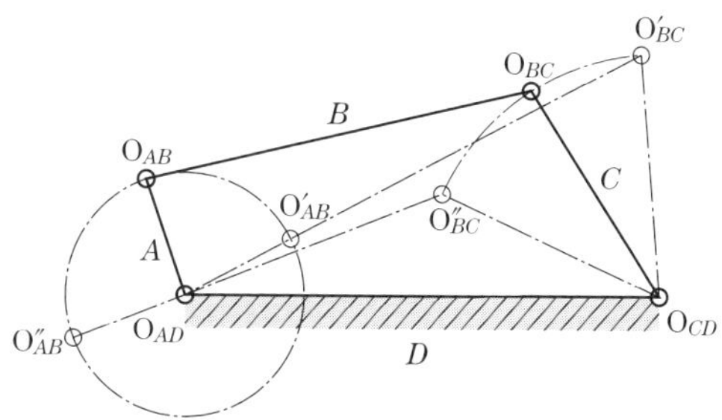

図 3・36

問題5 **図 3·37** のように節 A が回転している 4 節リンク機構において，以下に示す場合について，節 A と節 B が一直線上になる瞬間の節 C の角度を求めなさい．ここで，$A=30$ mm, $B=45$ mm, $C=50$ mm, $D=55$ mm とする．

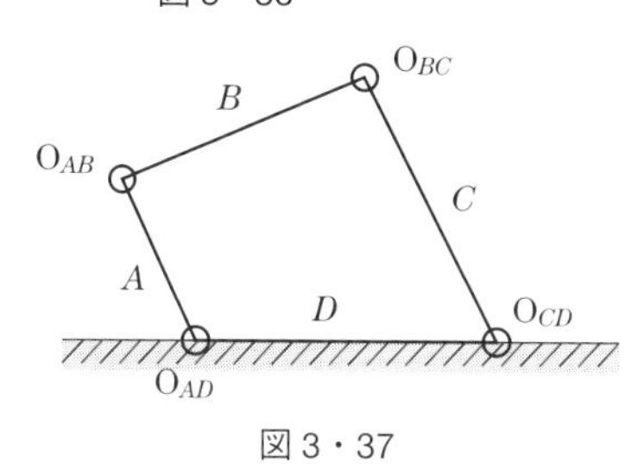

図 3・37

Memo

第4章 カムの機構の種類と運動

カム機構は，食品・印刷・包装機械や半導体製造装置，工作機械などの広い範囲で機械の中に組み込まれ，滑らかな運動や高速運動まで幅広く実現できる機構として使われている．

カム機構を応用すると，簡単な機構で複雑な動きが可能になり，しかも確実な動作をさせることができる．

現在は，制御といえばコンピュータを思い浮かべるが，すなわち，カムの特徴を十分理解すれば，その有用性を再認識できる．最近では，カム機構を応用した制御が再び見直されている．

この章では，カムの種類や形状と運動を学び，カム機構の設計に必要なカム線図についても理解を深める．

4-1

カム機構の分類と平面カムの種類

複雑な 周期運動 カムの勝ち

❶ カムは，平面カムと立体カムに分けることができる．
❷ カムは，その外周，溝や側面などに沿った動きを伝える．

機械では，伝動装置やリンク機構よりも複雑な動作をさせたい場合がある．

このような場合には，特殊な輪郭や溝形状などをもたせた節（**カム**）と，それに接触させて動きを伝える節（**接触子**）によるカム機構を用いる．かなり複雑な動きをコンパクトな占有空間で実現でき，とくに制御装置も必要とせず安価であることから，いろいろなところで使用されている．

例えば，自動車のガソリンエンジン部分の動弁機構，ミシン，自動組立機，自動包装機，印刷機などに利用されている．

まず，カムの動きや伝える運動の状態から考えてみよう．

1 カムの動きによる分類

● 1 回転カムと直進カム

曲線（曲面）で構成された円盤状の板（**図 4･1**）を回転させ，その円周上に従動節を接触させると，従動節は円盤のふちに沿って運動する．また，曲線（曲面）で構成された板状（**図 4･2**）のものを往復運動させ，その側面上に従動節を接触させると，従動節は板の側面に沿って運動する．このような円盤状あるいは板状のものを**カム**と呼ぶ．

カムは，その運動方向によって，回転カム（図 4･1）と直進カム（図 4･2）に分けることができる．**回転カム**は原動節を回転運動させ，**直進カム**（**直動カム**ともいう）では原動節を往復直線運動させ，従動節に直進運動や揺動運動を行わせる．

カムは，一般に原動節に用いられている機素で，その輪郭には溝や突起が設けてある．

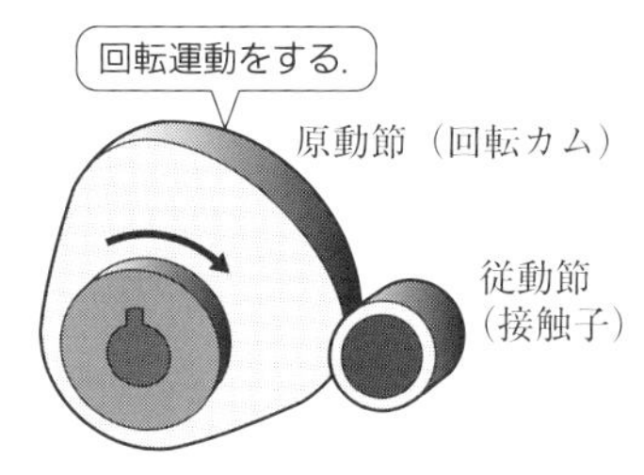

図 4・1　回転カム[2)]

これに回転運動や往復直線運動をさせることで，対偶をなす（接触する）従動節（**接触子**，または**フォロワ**という）に周期的な直線運動や揺動運動，速度，加速度を与える．溝や突起を付けた輪郭によっては，ほかの機構では容易に得ることのできない複雑な周期運動をさせることもできる．

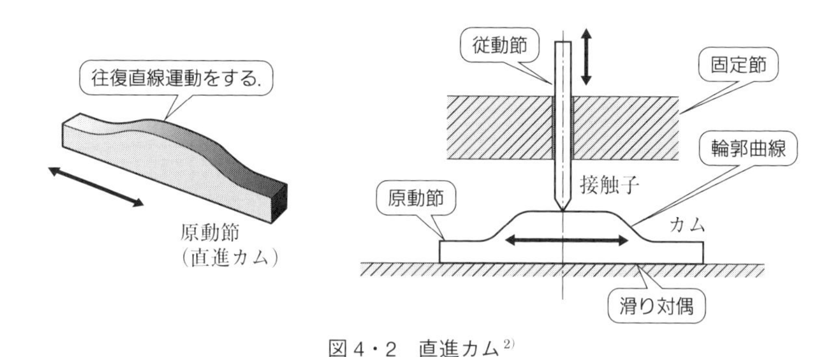

図 4・2　直進カム[2)]

2　平面カムと立体カム

カム機構において原動節と従動節とが互いに相対運動する場合，その運動が 2 次元的（平面的）であるか，3 次元的（立体的）であるかによって，**図 4・3** に示すように**平面カム**と**立体カム**に分けることができる．

カム機構を構成する場合，平面カムにするか立体カムにするかは，その運動方向によって決めることになる．

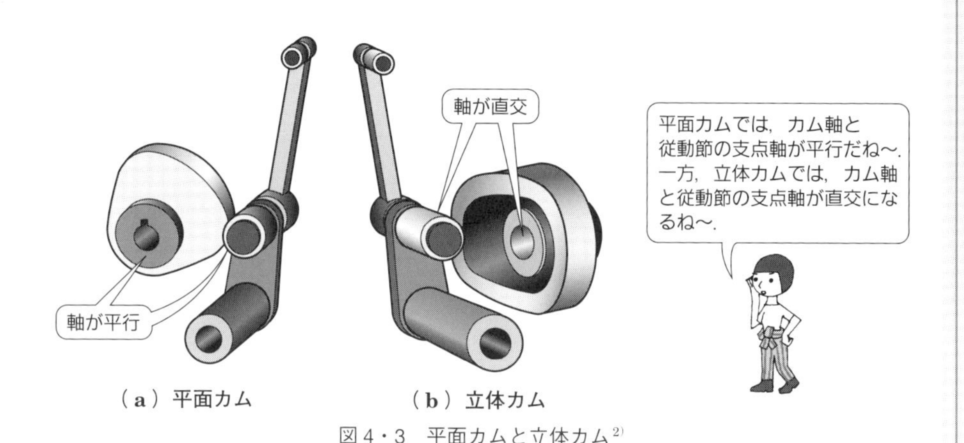

図 4・3　平面カムと立体カム[2)]

COLUMN 反対カム

一般にカムとは，原動節側に輪郭曲線などの形状をつくり，従動節側に所定の運動をさせる機構である．

しかし，**反対カム**（**図 4·4**）は従動節側に輪郭曲線に相当する溝を設けた機構で，**逆さカム**とも呼ばれている．

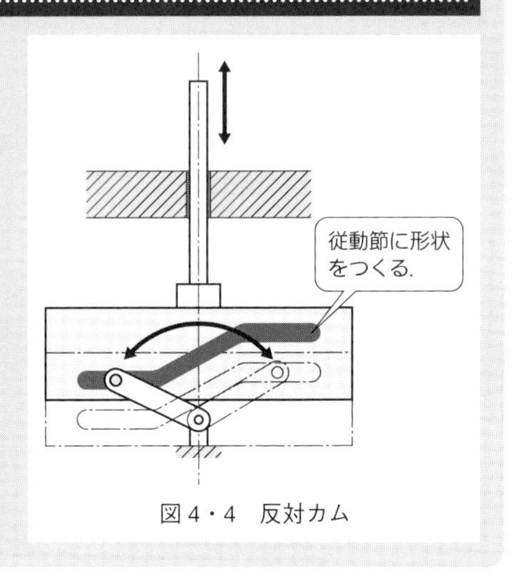

図 4・4　反対カム

3　その他

滑り接触（**図 4·5**（a））では，摩擦が大きく，滑らかに動かない場合に同図（b）に示すような接触部分にローラを設け，転がり接触にするとよい．

この場合，同図（a）（b）を比較するとわかるように，カムと接触子の接触点がずれるので，従動節の動きも変化することに注意が必要である．

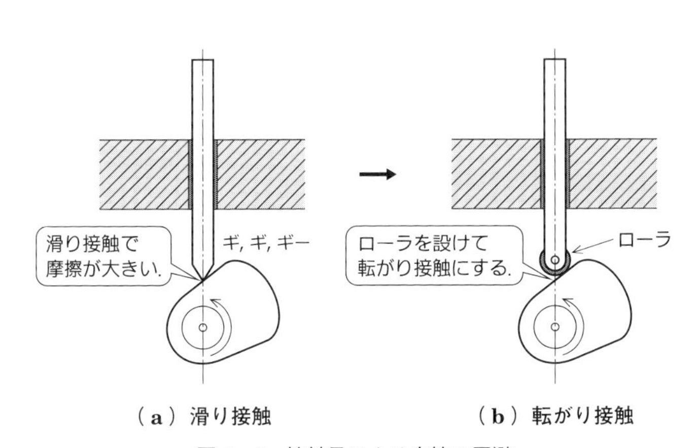

図 4・5　接触子による摩擦の回避

COLUMN　接触子の形状

平面カムの代表的な接触子には，**図 4･6** に示すようなものがある．同図（a）の尖端（せんたん）（**ナイフエッジ**）の場合，カムと接触子の間に摩擦が大きく，接触部が磨耗しやすい．一般には，尖端部に丸みをつけて使用する．

同図（b）は，接触子の先端にローラ（回転体）を取り付けたもので，**ローラカム**ともいう．ローラによって同図（a）の滑り接触を転がり接触にすることができる．この場合，カムと接触子の間の摩擦は極端に小さくすることができる．

また，ローラのかわりに，キノコ状の接触子（**きのこ形カム**ともいう）を用いることもある（同図（c））．きのこ形カムとの接触面が平面の場合，カム表面の細かい凹凸は平滑化されるが，ただし，接触点が一定ではないので解析は複雑になる．

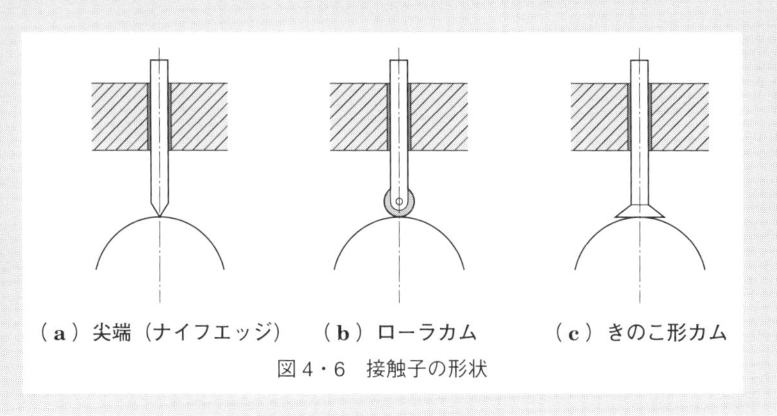

（a）尖端（ナイフエッジ）　（b）ローラカム　（c）きのこ形カム

図 4・6　接触子の形状

2 平面カムの種類

● 1　板カム

板カムは，最も一般的に用いられている回転形のカムで，板のふちに輪郭曲線を形成し，これを回転運動させることで，従動節に往復直線運動を与える機構である．

板カムは，カムのおおよその形状により，**図 4･7** に示すような**接線カム**，**円板カム**，**三角カム**などと呼ぶことがある．

● 2　正面カム

カム機構では，原動節と従動節は線や点で接触する．接触部においては，自重

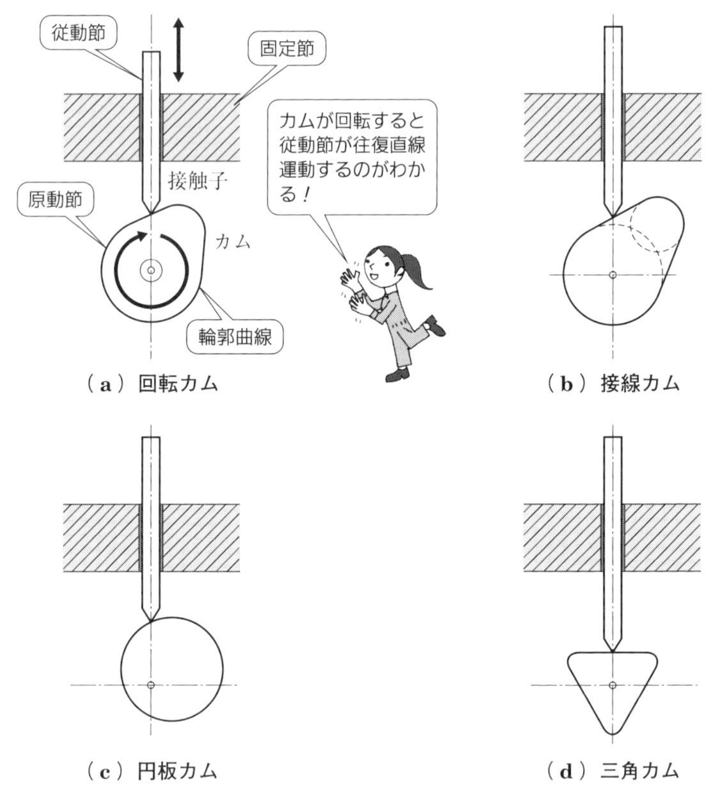

図4・7　板カムの種類

やばねで押さえ付けられて滑り運動する．

接触して運動する場合，速度が大きくなると従動節は原動節の動きに追従できなくなったり，速度変化による加速度を生じ，その結果，大きな慣性力が発生したりして，原動節から離れてしまうようなことが起きる．このような場合には，従動節が原動節に対して確実に動作できるように，カムに溝やリブ（この場合，補強ではなく，溝の凹（おう）部に対して凸（とつ）部のこと）を設けたり，従動節をばねで押さえ付けたりして従動節が滑らかに運動するよ

図4・8　カムに溝を設ける[2]

COLUMN　共役カム

共役カムは，2 枚の板カムと 2 個の従動節からなる確動カムである（**図 4･9**）.

1 枚のカムが従動節を押しているとき，もう 1 枚のカムは従動節によって押さえ付けられて運動するため，溝カムに比べて，従動節の運動はさらに確実になる.

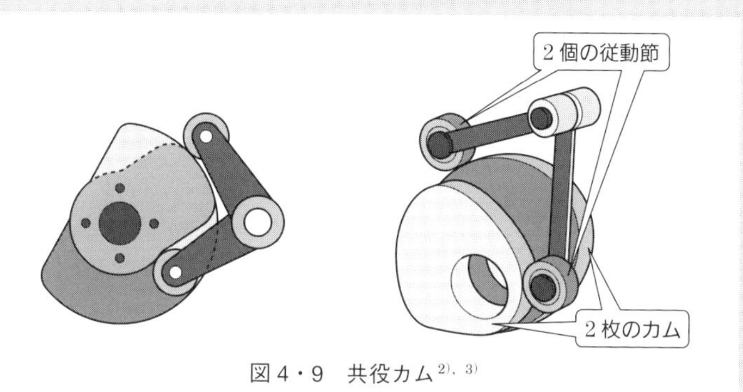

図 4・9　共役カム[2), 3)]

う工夫する（**図 4･8**）.

正面カムは，回転形のカムの一つであり，**図 4･10** に示すように板の側面に輪郭曲線の溝を掘り，この溝に従動節の尖端，またはローラをはめ込んで運動を確実に伝えるカム機構で，**溝カム**（**確動カム**）とも呼ばれている.

通常のカム機構では，原動節に対し，従動節はばねや自重などで接触しているだけだが，この正面カムでは，従動節が溝にはまっているため，確実に運動することができる．したがって，高速・高精度が必要なときに使われる.

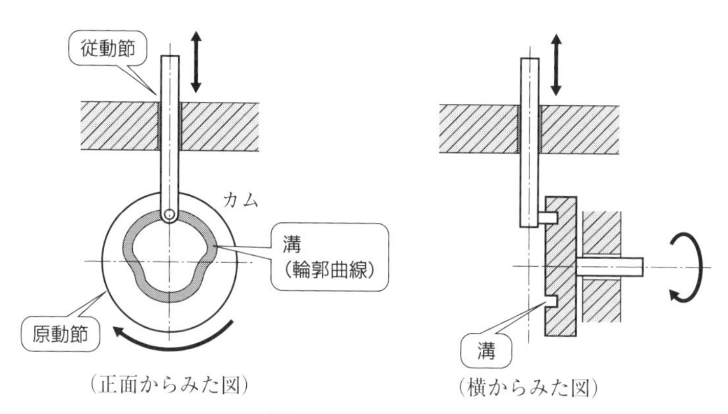

図 4・10　正面カム

4-2 立体カム

方向変換 立体カムで やすやすと

Point
❶ 運動方向の変換は，立体カムを使うことで容易に実現できる．
❷ 立体カムには，円筒カム，円すいカム，球面カム，端面カム，斜板カムなどがある．

❶ 円筒カム

円筒カムとは，円筒の表面に曲線の溝やリブを設けて原動節を回転運動させ，従動節に往復運動を行わせる機構である（**図 4･11**）．この場合，従動節の運動は円筒の回転軸に対して平行となる．この機構も溝カム（確動カム）の一つである．

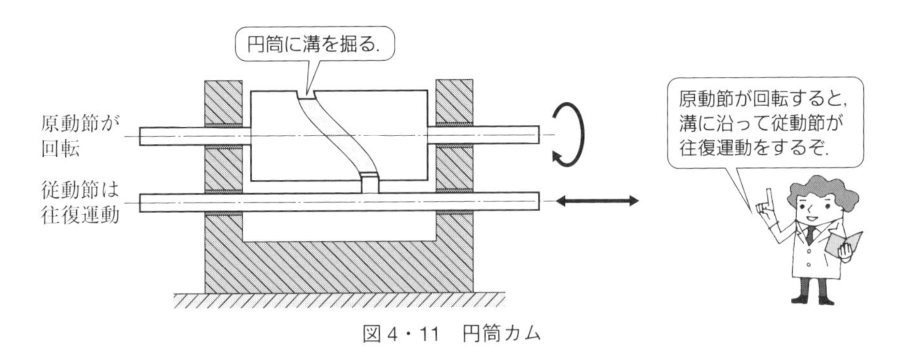

図 4・11　円筒カム

COLUMN オフセット

一般的なカム機構では，原動節と従動節との中心は一致しているが，一致しないカム機構もある．

図 4･12 のように，カムの回転中心が従動節の軸線を通らないカムを**かたよりカム**と呼び，この間隔を**オフセット**と呼んでいる．

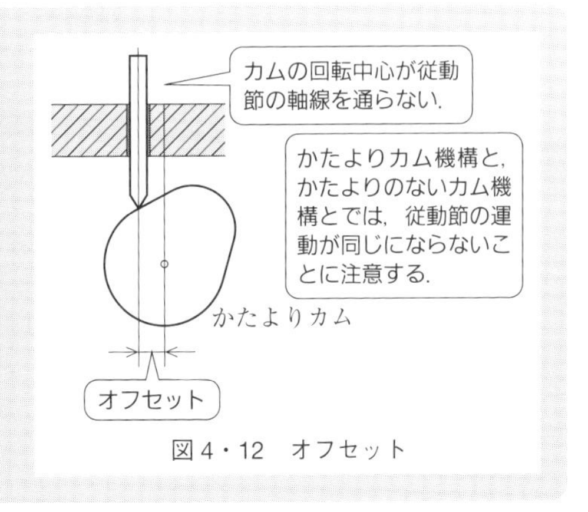

図 4・12　オフセット

2 円すいカム

円すいカムとは，原動節となる円すいの表面に曲線の溝やリブを設けて回転運動させ，従動節に往復運動を行わせる機構である（**図 4･13**）．この場合，従動節の運動は円すいの表面に対して平行になる．この機構も溝カム（確動カム）である．

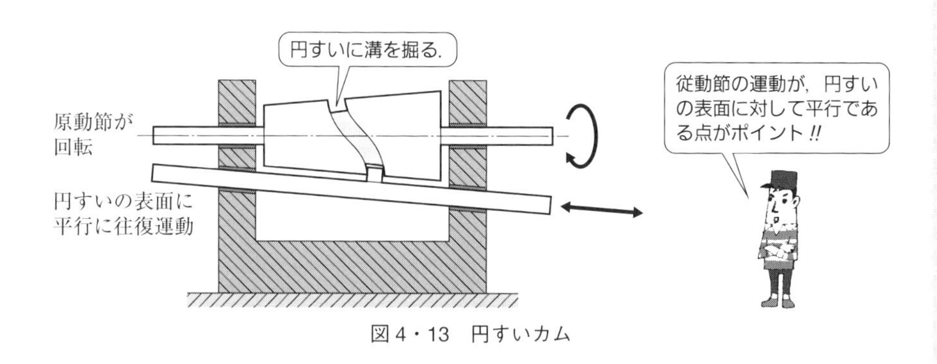

図 4・13　円すいカム

3 球面カム

球面カムとは，原動節となる球の表面に溝や突起を設けて回転運動させ，従動節に回転運動あるいは揺動運動を行わせる機構である（**図 4･14**）．この機構も確動カムの一つである．

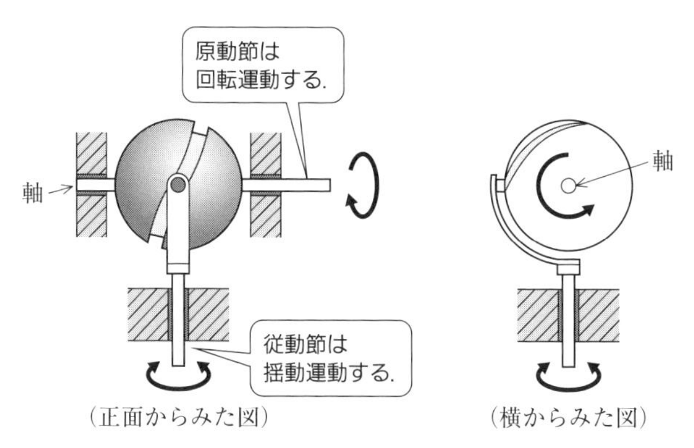

図 4・14　球面カム

4 端面カム

端面カムとは，原動節となる円筒の端面に曲線を設けたカムである（**図 4·15**）.

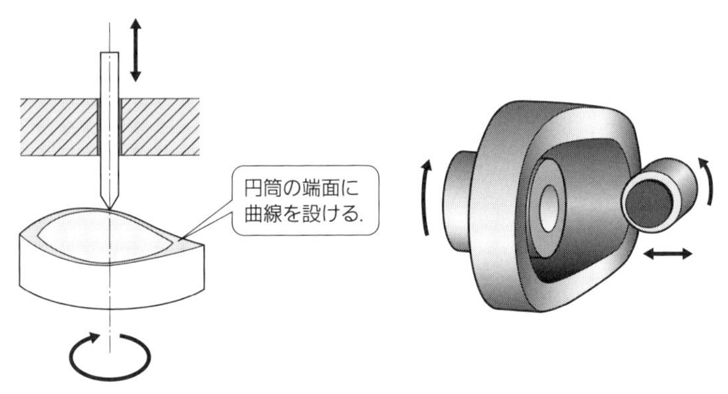

図 4・15　端面カム[2)]

5 斜板カム

斜板カムとは，原動節となる円板を回転軸に対して斜めに取り付けたもので，円板が回転運動することにより従動節が往復直線運動する機構である（**図 4·16**）.

この機構は，ポンプなどに応用されている.

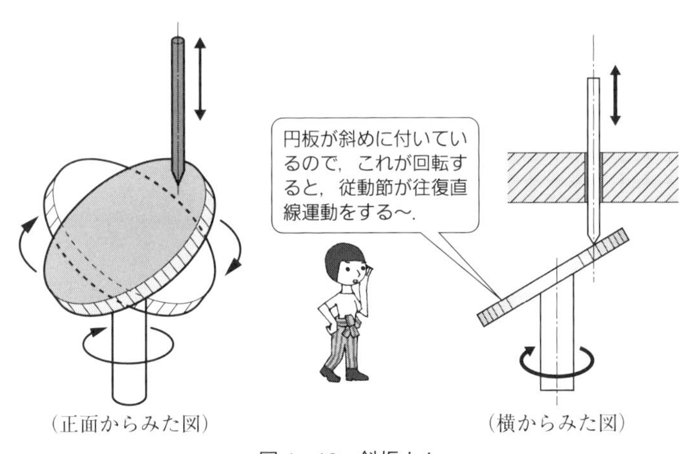

図 4・16　斜板カム

COLUMN　プランジャポンプ

油圧機器は，自動車をはじめ航空機や建設機械，ロボットなどたくさん使われている．油圧機器にとって重要な圧油（圧力を加えた油）を装置に送り出すため，いろいろな形式のポンプが考えられている．ここでは，シリンダ内部のプランジャ（ピストンと同類であるが，ピストンよりも長めのもの）の往復運動によって，ポンプ作用を行うプランジャポンプの一つであるアキシャル形プランジャポンプを紹介する（**図 4・17**）．

アキシャル形プランジャポンプは，斜めに取り付けた円板（斜板カム）が回転することにより，プランジャを往復運動させてポンプの作用を得るものである．

なお，プランジャポンプの動作は，シリンダブロックを固定して斜板カムを回転させるものと，斜板カムを固定し，シリンダブロックを回転させてプランジャを往復運動させるものとがある．プランジャポンプは他のポンプに比べて，耐高圧性があり，吐出し量の変化範囲も大きく，効率もよいので，広く用いられている．しかし，構造が複雑であり，高価格でもある．

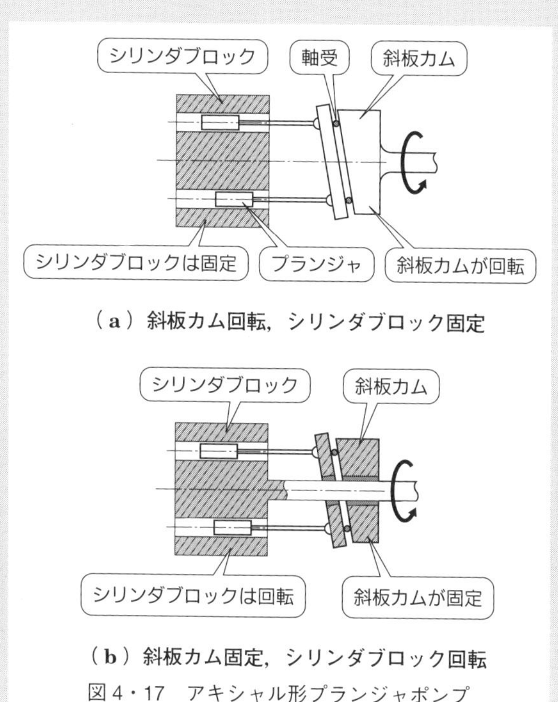

（**a**）斜板カム回転，シリンダブロック固定

（**b**）斜板カム固定，シリンダブロック回転

図 4・17　アキシャル形プランジャポンプ

4-3

カム機構 動作の 決め手は カム線図

❶ 所定の動作をするカムの形状を決めるのが，カム線図である．
❷ カム線図により，従動節の変位や速度，加速度が決定される．
❸ 加速度は運動を緩やかにする．

❶ カム線図

カムの形状を設計するには，カムの回転角や移動量に応じた従動節の運動（変位速度，加速度）をもとに考えなければならない．カムの回転角や移動量に対して，従動節の変位を示した**変位線図**，速度変化を示した**速度線図**，加速度の変化を示した**加速度線図**があり，一般的にはこの三つの図を総称して**カム線図**と呼ぶ．

ここでは，代表的な平面回転形である板カムのカム線図について学ぶ．

❷ 変位線図の見方

カム線図の中でも，基本となるのが変位線図である．**変位線図**とは，縦軸に従動節の変位を，横軸にカムの回転角や移動量を表したもので，**図 4·18** のようなものである．

従動節の最大変位量を**リフト**と呼び，描かれた曲線を**変位曲線**または**基礎曲線**と呼ぶ．

図 4·18 からは，次のことが読みとれる．カムが 60° まで回転する間（A–B 間）

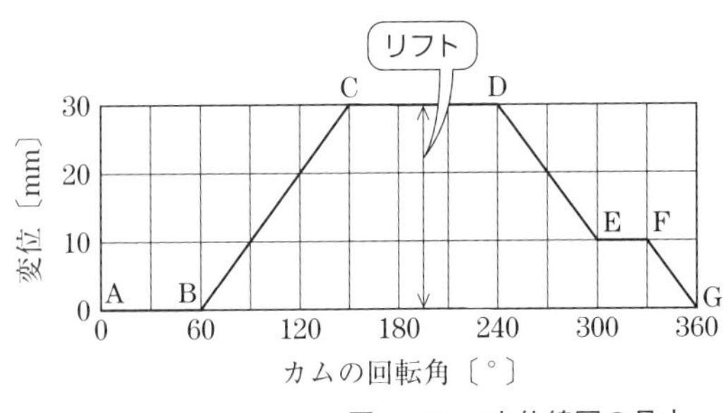

図 4・18　変位線図の見方

は，従動節はその位置を保ったまま変化しないが，次の 90° の間（B–C 間）に 30 mm（最大変位量）上昇する．次の 90° の間（C–D 間）はその位置にとどまり変化しない．次の 60° の間（D–E 間）で 20 mm 下降し，さらに次の 30° の間（E–F 間）は変化しないで，最後の 30° の間（F–G 間）に 10 mm 下降して最初の位置に戻る．カムが回転し続ける間，従動節はこの動作を繰り返すことになる．

3 カムの輪郭曲線の描き方

ここで，従動節とカムの接触部分は先端のとがった接触子で，その中心線がカムの回転中心を通る単純な回転カム（図 4･7 (a) 参照）を想定し，カムの輪郭について考える．

カムが 90° 回転する間に，従動節は 30 mm 上昇する．次の 60° はその位置を保ち，次の 120° で下降し，270° で最初の位置に戻り，360° までその位置を保つ．

従動節にこのような運動を与えるカムの輪郭曲線を作図するには，まず，もとになる円（円板）の半径を決める（これを**基礎円**と呼ぶ）．この円は適当な大きさでよいが，実際にはカム装置に組み込むことを考えて決める．次に，図 4･19 に示すように，変位線図の横軸の延長線に接するような基礎円を描く．

次に，変位線図の横軸を適当な数（**図 4･19** では 12 等分とした）に等分割し，基礎円も同数に等分割した後，おのおのの放射線の上に，変位線図に与えられた変位をとる．

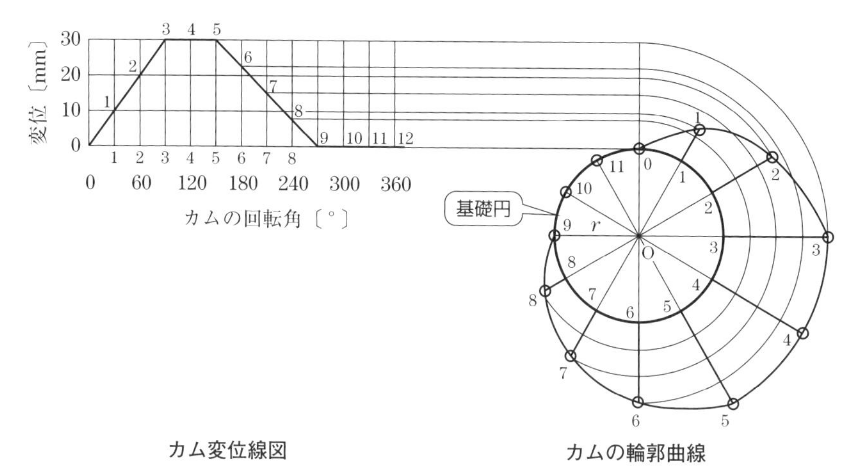

図 4・19 カムの輪郭曲線の描き方

最後に，得られた点 0～11 を滑らかにつなぐと，カムの輪郭曲線を描くことができる．

4 等速度・等加速度運動する場合のカム線図

● 1　等速度運動する場合のカム線図

図 4・20 に示すカムは**ハート形カム**と呼ばれるもので，カムが $\frac{1}{2}$ 回転するまでは従動節は等速度で上昇し，残りの $\frac{1}{2}$ 回転は等速度で下降する．

このように，従動節が等速度運動するカム機構では，従動節が上昇，下降している間の加速度は 0 となる.ただし,カムは等角速度で回転しているものと考える．

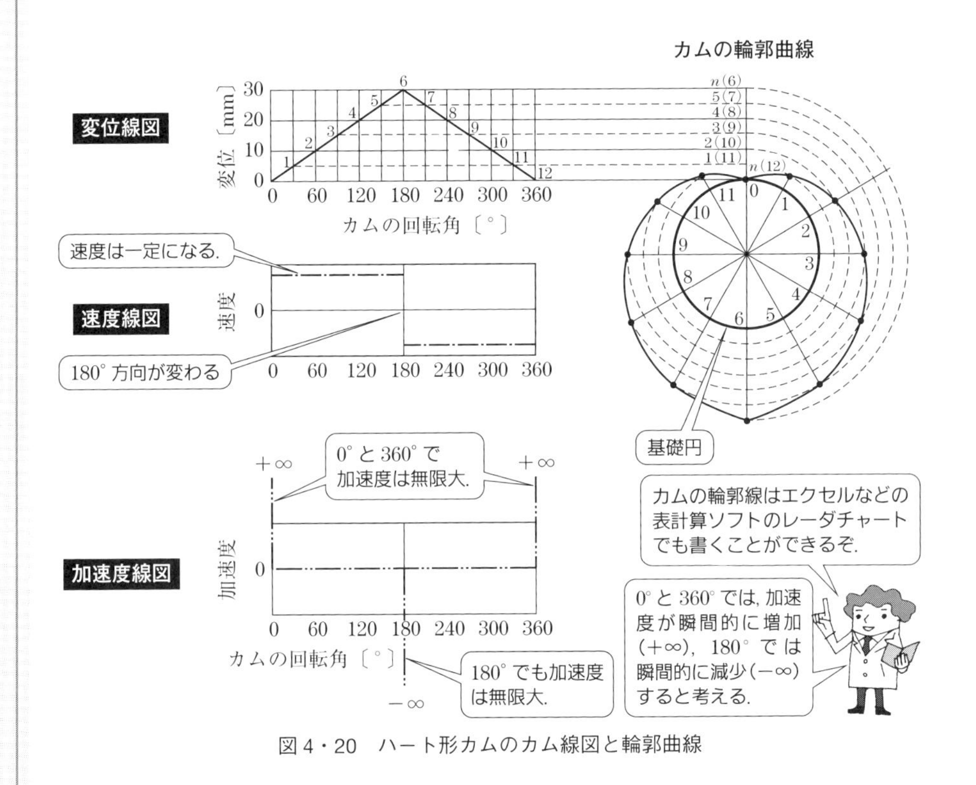

図 4・20　ハート形カムのカム線図と輪郭曲線

● 2　等加速度運動する場合のカム線図

従動節が等加速度運動する場合の変位線図は放物線になり，**図 4・21** に示すように，速度線図は傾斜した直線，加速度線図は横軸に平行な直線となる．

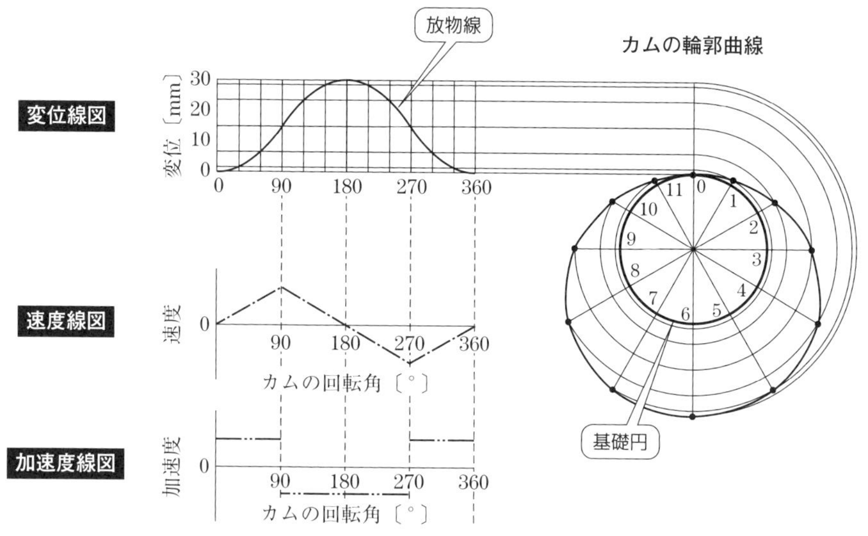

図 4・21　従動節が等加速度運動する場合のカム線図とカム輪郭曲線

5 カムの圧力角

図 4・22 に示すように，軸 O まわりに回転する板カムと往復直線運動する従動節とが接触しているとき，接触点 P でのカムの輪郭曲線に対する接線を t–t′，法線を n–n′, 従動節の軸線を s–s′とすると，法線と軸線とのなす角 α をカムの**圧力角**という.

この圧力角が大きくなるほど，軸受にかかる荷重は大きくなり，従動節は運動しにくくなる.

基礎円直径が大きくなるほど圧力角は小さくなるので，カムの設計に際しては，圧力角が小さくなるように最小基礎円直径を決める必要がある.

カムの圧力角は，一般に 30° 以下に設計されている.

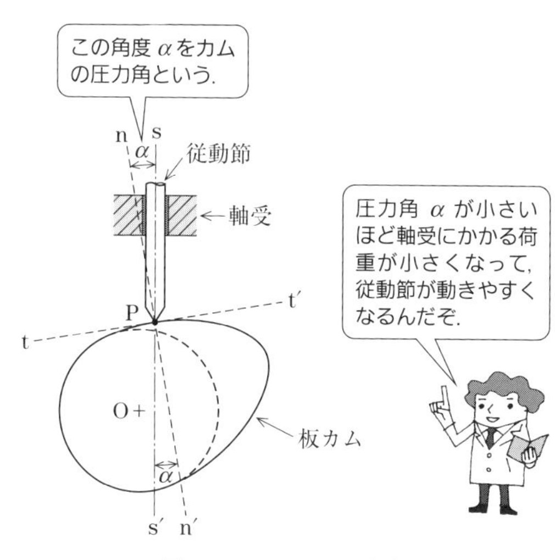

図 4・22　カムの圧力角

第4章　カムの機構の種類と運動

4-4

カム線図を計算で求める

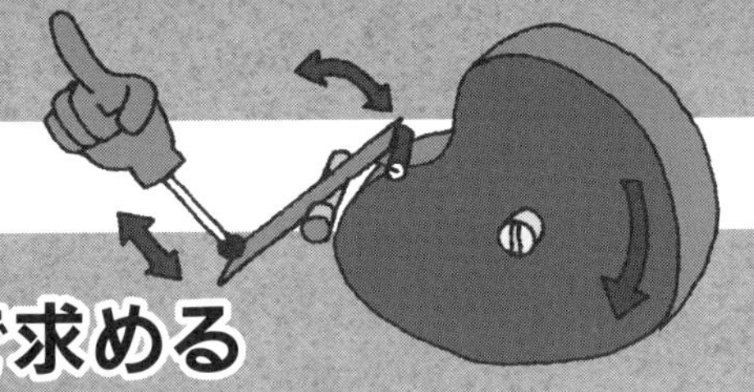

カムの動き 理解を深める カム線図

❶ 変位線図だけではわからないことは速度線図と加速度線図もみてみる．
❷ 速度線図は変位曲線の各点の変化から求める．

前節で，カムの変位線図の読み方や変位線図から，カムの輪郭曲線の基本的な作図法を学んだ．ここでは，変位線図から速度線図や加速度線図の描き方や，少し進んだ計算方法なども学ぶことにする．

単純な従動節（接触子）の動きを扱うので，変位，速度，加速度の向きは上下方向のいずれかである．したがって，変位，速度，加速度はその大きさを扱えば十分である．

1 カムの変位線図から速度・加速度を求める

● 1 変位線図からの数値計算

カムが一定の角速度 ω で回転しているとき，従動節（接触子，フォロワ）の速度とは，「変位（従動節の移動量）が単位時間にどの程度変化したか」（＝〔変位変化〕÷〔それに要した時間〕）というものである．また，加速度は，「速度が単位時間にどの程度変化したか」（＝〔速度変化量〕÷〔それに要した時間〕）というものである．

まず，従動節の速度 V（通常の速度ではなく，カムの単位回転角あたりの変位を示している）から考えてみよう．$V=0$ ということは従動節が休止した状況であり，従動節の変位 y に変化があれば何がしかの速度を生じたはずである．したがって，まずは，従動節の変位 y の変化を調べればよいことになる．

図 4･23 のようなカムの変位線図から，点 P_i の速度を得るということは，数学の微分で勉強したように点 P_i での接線の傾きを求めることに相当している．いま，与えられたカムの変位線図で，横軸の角度を分割する．一定間隔でなくともよいが，ここでは計算が容易になるように一定間隔 h の角度で分割した．

次に，各角度に対する変位 y を可能なかぎり正確に読みとる．ただし，変位式が与えられていたり，図から変位式が得られたりするときはその式を用いるとよい．得られた（θ_{i-1}，y_{i-1}），（θ_i，y_i），（θ_{i+1}，y_{i+1}）などの離散的なデータから，以下のいずれかの式によって変位の平均変化率 V_i を求める．

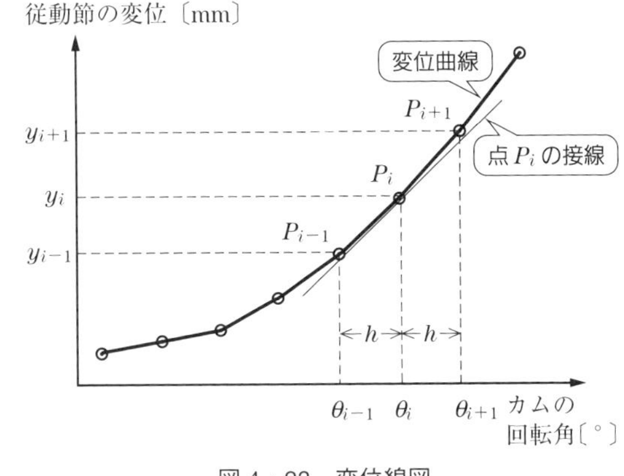

図 4・23　変位線図

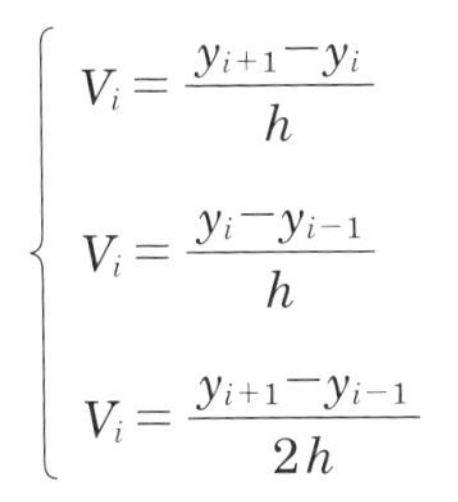

$$\begin{cases} V_i = \dfrac{y_{i+1} - y_i}{h} \\ V_i = \dfrac{y_i - y_{i-1}}{h} \\ V_i = \dfrac{y_{i+1} - y_{i-1}}{2h} \end{cases}$$

この変位の平均変化率 V_i を可能なかぎり間隔 h を小さくしてデータをとれば，より精度のよい速度線図が描ける．理論的には，間隔 h をかぎりなく 0 に近づけると，平均変化率は接線の傾き，すなわち変位の導関数（理論的な速度）になる．

同様に，上記の説明で，変位 y を速度 V に置き換えると，速度 V は加速度 A に相当することになる．ただし，加速度を求めるステップは速度の変化を読みとることになり，間隔 h はかぎりなく小さいほうがよい．

以上のような手順で，変位線図カムの回転角 θ を横軸にした速度線図（含速度式）から速度線図や加速度線図を求めた場合，実際の速度は $v = V\omega$ であり，加速度は，$A\omega^2$ である．詳しくは，次項の理論的な解析を参照するとよい．

4-1 図4·24に示すような変位曲線をもつカムについて次の設問に答えなさい．ただし，カムの回転は反時計回り（角速度 ω は一定とする）で，基礎円の直径は66 mmとする．

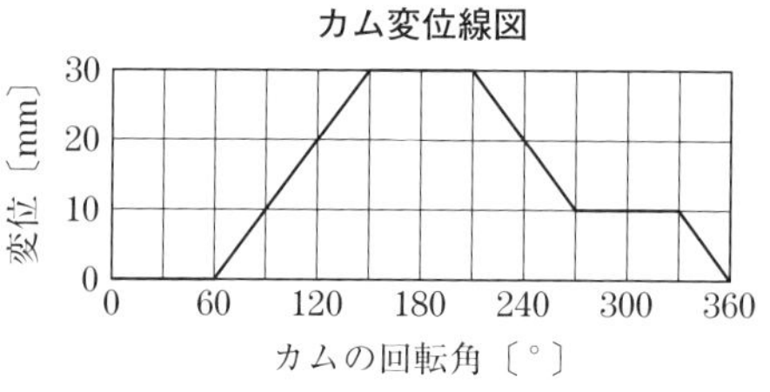

図4・24　変位線図

① カムの輪郭線を描きなさい．

② カムの速度線図を描きなさい．

③ カムの加速度線図を描きなさい．

解答

① 例えば，**図4·25**のように変位線図の横軸を12等分割し，基礎円も同数に等分割する．おのおのの放射線の上に，変位線図に与えられた変位をとる．これらをなめらかな線で結べばカムの輪郭線が得られる（図4·25，分割数を多くとれば，より正確な輪郭線を得ることができる）．

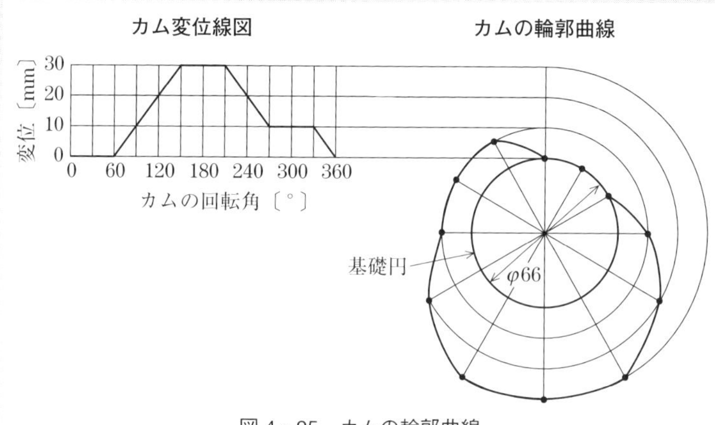

図4・25　カムの輪郭曲線

② 変位線図が直線の組合せで示される場合，それぞれの直線の式 $y = V\theta + \beta$ が具体的に求められれば，その傾き V とカムの回転角速度 ω との積がその範囲の速度となる．そこで，図4·24から区分ごとの式（変位式）を求めると**表4·1**のようになる．従動節の速度は，$V\omega$ であるので，表4·1の変位式より V をまとめておく．

表 4・1　各範囲の変位式

$0<\theta<60°$	$y=0$	$60°<\theta<150°$	$y=\dfrac{60}{\pi}\left(\theta-\dfrac{\pi}{3}\right)$
$150°<\theta<210°$	$y=30$	$210°<\theta<270°$	$y=-\dfrac{60}{\pi}\left(\theta-\dfrac{7\pi}{6}\right)+30$
$270°<\theta<330°$	$y=10$	$330°<\theta<360°$	$y=-\dfrac{60}{\pi}\left(\theta-\dfrac{11\pi}{6}\right)+10$

従動節の速度は，$v=\alpha\omega$ であるので，$V=\alpha$ として表 **4·1** より V をまとめておく．$0<\theta<60°$，$150°<\theta<210°$，$270°<\theta<330°$ の区間では $V=0$ である．また，$60°<\theta<150°$ では $V=\dfrac{60}{\pi}$，区間 $210°<\theta<270°$，$330°<\theta<360°$ では $V=-\dfrac{60}{\pi}$ である. したがって, **図 4·26** のようになる.

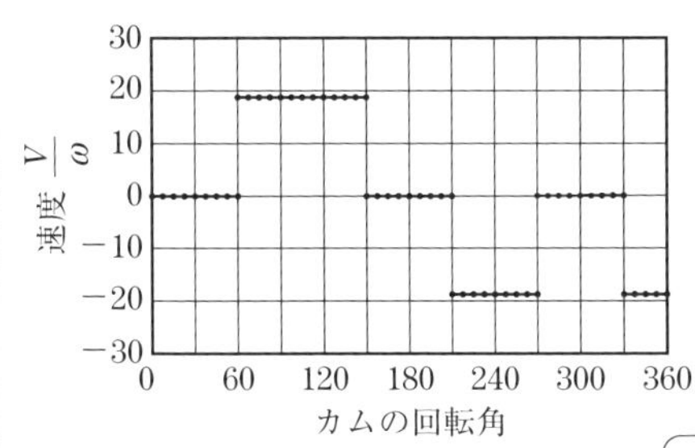

図 4・26　速度線図

微分や積分をするときは，角度の単位は °（度数法）ではなく，rad（弧度法）を使うね！

別解として，数値的に扱う場合を示しておく. 例えば, 5°（≒0.08727 rad）間隔で，120° と 125° で考えると，$y_{120°}=20$ mm，$y_{125°}=21.6667$ mm，$h=$ 0.08727 rad となり

$$V_{120°}=\frac{y_{125°}-y_{120°}\,〔\mathrm{mm}〕}{h\,〔\mathrm{rad}〕}$$

$$=\frac{21.6667-20}{0.08727}$$

$$\fallingdotseq 19.10 \quad 〔\mathrm{mm/rad}〕$$

となる．同様の計算を 0° から 360° で行えばよい．

③ 加速度は，速度曲線の傾き（速度の変化率）から求められる．この例のカムの速度線図および変位線図から理解できることは，大半の部分で速度変化はなく，加速度は 0 となることである．着目する点は，60° と 270°，そして 360°（＝0°）で速度は瞬間的に増加し，対して 150°，210° および 330° で速度は瞬間的に減少しているところである．

この部分では，加速度が，瞬間的に増加（＋∞）したり，瞬間的に減少（－∞）したりすると考えられる．これを示すと，**図 4･27** (a) のようになる．しかし，これらの点は不連続点であり，数学的には扱うことができないので，詳細は**付録 5**（207 ページ）を参照してほしい．

別解として，数値的に扱う場合を示しておく．

例えば，5°（≒0.08727 rad）間隔で，具体的には 55° と 60° で考えると，$V_{55^\circ}=0$ mm/rad，$V_{60^\circ}=19.10$ mm/rad，$h=0.08727$ rad となり

$$A_{55^\circ}=\frac{V_{60^\circ}-V_{55^\circ}\text{〔mm/rad〕}}{h\text{〔rad〕}}=\frac{19.10-0}{0.08727}\fallingdotseq 218.9\ \text{〔mm/rad}^2\text{〕}$$

となる．この計算を 0° から 360° で行えばよい．この結果を図 4･27 (b) に示す．同図で，間隔 h をかぎりなく小さくすると，図 4･27 (a) になることが推測できる．

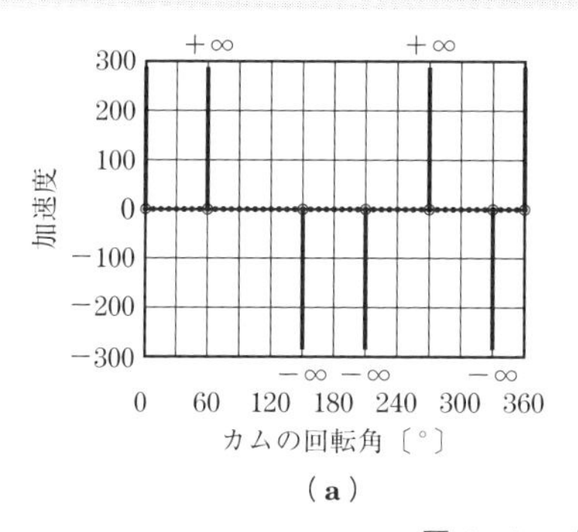

(a)

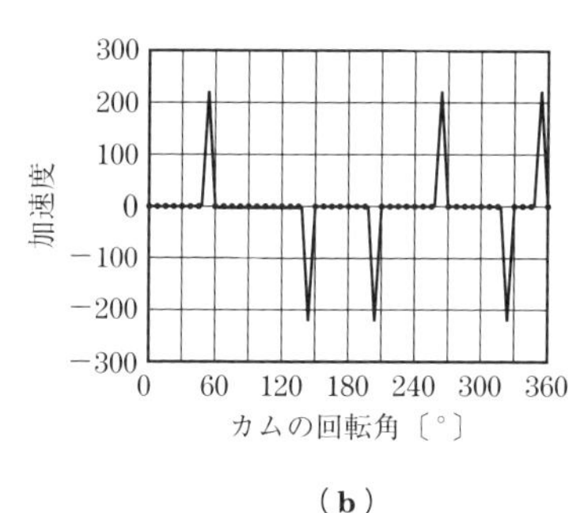

(b)

図 4・27　加速度線図

● 2　変位曲線の微分，速度の微分

図 4･28 に示すような軸 O のまわりを回転する板カムと，往復運動する従動節について，カム曲線，および従動節の速度や加速度を理論的に考えてみよう．

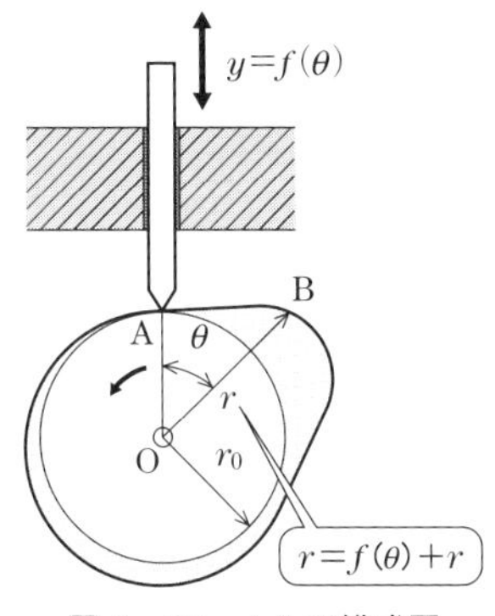

図 4・28　カムの模式図

図 4･28 において，板カムの基礎円半径を r_0，回転角を θ（$\overline{\mathrm{OA}}$ を基準）とすると，任意の θ に対して，カムの輪郭曲線は

$$r = f(\theta) + r_0 \tag{4･1}$$

のように示すことができる．このとき，従動節の変位 y（基礎円に接している点 A を $\theta = 0$ とし，$y = 0$ とする）は

$$y = f(\theta) \tag{4･2}$$

と表すことができ，**図 4･29** のような変位曲線となる．

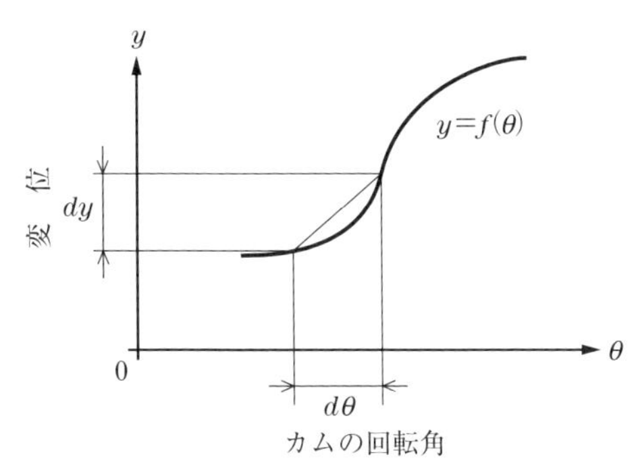

図 4・29　カムの変位曲線

次に，従動節の変位に導関数である速度 v は

$$v=\frac{dy}{dt}=\frac{dy}{d\theta}\ \frac{d\theta}{dt}=\omega\frac{dy}{d\theta} \qquad (4\cdot3)$$

と示される．ここで，ω はカムの角速度〔rad/s〕で，

$\omega=\dfrac{d\theta}{dt}$ である．

次に，速度 v の導関数である加速度 a は

変化の速度と角速度の積が実際の速度．

積の微分なので，$\{f(x)g(x)\}'=f'(x)g(x)+f(x)g'(x)$ となる．

$$a=\frac{dv}{dt}=\frac{d}{dt}\left(\frac{dy}{d\theta}\ \frac{d\theta}{dt}\right)=\frac{d}{dt}\left(\frac{dy}{d\theta}\right)\frac{d\theta}{dt}+\frac{dy}{d\theta}\ \frac{d^2\theta}{dt^2}$$
$$=\left\{\frac{d}{d\theta}\left(\frac{dy}{d\theta}\right)\frac{d\theta}{dt}\right\}\frac{d\theta}{dt}+\frac{dy}{d\theta}\ \frac{d^2\theta}{dt^2}$$

となり，整理すると

$$\begin{aligned}a&=\frac{d^2y}{d\theta^2}\left(\frac{d\theta}{dt}\right)^2+\frac{dy}{d\theta}\ \frac{d^2\theta}{dt^2}\\&=\left(\frac{d\theta}{dt}\right)^2\frac{d^2y}{d\theta^2}+\frac{dy}{d\theta}\ \frac{d^2\theta}{dt^2}\end{aligned} \qquad (4\cdot4)$$

となる．

次に，式 (4･2) と角速度 ω を式 (4･3) および式 (4･4) に代入して，整理すると

$$\left.\begin{aligned}v&=\frac{dy}{d\theta}\ \frac{d\theta}{dt}=f'(\theta)\frac{d\theta}{dt}=\omega f'(\theta)\\a&=f''(\theta)\left(\frac{d\theta}{dt}\right)^2+f'(\theta)\frac{d^2\theta}{dt^2}=\omega^2f''(\theta)+f'(\theta)\frac{d\omega}{dt}\end{aligned}\right\} \qquad (4\cdot5)$$

となる．ここで，$\omega=\dfrac{d\theta}{dt}$，$\dfrac{d\omega}{dt}=\dfrac{d^2\theta}{dt^2}$ である．また，角速度 ω が一定の場合，$\dfrac{d\omega}{dt}=\dfrac{d^2\theta}{dt^2}=0$ となるので，式 (4･5) は

$$\left.\begin{aligned}v&=\omega f'(\theta)\\a&=\omega^2f''(\theta)\end{aligned}\right\} \qquad (4\cdot6)$$

となる．

4-2　カムの従動節の変位がカムの回転角 $\theta(=\omega t)$ に対して $y=0.75(1-\cos\theta)$ と示されるときの従動節の速度，および加速度曲線を求めなさい．

ただし，カムは角速度 ω が一定で回転しているとする．

解答　カムの角速度は一定の ω であるので，速度 v および加速度 a は

$$\begin{cases} v=\omega f'(\theta) \\ a=\omega^2 f''(\theta) \end{cases}$$

で求めることができる．

上式に，$y=0.75(1-\cos\theta)$ を代入して，次式を得る．

$$\begin{cases} v=\omega f'(\theta)=0.75\,\omega\sin\theta \\ a=\omega^2 f''(\theta)=0.75\,\omega^2\cos\theta \end{cases}$$

COLUMN　緩和曲線

変位曲線が**図 4・30**（a）のように滑らかになっていない場合，変位曲線のその前後において，従動節の速度は急激に変化する．このとき，大きな衝撃が発生したり，従動節が原動節の動きに追従できなくなったりする．

緩和曲線は，その部分を緩（ゆる）やかな曲線でつなぐことで，急激な変化を緩和するものである（同図（b））．

緩和曲線には，円弧や放物線，正弦曲線などが用いられている．

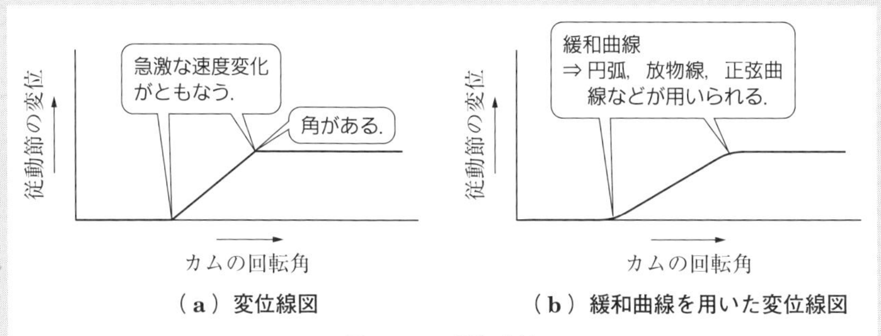

図 4・30　緩和曲線

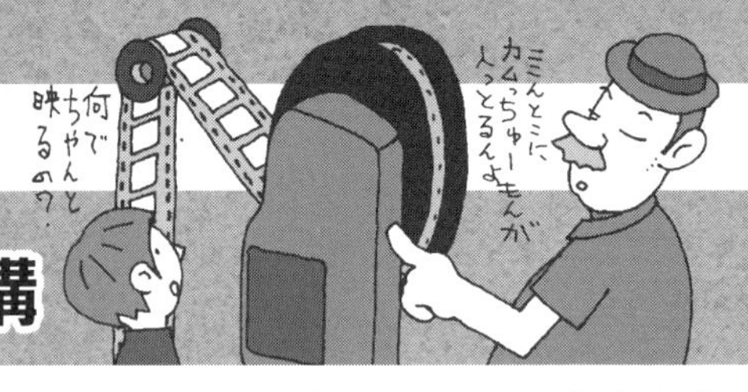

4-5 特殊なカムと機構

カムにまかせろ 間欠運動

❶ **間欠運動**とは，回転，停止，回転・停止の繰返し動作をいう．
❷ カムを用いることで，正確で迅速な間欠運動機構が構成できる．

❶ 間欠運動機構

間欠運動機構に使われるカムを**インデックスカム**という．従来は**欠歯歯車**（けっしはぐるま），**爪車**（つめぐるま），**ゼネバ**（**図 4·31**）などを用いていたが，バックラッシを設ける必要があり，高速・重負荷での使用に難がある．

（a）欠歯歯車

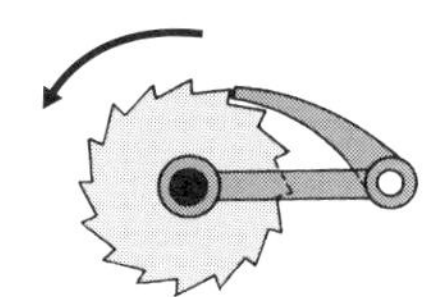

（b）爪　車

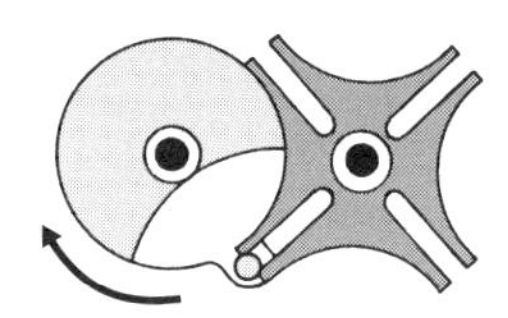

（c）ゼネバ

図 4・31　従来の間欠運動機構[3)]

カムを用いたインデックスカム機構では，バックラッシをなくすことができ，停止精度が向上する．高速・重負荷にも対応し，間欠割出しはもとより，位置決め装置としての機能も併せもっている．

つまり，インデックスカムは，等速回転運動する原動節（入力軸）により，従動節（出力軸）が定められた角度で回転・停止の繰返し動作を精度よく行うことができる機構である．

インデックスカムには，**パラレルカム**，**ローラギヤカム**，**バレルカム**があり（**図 4·32**），どれを選ぶかは**割出し数**（間欠の繰返しの回数）と軸の位置関係によって決まる．

割出し数が少ないものにはパラレルカム，中程度のものにはローラギヤカム，多いものにはバレルカムが適している．

また，原動節と従動節の軸関係では，パラレルカムは平行になり，ローラギヤカム，バレルカムは直交となる．

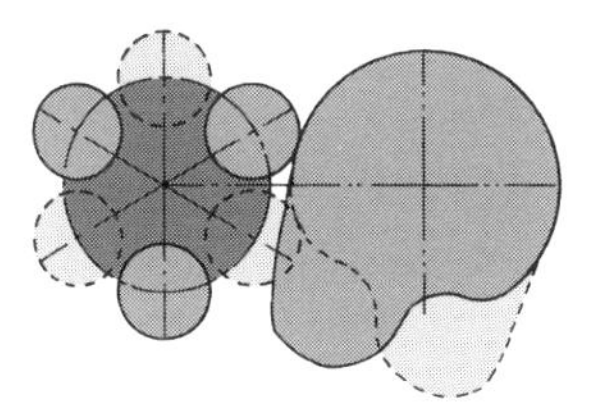

(a) パラレルカム

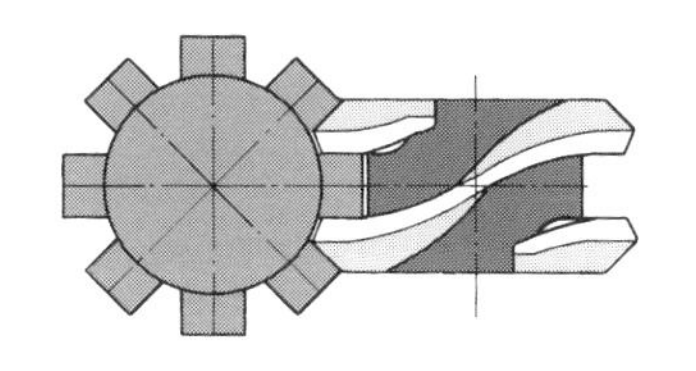

(b) ローラギヤカム

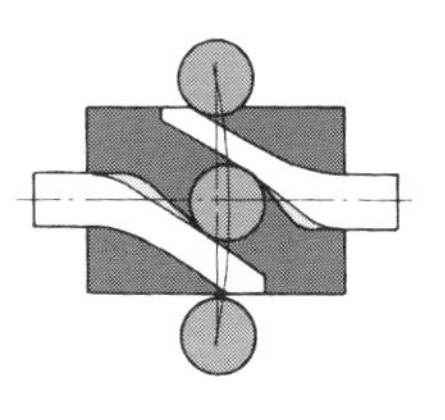

(c) バレルカム

図 4・32　インデックスカムの種類[3)]

1 パラレルカム

パラレルカムとは，2 枚の板カムを組み合わせて従動節を順次送ることで，間欠運動を行わせる機構である（**図 4·33**）．平面カムであり，共役カム（73 ページ

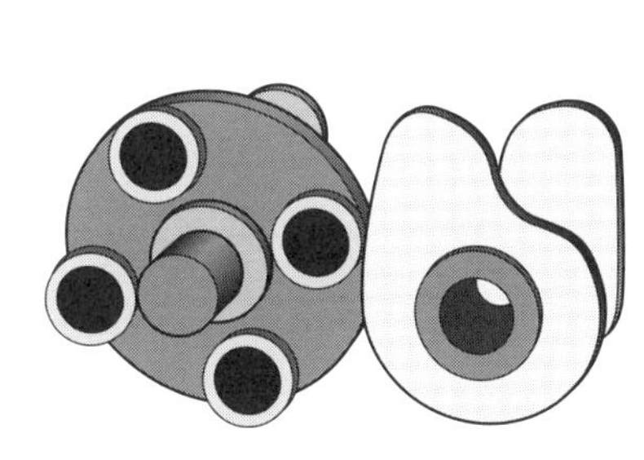

(a) 概略図

(b) 実物の写真（写真提供：ツバキ山久チエイン株式会社）

(c) 内接パラレルインデックスカム機構

(d) 直進送りインデックスカム機構

図 4・33　パラレルカム機構[2), 3)]

参照）の一種でもある．

また，板カムであるため，ローラギヤカムやバレルカムに比べて加工がしやすく，構造も比較的簡単である．

カムの輪郭は，真円の停留部と，山形の形状カム曲線部で構成されている．2枚のカムの山が互い違いに組み合わされ，歯車のように従動節のローラとかみ合いながら間欠運動する．

また，従動節は，2枚の板カムの真円部を互い違いのローラではさみ込むために停止状態を保つことができ，従動節は回転と停止を繰り返すことができる．

このパラレルカムは，入力軸と出力軸が平行で，運動特性や停止精度に優れているため，従来用いられてきたゼネバ（93ページ参照）に対し，置き換えることが可能である．

また，用途によっては，カムを内接させた内接パラレルインデックスカム（図4･33（c））や直進送りインデックスカム（同図（d））などにも応用できる．

● 2 ローラギヤカム

ローラギヤカムとは原動節の外形が鼓（つづみ）形をしたカムで，従動節には放射状にローラが植え込まれており，2軸が直角に配置された間欠運動機構である（**図4・34**）．

カムのリブ面はテーパ状で，ローラではさみ込むためにバックラッシがなく，高速運動に適している．

形式には2種類あり，リブをローラではさみ込むもの（同図（b））と，リブでローラをはさみ込むもの（同図（c））とがある．

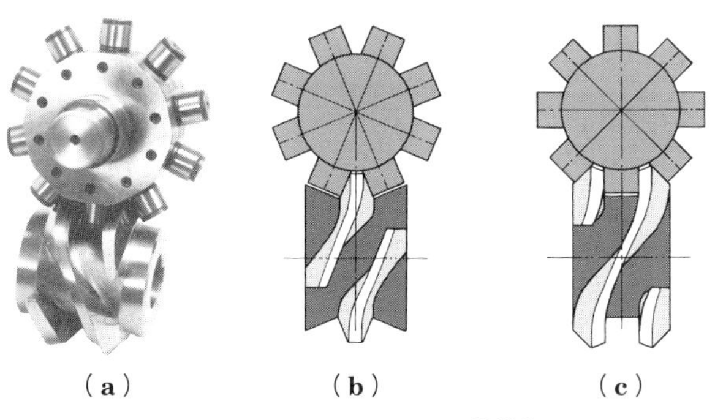
（a）　（b）　（c）

図4・34　ローラギヤカム機構[3)]

● 3 バレルカム

バレルカムとは，円筒カム（74 ページ参照）の一種で，円筒状の原動節を連続回転させることにより，従動節に断続的な間欠運動をさせる機構である（**図 4・35**）．割出し数の多い機構に向いている．

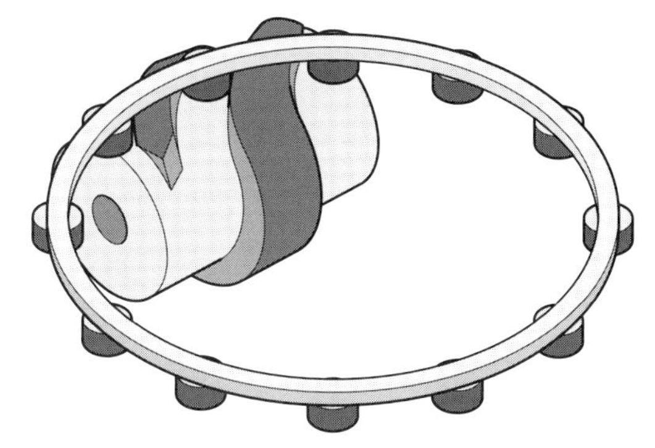

図 4・35　バレルカム機構[2)]

COLUMN　ゼネバとは

ゼネバは，間欠運動を行わせる機構として，以前は時計や映画の映写機のフィルム送り，カメラなどによく使用されてきたものである．

図 4･36 に示すように，連続回転する原動節に突起があり，これが従動節の溝にはまって回転するが，原動節の回転にともない，突起は溝から外れる．このとき，従動節は原動節の円形部分に接しているため，停止状態となる．この動作を繰り返すことにより，従動節が間欠運動を行う．

この機構は，当初，時計のばね巻き機構に使われたものである．

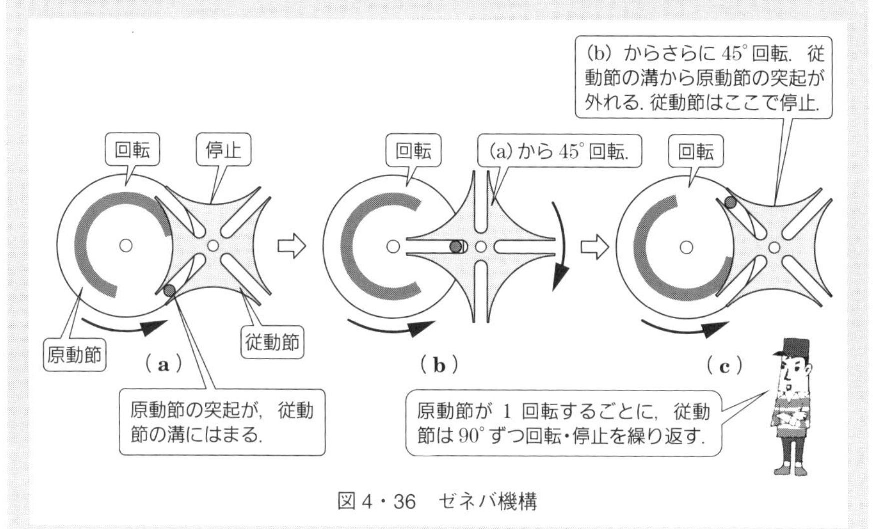

図 4・36　ゼネバ機構

4-6

カム機構の使われ方

確実 信頼！　速度・加速度変化

❶ カム機構は，往復運動を行わせるのに非常に有効な機構である．
❷ カムを用いることにより，回転・停止の繰返し動作を容易に得ることができる．

カム機構は，リンクや歯車で構成される機構よりも，簡単で確実な動作が可能である．そのため，限定された往復運動においてよく用いられている．

制御というと，ついコンピュータ制御を考えてしまうが，コンピュータを使用しなくても，限定された往復運動であれば，カムで十分である．

ここでは，いろいろなところで使われているカム機構を紹介する．

❶ 自動工具交換装置

自動工具交換装置（ATC）は，工作機械のマシニングセンタなどにおいて工具を自動的に交換するものである（**図 4·37**）．従来は油圧装置で構成されていたが，動作に制御装置が必要であったり，高速性に難があった．

これにカム機構を用いることにより，制御装置が不要となり，滑らかで確実に，しかもすばやい動作で工具交換を行わせることができるようになった．

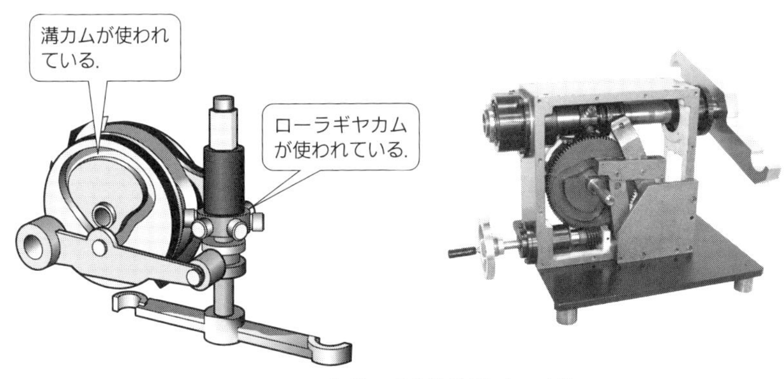

図 4・37　自動工具交換装置（ATC）[2]

❷ ピック & プレースユニット

自動機やプレス作業において，部品をつかんで空間移送し，定位置に置く動作がよく行われる．これに利用されているのがピック & プレースである（**図 4·38**）．

この方式には，直進形の運動と旋回形の運動があり，これを平面カムや立体カムを使って実現している．

（a）直進形ピック & プレース

（b）旋回形ピック & プレース

（c）ピック & プレースの内部機構

図 4・38　ピック & プレース[2), 3)]
（(a) と (b) の写真提供：株式会社オオツカハイテック）

❸ 間欠運動コンベヤ

すでに説明しているように，カム機構では正確で迅速な間欠運動が実現できる．これを利用して，間欠コンベヤ（**図 4·39**），およびロール紙の紙送りなどにも使用されている．

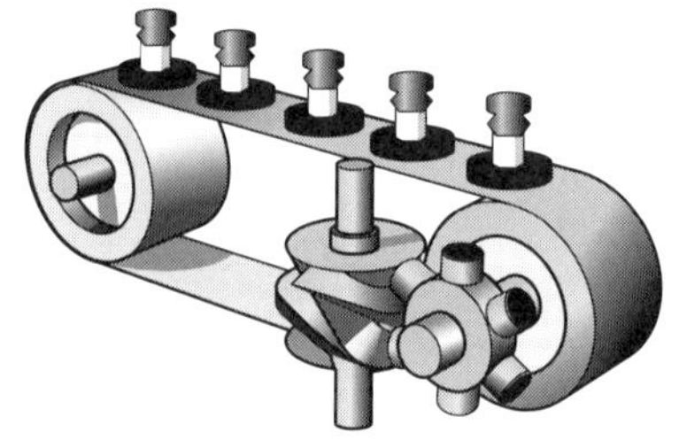
（a）ローラギヤカムを使用したもの

（b）パラレルカムを使用したもの

図4・39　間欠コンベヤ機構[2)]

4 自動機への応用

いろいろなカムを工夫して用いることにより，さまざまな動作を実現できる．**図 4·40** で紹介するのは，カムを用いた自動機の例である．それぞれのカムの特長をうまく利用していることがわかる．

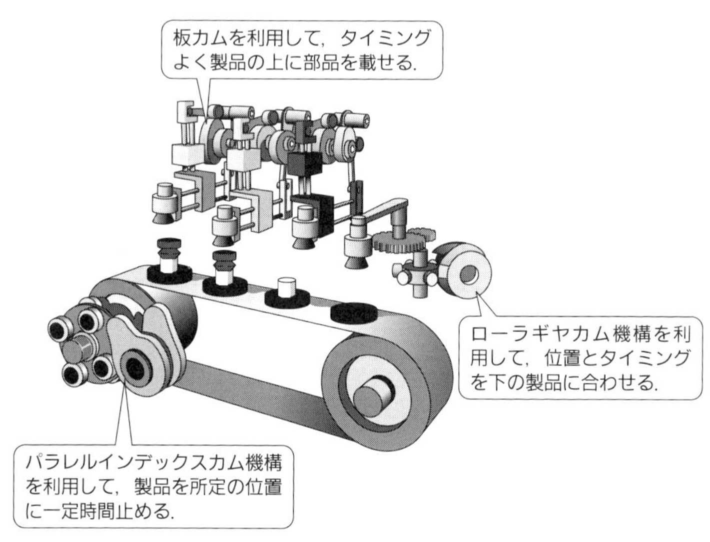

図4・40　カム式自動機の例[2)]

COLUMN　カムでクラッチ

カムを応用してクラッチを構成したものに**カムクラッチ**がある. このクラッチは, 一方向クラッチ（ワンウェイクラッチ）と呼ばれるものである.

図 4･41 に示すように, カムクラッチは, カム・内輪・外輪・スプリング（ばね）・ベアリング（軸受）で構成されている. カムは内外輪間に複数並んでおり, 内外輪の相対回転方向によって, 滑り状態やつっかえ棒の作用をし, 空転やかみ合いが行われる.

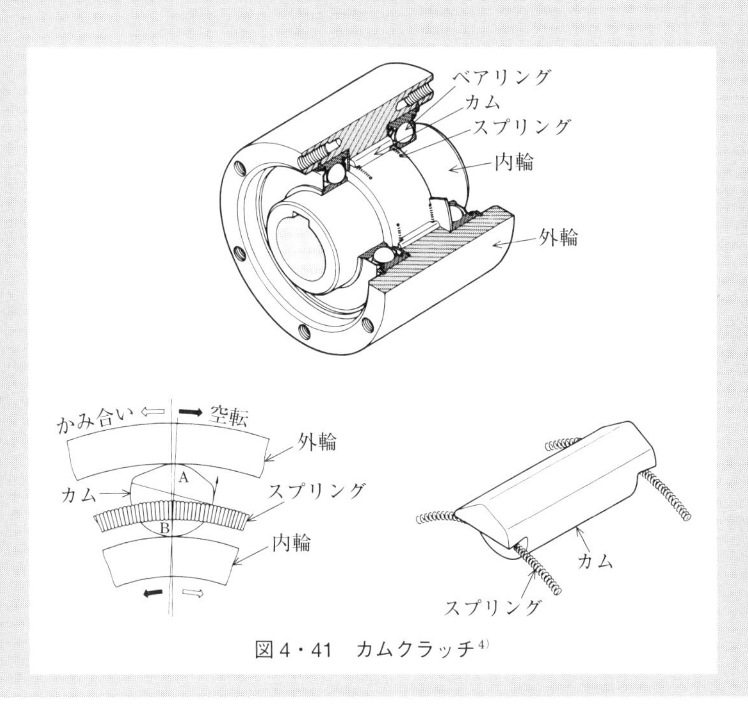

図 4・41　カムクラッチ[4]

章末問題

問題1 次の文章の（　　）に適当な語句を入れ，文章を完成させなさい．

(1) カムはその運動方向により，（　　）と（　　）に分けることができる．

(2) カムの形状を設計するには，カムの回転角や移動量に応じた従動節の運動をもとに考えなければならない．従動節の運動は（　　），（　　），（　　）などで知ることができ，この関係を表した図を総称して（　　）と呼ぶ．

(3) 変位線図は，縦軸に従動節の変位を，横軸に時間やカムの回転角を表し，描かれた曲線を（　　）または（　　）と呼ぶ．

問題2 **図 4·42** に示すような変位曲線をもつカムの輪郭曲線を描きなさい．ただし，カムの回転は反時計まわりで，基礎円の直径は 80 mm とする．

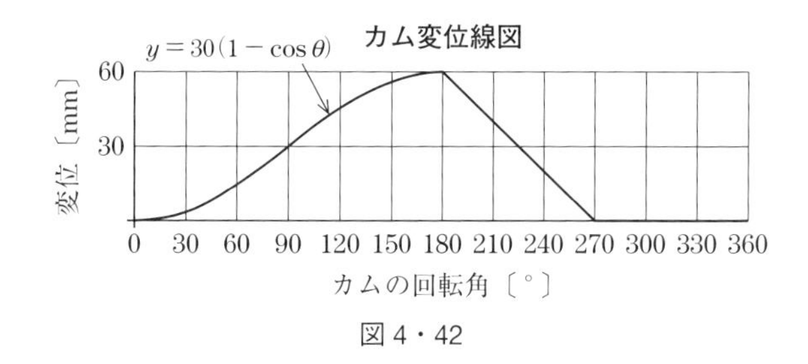

図 4・42

問題3 **表 4·2** の条件が与えられたときのカムの変位線図，速度線図および加速度線図を描きなさい．ただし，カムは角速度一定で回転しているものとする．

表 4・2

0° ～120°	等速度運動で 0 から 50 mm のリフト
120° ～180°	休止
180° ～270°	単振動 $a\sin(\theta+b)$ で 50 mm 下降
270° ～360°	休止

第5章

摩擦伝動の種類と運動

機械の内部で行われている動力の伝達には，摩擦が大きくかかわっている．摩擦の発生は，無駄な熱の発生となってエネルギー損失となり，効率の低下につながる．一方，動力や運動の伝達手段として摩擦を利用しているのが，摩擦伝動装置である．

原動節と従動節が直接接触し，接触点で滑りがない場合を転がり接触と呼び，動力や運動を伝達する機構に使われている．

摩擦はとかくじゃま者扱いされることが多いが，この摩擦をうまく利用した摩擦伝動装置がハイテク機器や自動車などで，たくさん使われている．

この章では，摩擦伝動装置の基礎を学び，さらに応用機器についても学習する．

5-1

摩擦伝動と摩擦力の基礎

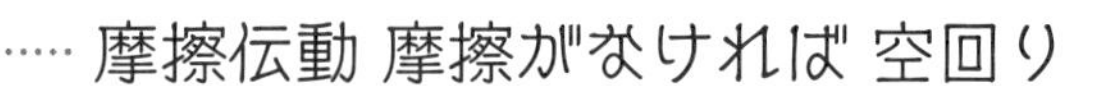

摩擦伝動 摩擦がなければ 空回り

❶ 摩擦伝動には，転がり接触伝動と滑り接触伝動がある．
❷ 転がり接触伝動は，平行軸，交差軸や食違い軸にも使える．

❶ 摩擦伝動の種類

円筒や円すい，球が接触するときの摩擦によって，転がり接触しながら動力や運動を伝達するような機構を**摩擦車**と呼ぶ．なお，摩擦車では原動側を**原動車**，従動側を**従動車**と呼ぶこともある．

摩擦車による動力伝達は摩擦力だけを利用するもので，後述する歯車伝動などと異なり，歯による細かな変動がないので精密な伝動に用いられる．

ただし，原動車の回転が急激に変化すると，従動車との接触面に滑りを生じ，確実な伝動が難しくなる．しかし，見方を変えればこのことは従動側に急激な負荷変動を及ぼさないという利点とも考えられる．

● 1 滑り接触と転がり接触

電車が急ブレーキをかけると，車輪はロックされて回転しなくなり，レールの上を電車が滑るように動いてしまう．また，摩擦の大きなタイヤを装着している自動車でも，例えば雪道において急ブレーキをかけると，タイヤがロックされて滑ってしまう．このような状態を**滑り接触**と呼んでいる．

一方，電車や自動車が快適に走行している場合，レールや道路，車輪やタイヤの接触部に摩擦力がはたらいて，車輪やタイヤの回転がレールや道路にしっかりと伝わっている（これは理想的な状態で，実際には多少の滑りが生じている）．この状態を**転がり接触**と呼ぶ．

また，摩擦車と接触面との摩擦によって，滑りのない状態で動力を伝達することを**転がり接触伝動**という．このとき，滑りなく運動を伝達させるためには，**図 5·1** に

示したようにそれぞれ摩擦車を押し付けたり，接触面に摩擦の大きい材料を使用したりすることで，所定の摩擦力を得ることが必要である．

二つの円筒（円板）が接触して回転を伝えるとき，外接接触して回転を伝えるものと内接接触して伝えるものとがある（図 **5･1**）．ただし，いずれも二つの円筒（円板）の接触面には摩擦力がはたらき，転がり接触して動力を伝達するしくみは同じである．

このように，摩擦力を利用して動力を伝達するのが摩擦伝動装置である．

図 5・1　摩擦伝動

● 2　転がり接触伝動の種類

転がり接触で動力を伝達する場合，原動節には円形やだ円形をした機素が用いられる．

また，その回転運動には，一平面上の運動や立体的な運動，摩擦車の回転軸が平行な場合（平行軸）や交わる場合（交差軸），平行でもなく交わりもしない場合（食違い軸）などがある（図 **5･2**）．

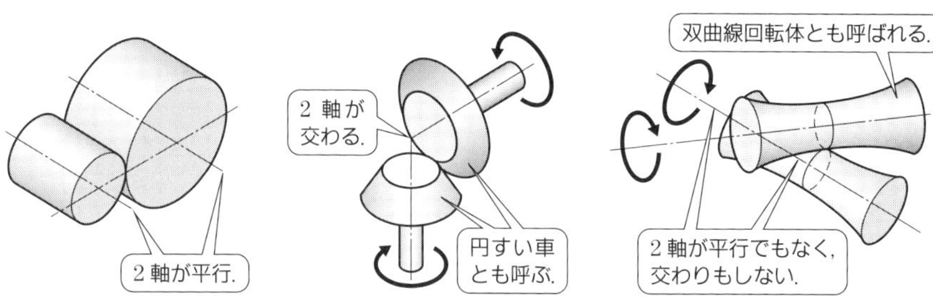

図 5・2　転がり接触伝動の種類

2 摩擦車の基礎

前項で解説したように，摩擦車の対では，原動側と従動側の摩擦車を押し付けて摩擦を発生させ，動力や回転を伝えている．ここでは，摩擦車に必要な摩擦の性質を学ぶ．

● 1 静摩擦

図 5·3 に示すように，質量 m の物体 A が他の物体 B の表面に接触した状態から動き始めようとするとき（あるいは，すでに動き出しているとき），その接触面には運動を妨げようとする力がはたらく．この現象を**摩擦**と呼び，このときにはたらく力を**摩擦力**という．

静止している物体を動かそうとするときに生じる摩擦を**静摩擦**（**静止摩擦**とも呼ばれる），そのときにはたらく力を**静摩擦力**（**静止摩擦力**とも呼ばれる）という．図中に示したそれぞれの力はベクトルであるが，以下の説明では力の大きさだけを扱い，その方向は図中の矢印で示すことにする．

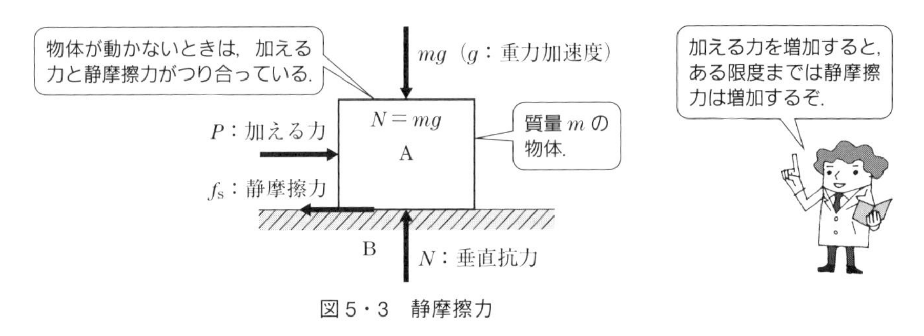

図 5・3　静摩擦力

図 5·3 において，静止している物体に力 P を加えても，力が小さいうちは，物体は静止したままで滑りは生じない．これは，加えた力 P と大きさが同じで，逆向きの静止摩擦力 f_s が発生し，つり合うからである．加える力 P が大きくなると，それに応じて静摩擦力 f_s も大きくなる．しかし，加える力 P がある値を超えたとき，物体が動き出すことは容易に予測できる．これは，静摩擦力の大きさに限界があるからで，この限界の摩擦力を**最大静摩擦力**という．

静摩擦力 f_s は，

$$f_s \leq \mu N = \mu mg \quad (\mu：静摩擦係数,\ N：垂直抗力)$$

で求めることができ，f_s の最大値が最大静摩擦力となる．

● 2 動摩擦

運動している物体に生じる摩擦を**動摩擦**（**運動摩擦**とも呼ぶ），そのときにはたらく力を**動摩擦力**という．動摩擦力 f_{k} は

$$f_{\mathrm{k}} = \mu' N \quad (\mu'：動摩擦係数，N：垂直抗力)$$

で求めることができる．静摩擦力は加える力によって変化するが，動摩擦力は一定の値をとる．また，$\mu' < \mu$ の関係がある．

動摩擦には，**滑り摩擦**のほかに，**転がり摩擦**がある．転がり摩擦は，滑り摩擦に比べてはるかに小さい．そのため，重い物体を動かすときには，よくころや車輪，軸受のベアリングなどが使用されている．

● 3 摩擦係数

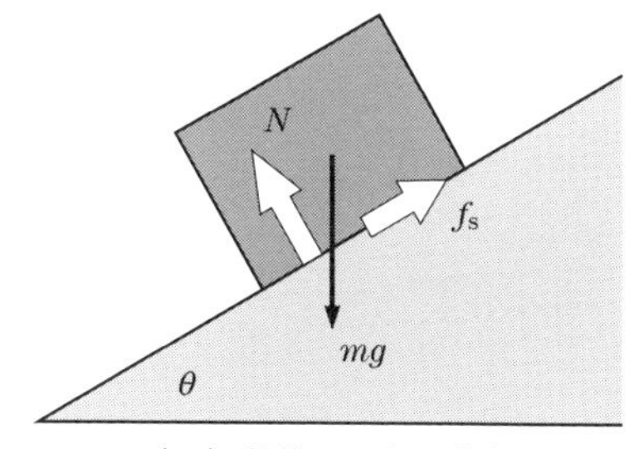

（a）物体にはたらく力

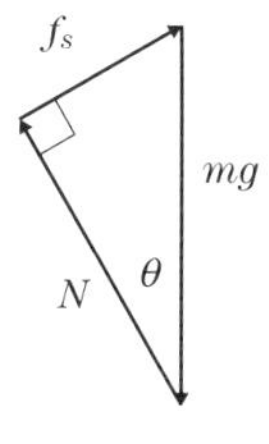

（b）力の関係

図５・４　斜面に置かれた物体

図 5･4（a）に示すような斜面上に質量 m の物体が静止している．物体が斜面から受ける垂直抗力を N，摩擦力を f_{s} とする．このとき，各力はつり合っているので，力の関係は同図（b）のようになる．力のつり合いより

$$\begin{cases} N - mg\cos\theta = 0 & （斜面に垂直な方向のつり合い） \\ f_{\mathrm{s}} - mg\sin\theta = 0 & （斜面に平行な方向のつり合い） \end{cases}$$

となる．また，摩擦力と垂直抗力の関係 $f_s = \mu N$ を用いると

$$\mu = \tan\theta$$

となる．

図 5･4（a）において，斜面の角度 θ を少しずつ大きくし，静止していた物体が滑りはじめる瞬間の角度を $\theta = \theta_{\max}$ とすると，静摩擦係数は以下のように示すこ

とができる．

$$\mu = \tan\theta_{\max}$$

ここで，このときの $\theta = \theta_{\max}$ を**摩擦角**と呼ぶ．

摩擦角を測定すれば，静摩擦係数を簡易的に測定することができる．また，同図（a）から静摩擦係数には二つの材料（物体，斜面），および接触面の状態が関係することが推測できる．

4 摩擦車の摩擦力

摩擦車は，円板の円周面どうしを接触させたり，円板の円周面と円板の平面を接触させたり，円すい面どうしを接触させたりして，接触部分の摩擦を利用して回転や動力を伝えている．したがって，摩擦力を発生させるためには，接触部分に圧力が生じるような力を加える必要があるというように前に述べたが，この押し付ける力のほかに，摩擦車の摩擦係数も摩擦力に影響している．

摩擦力を高めるには，例えば，ゴムや皮革のような接触面に摩擦の大きい材料を用いたり，摩擦係数を大きくする接触面にしたりすることが必要である．しかし，摩擦係数を上げることにも限界があり，また，あまり強く押し付けると，接触部分や軸を変形させてしまうこともあるので注意が必要である．

5-1　平板に質量 50 kg の物体を載せ，平板を傾けていったところ（**図 5･5**），水平から 25° 傾いたところで物体が滑りはじめた．

このときの物体と平板間の静摩擦係数を求めなさい．また，この物体を水平にした同じ平板上で引っ張るとき，動き始めるために必要な力を求めなさい．

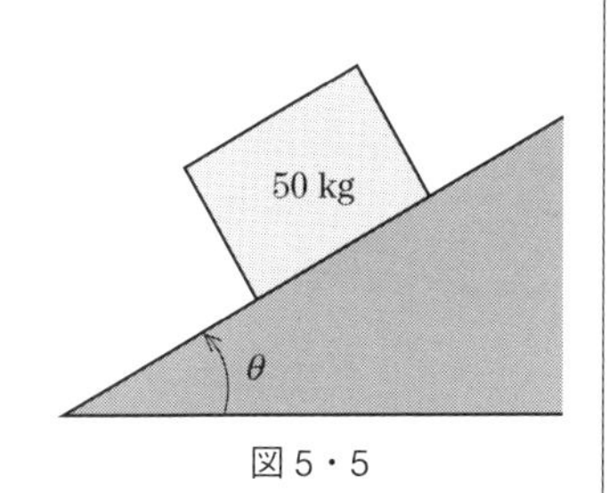

図 5・5

解答　静摩擦係数を μ，物体が動き始める瞬間の角度を $\theta = \theta_{\max}$ とすると

$$\mu = \tan\theta_{\max}$$

の関係が成り立つ．$\theta_{\max} = 25°$ なので

$$\mu = \tan 25° = 0.466307\cdots \fallingdotseq 0.4663$$

より，静摩擦係数 μ は，0.4663 となる．

次に，水平台に置いたときの最大静摩擦力 f_s は

$$f_s = \mu N = \mu mg$$

となるので，$\mu = 0.4663$，$m = 50\ \mathrm{kg}$，$g = 9.8\ \mathrm{m/s^2}$ を代入して

$$f_s = \mu mg = 0.4663 \cdot 50 \cdot 9.8 = 228.487\ \mathrm{kg \cdot m/s^2} \fallingdotseq 228.5\ \mathrm{N}$$

を得る．したがって，動かすために必要な最低限の力は，228.5 N となる．

COLUMN　車輪の粘着力

鉄道車両は，鉄製の車輪とレールが転がり接触している．そのため，雨や雪のときなどは，摩擦係数が減少して滑りやすくなる．これを**車輪の空転現象**という．

また，急勾配を上る登山電車などは，車輪とレールの間に砂をまいて摩擦係数を大きくし，粘着力を増して滑りにくくしている．

COLUMN　扇風機で流体継手・トルコンを理解

トルクコンバータ（略称：トルコン）を使った自動変速機（オートマチックトランスミッション，AT）を採用している自動車はオートマ車（AT 車）と呼ばれているが，販売当初はトルコン車，またはクラッチペダルがないことからノークラ車とも呼ばれていた．

このトルクコンバータの主たる部分は，流体継手部分とトルク増幅装置である．流体継手部分をモデル化したものが**図 5･6** である．同図（a）が原動機側，（b）が駆動輪側である．

同図（a）の扇風機の電源を入れると，それによる空気（媒体）の流れで（b）の扇風機が回る．実際の流体継手では，媒体に粘性の高い油が用いられており，（a）と（b）の間に動力伝達を切断するクラッチがないため，独特のクリーピング現象（エンジンがアイドリングの状態で，アクセルを踏んでいなくても車が動く現象）が発生することになる．

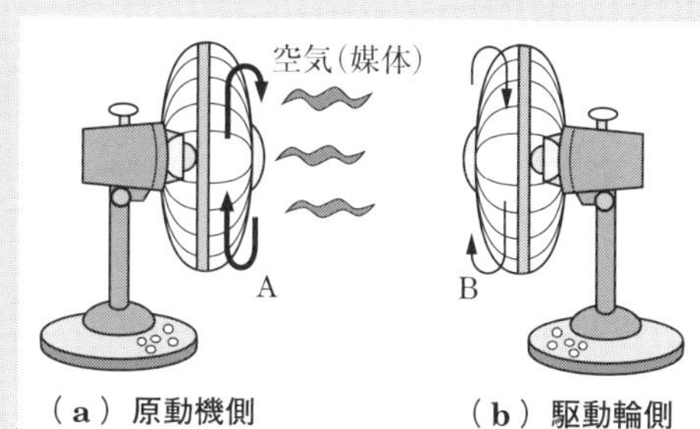

図 5・6　流体継手の体感

5-2 摩擦車伝動の角速度比

❶ 角速度比は直径比の逆数になる.
❷ 円すい車の角速度比は頂角の三角比で表される.

摩擦車は，動力伝達機構としては簡単な機構であり，運動は滑らかで静音であるという特長をもっている．原動車側が定角速度で回転した場合，従動車側の角速度は，両車の輪郭形状によって一定であったり，変化したりすることになる．

ここでは，組み合わされる摩擦車の角速度比が常に一定となる場合について学ぶ．

1 平行軸の円筒摩擦車の角速度比

平行軸で用いられる摩擦車の角速度比が常に一定となる輪郭形状は，円形すなわち円筒形になる．これを，**円筒摩擦車**（**円筒車**）と呼ぶ．

1 二つの円筒摩擦車による伝動

図 5･7(a) に外接の摩擦車，(b) に内接の摩擦車を示す．同図において，原動車，従動車それぞれの直径を D_1，D_2〔mm〕，角速度を ω_1，ω_2〔rad/s〕，回転速度を N_1，N_2〔min^{-1}〕とする．それぞれの単位は標準的なものとした．

まず，摩擦車の接触面での周速度の大きさ v〔m/s〕を求める．円周上での周速度は両摩擦車で等しいので

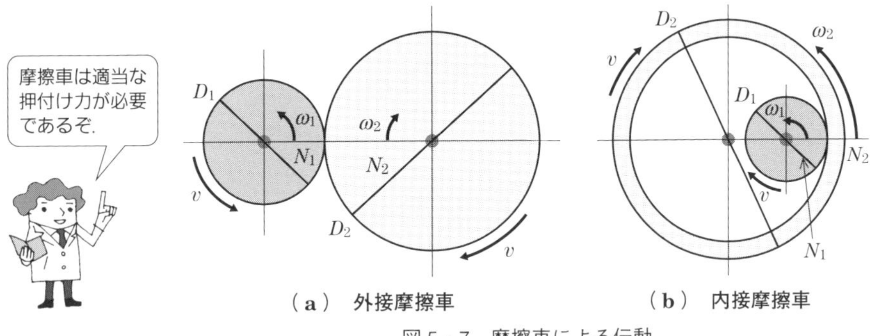

（a） 外接摩擦車　（b） 内接摩擦車

図 5・7　摩擦車による伝動

$$v=\frac{\pi D_1 N_1}{1000\cdot 60}=\frac{\pi D_2 N_2}{1000\cdot 60}\quad〔\mathrm{m/s}〕$$

あるいは，　(5･1)

$$v=\frac{D_1\omega_1}{2\cdot 1000}=\frac{D_2\omega_2}{2\cdot 1000}\quad〔\mathrm{m/s}〕$$

となる．ただし，接触面での滑りはないものとする．

式 (5･1) より

$$D_1N_1=D_2N_2,\ \text{および},\ D_1\omega_1=D_2\omega_2 \qquad (5\cdot 2)$$

の関係を得る．

ここで，摩擦伝動装置における角速度比 ε は次のように定義される．

$$\varepsilon=\frac{(\text{従動車(節)の角速度})}{(\text{原動車(節)の角速度})}=\frac{\omega_2}{\omega_1} \qquad (5\cdot 3)$$

式 (5･2) および式 (5･3) より，摩擦車の直径，回転数および角速度を用いた角速度比 ε を導くと

$$\varepsilon=\frac{\omega_2}{\omega_1}=\frac{N_2}{N_1}=\frac{D_1}{D_2}$$

の関係式を得る．

次に，回転や動力伝達の問題で用いられる速度伝達比 i を求める．1 対の摩擦車における**速度伝達比**は，原動車の角速度を従動車の角速度で除した値として定義される．それゆえ，この場合は，式 (5･3) の逆数として求められるので

$$i=\frac{\omega_1}{\omega_2}=\frac{N_1}{N_2}=\frac{D_2}{D_1}$$

となる．次に，軸間距離 l は，図 5･7 からもわかるように

$$\text{外接摩擦車の軸間距離}\ l=\frac{D_1+D_2}{2}$$

$$\text{内接摩擦車の軸間距離}\ l=\frac{|D_1-D_2|}{2}$$

となる（|　|の記号は絶対値を表す）．

● 2　直列配置の摩擦車による伝動

図 5·8 に示す外接の 3 列の摩擦車について，それぞれの摩擦車の直径を D_1，D_2，D_3，角速度を ω_1，ω_2，ω_3，回転速度を N_1，N_2，N_3 とする．

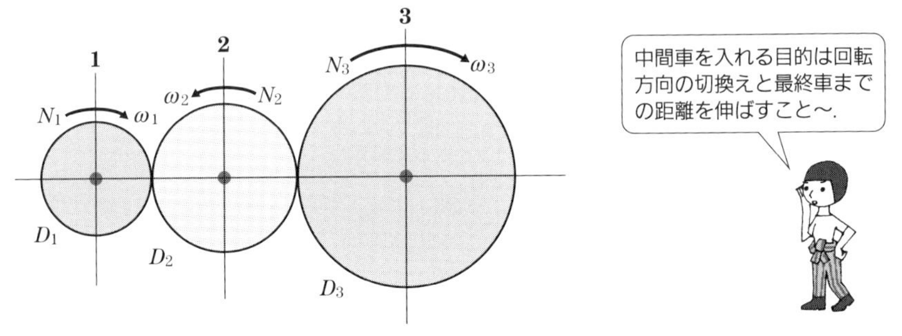

図 5・8　摩擦車列による伝動

まず，摩擦車 1，2 について，角速度比 ε_{12} を求めると，

$$\varepsilon_{12}=\frac{\omega_2}{\omega_1}=\frac{N_2}{N_1}=\frac{D_1}{D_2}$$

となる．同様に，摩擦車 2，3 について，角速度比 ε_{23} を求めると，

$$\varepsilon_{23}=\frac{\omega_3}{\omega_2}=\frac{N_3}{N_2}=\frac{D_2}{D_3}$$

となる．摩擦車 1，2，3 の直列配置について，角速度比 ε_{13} は

$$\varepsilon_{13}=\frac{\omega_3}{\omega_1}=\frac{\omega_2}{\omega_1}\cdot\frac{\omega_3}{\omega_2}$$

と考えられるので，角速度比 ε_{12} と角速度比 ε_{23} の積として求めることができる．

$$\varepsilon_{13}=\frac{\omega_3}{\omega_1}=\frac{N_3}{N_1}=\frac{D_1}{D_3} \tag{5·4}$$

式 (5·4) から，3 個の摩擦車を直列配置した角速度比 ε_{13} には中間の摩擦車 2 が影響しないことがわかる．このような中間の摩擦車を**中間車**（**遊び車**，**アイドラー**ともいう）という．

ただし，中間車を入れることにより，3 番目の摩擦車は 1 番目の原動車と同方向の回転となる．また，速度伝達比 i_{13} は

$$i_{13}=\frac{\omega_1}{\omega_3}=\frac{N_1}{N_3}=\frac{D_3}{D_1}$$

となる． ● 1 および ● 2 の結果より，n 個の摩擦車が直列配置された場合は

1 番目の原動車と n 番目の従動車で，角速度比 ε_{1n} や速度伝達比 i_{1n} が求められることが推測できるはずである．

中間車が影響をおよぼすのはその数に関してで，直径は影響しないぞ．

$$角速度比\ \varepsilon_{1n} = \frac{\omega_n}{\omega_1} = \frac{N_n}{N_1} = \frac{D_1}{D_n}$$

$$速度伝達比\ i_{1n} = \frac{\omega_1}{\omega_n} = \frac{N_1}{N_n} = \frac{D_n}{D_1}$$

また，n 番目の従動車の回転方向は，n が偶数の場合は原動車と逆方向，奇数の場合は原動車と同方向となる．

● 3　溝付き摩擦車の摩擦力

摩擦力を利用して回転や動力を伝える摩擦車では，摩擦力が大きいほど高い伝達効果が得られる．摩擦力を大きくする要因である摩擦係数の大きい材質を選ぶことや，接触面の摩擦係数が大きくなる状態にすることなどについては，前項で説明した．

ここでは，接触面を効率よく広くし，見かけ上の摩擦係数を大きくする一つの方法として，**溝付き摩擦車**を**図 5·9** (a) に示す．

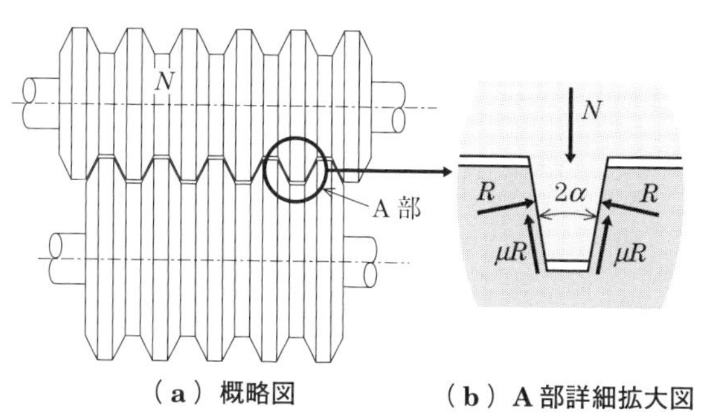

（a）概略図　　（b）A 部詳細拡大図

図 5・9　溝付き摩擦車

図 5·9 (a) の溝の部分を拡大したものが同図 (b) である．このような溝付きの摩擦車には，溝にはたらく押付け力 N，溝の側面から受ける垂直抗力 R，抗力によって生ずる摩擦力 μR が作用すると考えられる．ここで，摩擦車の溝角を 2α，摩擦係数を μ としている．このとき，見かけ上の摩擦係数 μ' は次のようになる．

$$\mu' = \frac{\mu}{\sin\alpha + \mu\cos\alpha}$$

❷ 交差軸の摩擦車の角速度比

交差軸に用いられる角速度比が常に一定となる摩擦車の輪郭形状は円すい形になる．これを，**円すい摩擦車**と呼ぶ．

交差する 2 軸では，例えば，**図 5·10** (a) のような円すい摩擦車が用いられる．

2 軸の交点を頂点とする二つの円すいを考え，必要な伝達動力を得るに足りる幅をもたせればよい．

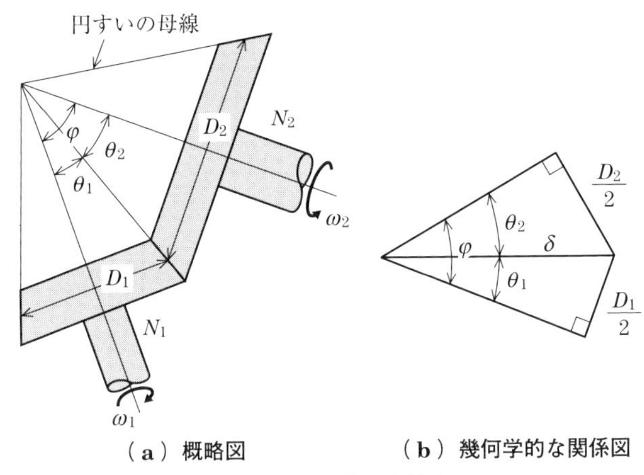

図 5・10　円すい摩擦車

図 5·10 (a) において，原動車，従動車それぞれの平均直径を D_1，D_2，回転速度を N_1，N_2，角速度を ω_1，ω_2，円すい頂角の半角（円すい角という）を θ_1，θ_2 とし，2 軸の交角を φ とする．

この円すい摩擦車の角速度比 ε は，円筒摩擦車と同様に

$$\varepsilon = \frac{\omega_2}{\omega_1} = \frac{N_2}{N_1} = \frac{D_1}{D_2}$$

となる．一方，図 5·8 (b) のような，組み合わされた円すい摩擦歯車の幾何学的な関係より

$$\delta \sin \theta_1 = \frac{D_1}{2}, \quad \delta \sin \theta_2 = \frac{D_2}{2}, \quad \varphi = \theta_1 + \theta_2$$

を得る．この関係を用いると，角速度比 ε は摩擦車の円すい頂角の半角 θ_1，θ_2 を用いて表すことができる．

$$\varepsilon=\frac{\omega_2}{\omega_1}=\frac{N_2}{N_1}=\frac{D_1}{D_2}=\frac{\sin\theta_1}{\sin\theta_2}$$

ここで，θ_1 および θ_2 は，角速度比 ε と 2 軸の交差角 φ を用いて次のように与えられる．

$$\tan\theta_1=\frac{\sin\varphi}{\dfrac{1}{\varepsilon}+\cos\varphi},\qquad \tan\theta_2=\frac{\sin\varphi}{\varepsilon+\cos\varphi}$$

とくに，2 軸が直交する場合は，$\varphi=90°$ として

$$\tan\theta_1=\varepsilon,\qquad \tan\theta_2=\frac{1}{\varepsilon}$$

となる．さらに，速度伝達比 i も次のようになる．

$$i=\frac{\omega_1}{\omega_2}=\frac{N_1}{N_2}=\frac{D_2}{D_1}=\frac{\sin\theta_2}{\sin\theta_1}$$

5-2　2 軸の交角が $\varphi=90°$ である 1 対の円すい摩擦車の各回転速度が，$N_1=150\ \mathrm{min}^{-1}$，$N_2=300\ \mathrm{min}^{-1}$ である．このとき，円すい摩擦車の頂角の半角 θ_1，θ_2 を整数値で求めなさい．

解答　組み合わされた円すい摩擦車の軸の交角が $\varphi=90°$，すなわち直交する場合，各摩擦車の頂角は

$$\tan\theta_1=\varepsilon,\qquad \tan\theta_2=\frac{1}{\varepsilon}$$

と，角速度比 ε を用いて示される．ここで，角速度比 ε は，円すい摩擦車の回転速度が与えられているので

$$\varepsilon=\frac{N_2}{N_1}$$

を用いる．上式に，回転速度 $N_1=150\ \mathrm{min}^{-1}$，$N_2=300\ \mathrm{min}^{-1}$ を代入して角速度比を求める．

$$\varepsilon=\frac{N_2}{N_1}=\frac{300}{150}=2$$

これより

$$\tan\theta_1 = 2, \quad \tan\theta_2 = \frac{1}{2} = 0.5$$

となる．最終的にそれぞれの角度を求めると，次のようになる．

逆三角関数や三角関数はスマートフォンのアプリなどでも計算可能だよ〜．

$$\begin{cases} \theta_1 = \tan^{-1} 2 = 1.107148\cdots \text{rad} \fallingdotseq 1.1071 \text{ rad} \fallingdotseq 63.43^\circ \\ \theta_2 = \tan^{-1} 0.5 = 0.4636476\cdots \fallingdotseq 0.4636 \text{ rad} \fallingdotseq 26.57^\circ \end{cases}$$

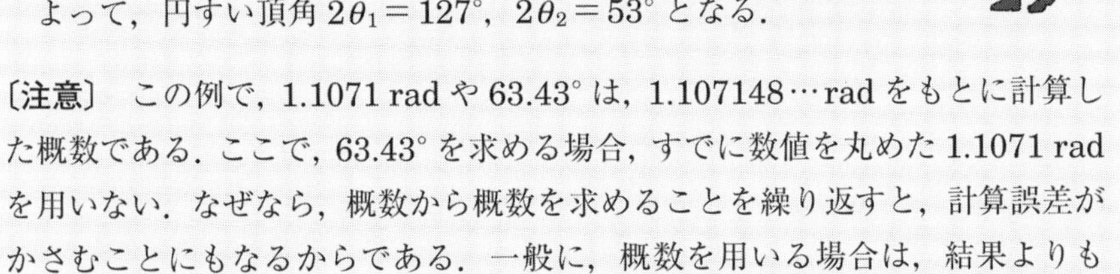

よって，円すい頂角 $2\theta_1 = 127^\circ$，$2\theta_2 = 53^\circ$ となる．

〔注意〕　この例で，1.1071 rad や 63.43° は，1.107148⋯ rad をもとに計算した概数である．ここで，63.43° を求める場合，すでに数値を丸めた 1.1071 rad を用いない．なぜなら，概数から概数を求めることを繰り返すと，計算誤差がかさむことにもなるからである．一般に，概数を用いる場合は，結果よりも 1～2 桁多めの数値を使うとよい．

COLUMN　速度比？　変速比？　速比？

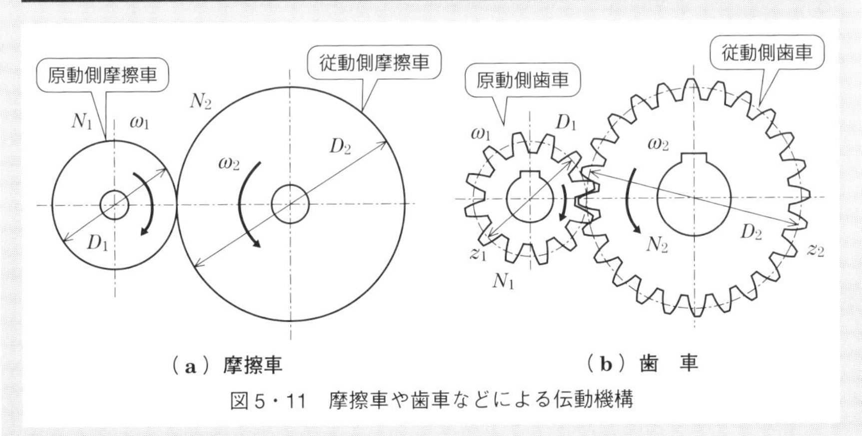

図 5・11　摩擦車や歯車などによる伝動機構

図 5・11 に示すような伝動機構について，機構学，機械設計，機械要素などの書籍や自動車のカタログなどの資料を参照すると，**変速比**，**速度比**，**速比**（そくひ），減速比や増速比などのさまざまな表記が目に留まる．

いずれも原動側と従動側，二つの回転数，直径や角速度の比，また，歯車の場合は，それらに加えて歯数の比で示されている．参考のため，同図の伝動装置で，それぞれを二つの回転数の比を用いると

$$速度伝達比 = \frac{N_1}{N_2},\quad 変速比 = \frac{N_1}{N_2},\quad 速度比（回転比）= \frac{N_2}{N_1},\quad 速比 = \frac{N_2}{N_1}$$

のようになっている．

上式をそれぞれ比べると，原動側の回転数が分母か，あるいは分子かの違いである．これらの違いは，書籍類や資料が発行された年代，業界での扱いの違いなどによるものと推察できる．また，書籍内での定義や文脈から読みまちがえることはない．

一方，機械要素や工業製品などの標準化や規格化を推進している JIS（日本工業規格）では，歯車，プーリやベルトなどの動力伝動で用いられている用語やその定義なども定められている．

また，動力伝達の変速に関連して，速度伝達比，歯数比や速比が定められている．

- **速度伝達比**は入力軸（本書で示す原動側の軸）の角速度を出力軸（本書で示す従動側の軸）の角速度で除した値
- **歯数比**は大歯車の歯数を小歯車の歯数で除した値
- 速比はプーリのピッチ円直径の比率から計算したプーリの角速度の比率

と定義されている．例えば，速度伝達比，**角速度比**，および歯数比を式で示すと

$$（速度伝達比）= \frac{（入力軸の角速度）}{（出力軸の角速度）}$$

$$（歯数比）= \frac{（大歯車の歯数）}{（小歯車の歯数）}$$

$$（角速度比）= \frac{（出力軸の角速度）}{（入力軸の角速度）}$$

となる，本書では，速度伝達比，歯数比や角速度比に統一して用いている．

5-3

回転速度 摩擦車で スムーズに

Point
❶ 摩擦を上手に使えば，動力伝達や変速を自在に行える．
❷ 摩擦車を使えば，無段変速も可能になる．

ここでは，変・減速機構として摩擦車を利用している例を紹介する．これらは回転数を無段階に変化させることができる摩擦車の特徴をうまく応用している．

❶ 無段変速機構

入力側を一定回転させ，出力側の回転数を連続的に変化させるものを**無段変速機構**（**CVT**）と呼ぶ．

無段変速機構には摩擦を利用したものが多く，ベルト，ボール，コーン，円盤，リングなどの方式がある．ここでは，摩擦円盤を用いた無段変速機構（**図 5･12**）を取り上げる．

摩擦車は無段変速が得意なんだ！

図 5・12　摩擦円盤による無段変速機構[5)]

摩擦円盤による無段変速機構は，遊星歯車機構の歯車を円盤に置き換えたようなものである．この変速機構の構造をみてみよう（**図 5･13**）．

入力軸の回転は，固定太陽車と移動太陽車に伝えられる．遊星車は円盤部分の内側を，皿ばねの力によって両太陽車ではさまれており，外側を固定リングと移動カムではさまれている．

太陽車が回転すると，遊星車は自転しながら一定の公転軌道を回る．その公転を，キャリヤの溝に取り付けられた遊星メタルが取り出して，出力軸に伝える．

変速は，固定リングと移動カムの間隔を調整し，遊星車の公転軌道半径を変えることで行われる．

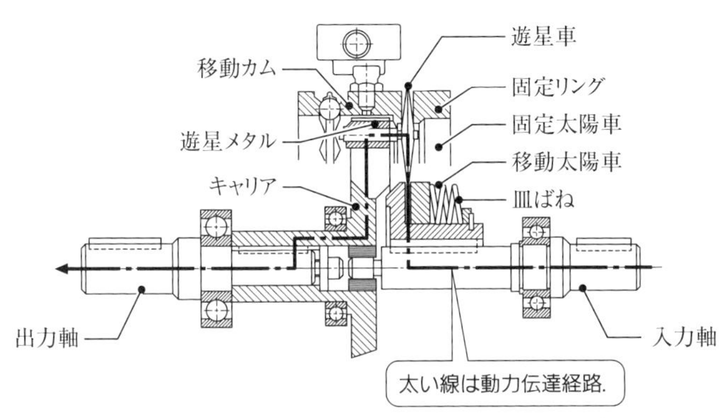

図5・13　摩擦円盤による無段変速機構の構造[5)]

❷ 自動車の変速装置（トロイダル式 CVT）

自動車の変速装置（トランスミッション）は，手の操作でギヤチェンジを行うマニュアルトランスミッション（MT）と，自動で変速を行うオートマチックトランスミッション（AT）に分けることができる．

初期の AT では，エンジン出力軸の回転を，トルクコンバータ（流体継手）を介して遊星歯車（プラネタリギヤユニット，142 ページ参照）に伝達し，駆動・変速を行っていた．しかし，変速時のギヤチェンジの際，軽い衝撃（変速ショック）が発生する問題があった．

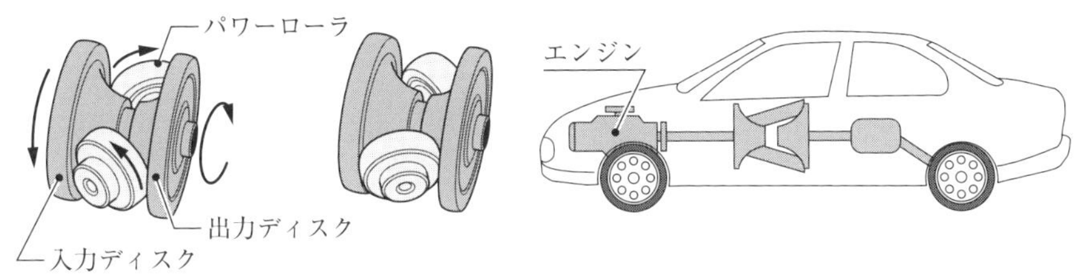

図5・14　トロイダル式 CVT

これに対し，無段階で滑らかに変速を行う機構として，摩擦を利用して動力を伝達するのが，**トロイダル式 CVT**（**図 5・14**）である．

このトロイダル式 CVT は，対向する入出力ディスク間に揺動するパワーローラを配置し，この角度を連続的に変化させ，ディスクとの摩擦力によって無段階に変速させる機構である．変速ショックが発生せず，加速性のよさや燃費のよさにも寄与している．

COLUMN　無段変速装置の基本原理

技術の進歩により，いまでは大馬力・大トルクの摩擦式無段変速装置の製造が可能になった．しかし，基本原理は単純なものであるが，これを商品化するのは並み大抵のことではなかったのではないかと想像する．

エンジニアにとって，基本原理から学ぶことは非常に重要であるし，基本原理を発展させ，これを実用化する工夫も必要である．

図 5・15 に，基本的な**摩擦式無段変速装置**の例を示す．摩擦円板や摩擦円すい車，ベルトを用いるものなど，この原理をどのように利用し，発展させていくかは，1 人ひとりのアイデアしだいである．

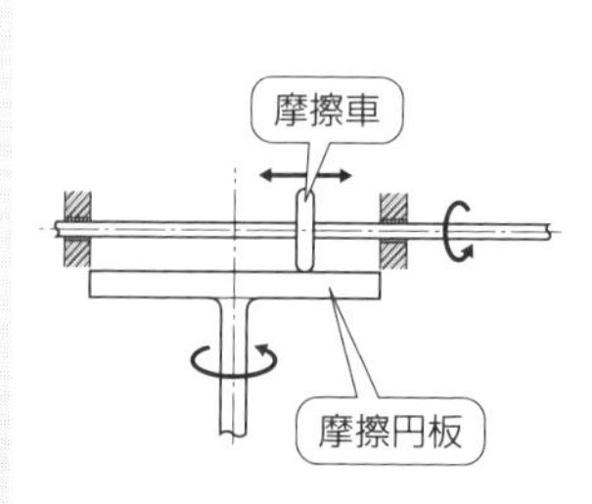

（a）摩擦円板を用いるもの

摩擦円板上にある摩擦車を，摩擦円板上の中心から外周に向かって滑らせながら移動させることで，回転数を無段階に変えることができる．

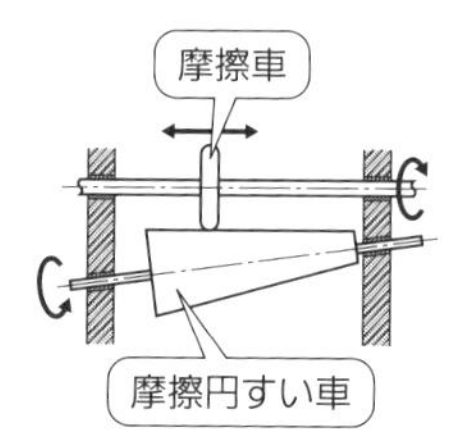

（b）摩擦円すい車を用いるもの

摩擦円すい車上を，摩擦車が滑りながら移動することで，回転数を無段階に変えることができる．

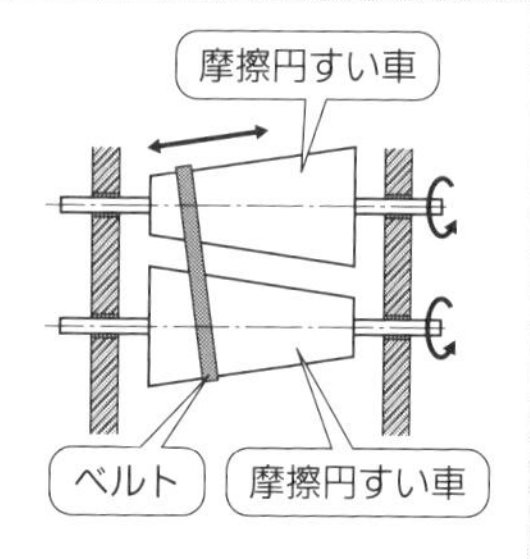

（c）ベルトを用いるもの

摩擦円すい車を 2 個用いて，外側にベルトをかけ，ベルトを左右に移動させることにより，回転数を無段階に変えることができる．

図 5・15　摩擦式無段変速装置の原理

COLUMN　ターンテーブル

図 5･16 のような**ターンテーブル**は，回転作業台，レコードプレーヤや電子レンジの回転台などにも似たようなものが見受けられる．

レコードプレーヤは，CD による音楽再生が普及する以前，レコード盤を再生するために一般的に用いられていた（近年，その音質が再び脚光を浴び，愛好家が増えている）．レコード再生には，レコードの種類により，回転数を，毎分 33・1/3 回転（LP 盤），45 回転（ドーナツ盤，EP 盤），78 回転（SP 盤）への切換えが必要である．

レコードプレーヤーは，当初，回転数制御のため，ベルト駆動や摩擦車方式が主流であったが，モータの技術進歩によりダイレクトドライブに移行した．

レコードプレーヤの場合は，ターンテーブルの側面にストロボマーク(しま模様)があって，蛍光灯の明かりで回転数の微調整ができるようになっているぞ．

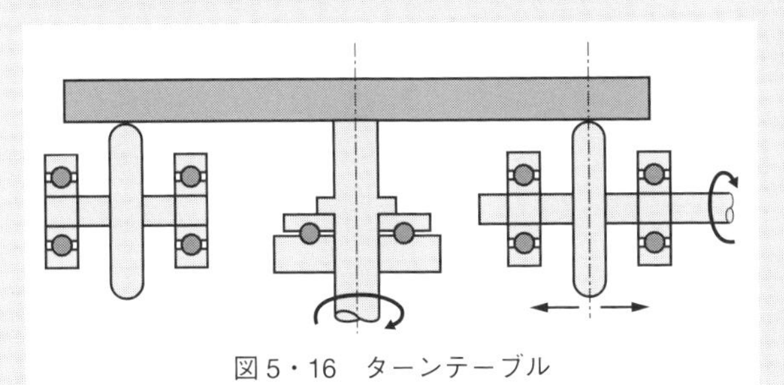

図 5・16　ターンテーブル

COLUMN　ロボットの自由度

ロボットにおける自由度とは，関節の動き（回転や屈伸・伸縮など）を数で表現したものである．

たとえば，ロボットの頭を左右に動かし，前後に振る動きは，左右で 1 自由度，前後で 1 自由度，合計で 2 自由度となる．

また，足の動きでは，膝（ひざ）の屈伸で 1 自由度，股（また）の動きでは，前後・左右・回転で 3 自由度．足首の動きでは前後・左右で 2 自由度などとなる．

そして，この関節の動きごとの 1 自由度に対して，一つのアクチュエータ（供給されたエネルギーを物理的運動に変換する機械要素）があることになる．つまり，関節を駆動しているアクチュエータの数で，そのロボットの実際の自由度は決まってくるといえるので，全体として人間の自由度は相当なものであることがわかる．考えてみるに人間は，手の指だけを考えても，かなりの自由度をもっている．

章末問題

問題 1｜ 次の文章の（　　）に適当な語句を入れ，文章を完成させなさい．

（1） 摩擦現象には，大きく分けて（　　），（　　）がある．

（2） 摩擦車と接触面との摩擦によって，滑りのない状態で動力を伝達することを（　　）と呼ぶ．

問題 2｜ 互いに接触している摩擦車の速度伝達比が 1.4，中心距離が 102 mm である．このとき，原動節と従動節の直径をそれぞれ求めなさい．

問題 3｜ 300 mm 離れた平行 2 軸の回転を摩擦車で伝えている．回転速度が 800 mm^{-1} から 200 min^{-1} に変化しているときに，原動節と従動節の直径をそれぞれ求めなさい．

問題 4｜ 摩擦係数が 0.2 の摩擦車を，400 N の力で押し付けて回転させたとき，伝達できる最大摩擦力を求めなさい．

問題 5｜ 溝角が 60° の溝付き摩擦車が組み合わされている．摩擦車の摩擦係数が 0.35 のとき，見かけ上の摩擦係数を求めなさい．

問題 6｜ 中心距離 $l = 300$ mm，回転速度がそれぞれ $N_1 = 400\ \mathrm{min}^{-1}$，$N_2 = 100\ \mathrm{min}^{-1}$ である原動車と従動車について，それぞれの直径を D_1，D_2 として，二つの場合の円筒摩擦車の直径 D_1，D_2 を求めなさい．

（1） 外接円筒摩擦車

（2） 内接円筒摩擦車

第6章

歯車伝動機構の種類と運動

摩擦によって動力を伝達する摩擦車では，多少の滑りが生じるため，精確な回転数の伝達や，大きな負荷の伝達には限界がある．

確実に動力を伝達するために，摩擦車の接触面に歯を設けたのが歯車伝達機構である．歯車は，転がり接触のように押し付けて摩擦力を得るのではなく，歯面の滑り接触や転がり接触によって回転を伝達させる機構で，摩擦伝動に比べて重負荷の動力伝達が可能となる．

この章では，歯車の種類やその特徴，標準歯車の考え方，および動力伝達機構の速度伝達比のほか，特殊な歯車についても学ぶ．

6-1 歯車の種類と名称

Point
❶ 一般的な歯車の歯形にはインボリュート曲線が使われている.
❷ 歯車伝達機構では，滑り接触と転がり接触によって動力が伝達される.

❶ 歯車と歯形曲線

摩擦車による伝動は，滑らか，かつ静かで，構造も単純であるが，接触する摩擦車間における滑りをなくすことができず，大きな動力の伝達や安定した回転数を伝えることは難しい.

歯車はこの欠点を取り除くために**図 6·1** に示すように摩擦車の外側に等間隔に凸（とつ）部を付け，その間の内側を削って凹（おう）部をつくり，相手側の凸部をかみ合わせるようにしたものと考えられる．この表面の凹凸により，より精確な回転と動力の伝達が行えるはずである.

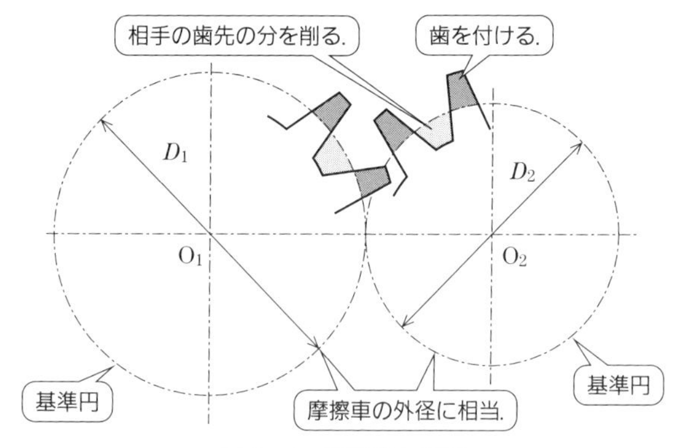

図 6・1　摩擦車と歯車

しかしながら，この凹凸の形状が不適当であると，かみ合わされた歯車が回転しなかったり，滑ったり，異音が大きかったり，回転が一定にならなかったり，振動したりする．そこで，歯形について長年にわたって研究された結果，以下に説明する，インボリュート曲線とサイクロイド曲線が考え出された.

インボリュート曲線は，**図 6·2** (a) に示すように円筒に糸を巻き付け，その糸の端の点 A からピンと張った状態で点 A′ までほどくときに，糸の端が描く曲線をいう．なお，インボリュート曲線を描くもととなる円筒の直径を**基礎円**（**基礎円直径**）という.

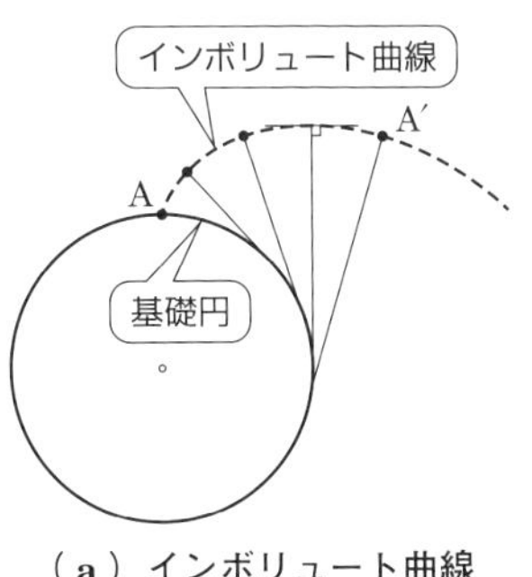

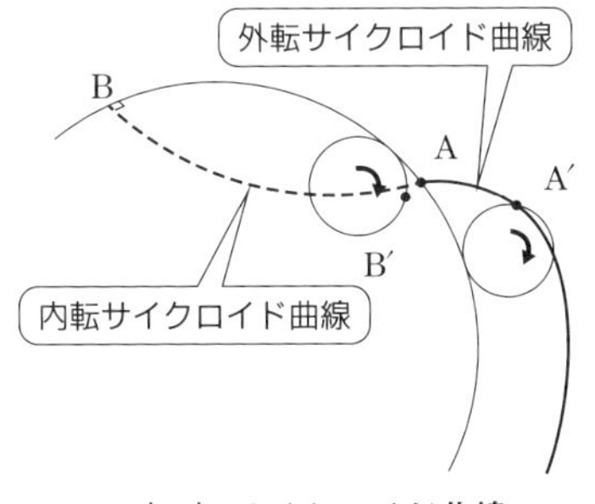

（a）インボリュート曲線　　（b）サイクロイド曲線

図6・2　歯形曲線

一般的な**サイクロイド曲線**は，平面上に置かれた円形を転がしたときに円周上の１点が描く曲線であるが，歯形に用いられるものは，図6·2（b）に示すように円弧上で円筒を転がしたとき，円筒上の１点が描く曲線で，円弧の外側を転がした場合（A→A′）を**外転サイクロイド曲線**，内側を転がした場合（B→B′）を**内転サイクロイド曲線**という．ここで，外転サイクロイド曲線，内転サイクロイド曲線を描くもととなる円筒の直径は歯車の基準円（基準円直径）に相当する．

インボリュート曲線を用いた歯形でつくった歯車を**インボリュート歯車**といい，その主な特徴を示すと次のようになる．

① １つのインボリュート曲線で歯形が表され，歯車の工作が容易である．

② かみ合う歯車間の距離が多少変化しても，伝達速度比に変化はない．

③ 単純な形のためラック工具（130ページ参照）を用いて，比較的簡単に歯車が加工できるので，互換性が向上する．

④ 歯元（はもと）が太くなるので強度が向上する．

他方，サイクロイド歯形でつくった歯車を**サイクロイド歯車**といい，その主な特徴を示すと次のようになる．

① 歯末（はすえ）と歯元で，一方は外転サイクロイド曲線，他方は内転サイクロイド曲線と別の曲線になるので，加工が複雑である．

② 歯どうしの滑りが一様であるので，静音性に優れている．

③ かみ合う歯車間の距離が多少でも変化すると，伝達速度比に影響をおよぼす．

以上のような理由から，一般的な歯車の歯形には，インボリュート曲線が使われている．

2 歯車の分類と種類

歯車は動力や回転を伝えるもので，通常は回転軸に固定して，あるいは小径の歯車の場合は回転軸と一体加工された形で用いられる．

そして，二つの歯車軸（原動側を**駆動軸**，従動側を**被駆動軸**と呼ぶことがある）の相対的な位置関係により，平行軸の歯車，交差軸（二つの軸の中心線が交わる）の歯車，食い違い軸（二つの軸の中心線が交わらない）の歯車に分類することができる．

また，かみ合う二つの歯車で，歯数の多い歯車を**大歯車**（だいはぐるま）（**ギヤ**），歯数の少ない歯車を**小歯車**（しょうはぐるま）（**ピニオン**）と呼ぶこともある．

平行軸の歯車には，平歯車（ひらはぐるま），ラック，内歯車（うちはぐるま），はすば歯車，はすばラック歯車，やまば歯車などがある．また，交差軸の歯車には，すぐばかさ歯車，まがりばかさ歯車などがある．食い違い軸の歯車には，ウォームギヤ，ねじ歯車などがある．

1 平行軸の歯車

平行軸に用いる歯車を**図 6･3** に示す．

(a) 平歯車

平歯車は，円筒面に歯を付けた歯車の中で，歯すじが軸に平行な直線となっている歯車である．一般的な歯車の強度設計などでも基準となる歯車である．製作も容易

平行軸の歯車は歯車のなかで一番多く使われている〜.

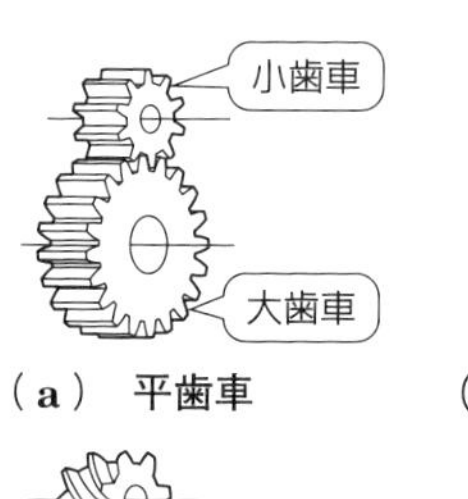

(a) 平歯車　(b) ラック歯車　(c) 内歯車と外歯車

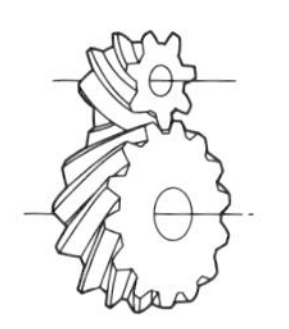

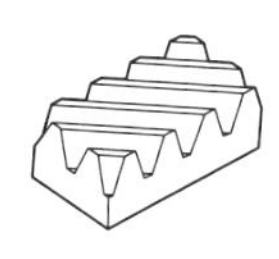

(d) はすば歯車　(e) はすばラック歯車　(f) やまば歯車

図 6・3 平行軸に用いる歯車

であり，互換性もある．**スラスト**（軸方向に働く力）は発生しない．一般的な圧力角 20°（129 ページ参照）の標準歯車対が滑らかに回転するための理論的な歯数限度は 17 枚，実用的には 14 枚とされている（131 ページ参照）．速度伝達比限界は最大で 7 程度である．**スパーギヤ**ともいう．

(b) ラック歯車

ラック歯車は，まっすぐな棒の一つの面に等間隔で同形の歯を付けたもので，円筒歯車の基準円の半径を無限大（∞）としたものと考えればよい．

回転運動を直線運動に変換する場合やその逆の場合に用いられる．歯すじが棒の軸に垂直な**すぐば**のものと，歯すじが斜めの**はすば**のものがあり，ラック歯車に組み合わされる小歯車は普通の円筒歯車であり，併せてラックとピニオンと呼ぶ．

(c) 内歯車

内歯車は，円筒や円すいの内側に歯がつくられている歯車で，これと比較する場合は，外側に歯がつくられている歯車を**外歯車**と総称する．内歯車のかみ合う相手は必ず外歯車である．遊星歯車機構に用いられる．また，円すいの内側に歯を付けたものは 2 軸が平行にならず，相手はかさ（傘）歯車になる．

普通の**歯車対**（1 対になっている歯車のこと）では，回転が逆方向になるが，内歯車対では同方向となる．

(d) はすば歯車

はすば歯車は，歯すじがつる巻状（歯すじが単に斜め〔斜（はす）〕に見えるが，実はらせん状）である円筒形歯車で，平歯車に比べて，かみ合い率が高いので高強度である．また，平歯車に比べてかみ合いが滑らかで，振動が少なく，高速・高荷重用である．しかし，スラストが生ずる欠点がある．**ヘリカルギヤ**ともいう．

(e) はすばラック歯車

はすばラック歯車は，歯すじが斜めになっていて，はすば歯車とかみ合うねじれをもった直線歯形の，棒状歯車である．いいかえると，はすば歯車の基準円筒の半径が無限大になった歯車である．

はすばなので，スラストが発生するが普通のラックより静音である．

(f) やまば歯車

やまば歯車は，はすば歯車の欠点であるスラストの発生を抑えるため，左右両ねじれはすば歯車が組み合わされた形の円筒形歯車である．

● 2　交差軸の歯車

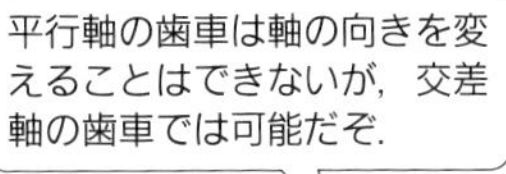

交差軸に用いる歯車を**図 6·4** に示す．

(a) すぐばかさ歯車

すぐばかさ歯車は，かさ歯車の一種で，歯すじが直線で，その線は円すい母線（図 5·10，110 ページ参照）と同じ方向となるような歯車である．加工は比較的容易で，速度伝達比は最大で 5 程度まで可能である．差動歯車機構（140 ページ参照）などに用いられる．

(b) まがりばかさ歯車

歯車軸の方向を変えるために用いられる．交差角は 90° のものが多い!!

まがりばかさ歯車は，かさ歯車の一種で，歯すじが曲線である．対になる歯車の歯が当たる面積がすぐばかさ歯車より大きいので，強度，耐久力に優れている．

すぐばかさ歯車よりも大きい速度伝達比はとれるが，歯すじのねじれ方向により，小歯車に発生するスラストの向きが変わるので注意が必要である．

（a） すぐばかさ歯車　（b） まがりばかさ歯車

図 6・4　交差軸に用いる歯車

● 3　食い違い軸の歯車

食い違い軸に用いる歯車を**図 6·5** に示す．

(a) 円筒ウォームギヤ

円筒ウォームギヤは，円筒形の**ウォーム**（下図参照），および，これとかみ合う**ウォームホイール**からなる歯車対の総称で，軸角は直角とすることが多い．単に，**ウォームギヤ**ともいう．速度伝達比は 10～30 程度まで可能である．なお，ウォームからウォームホイールは駆動できるが，その逆は困難なことが多い．この逆転できない点を利用し

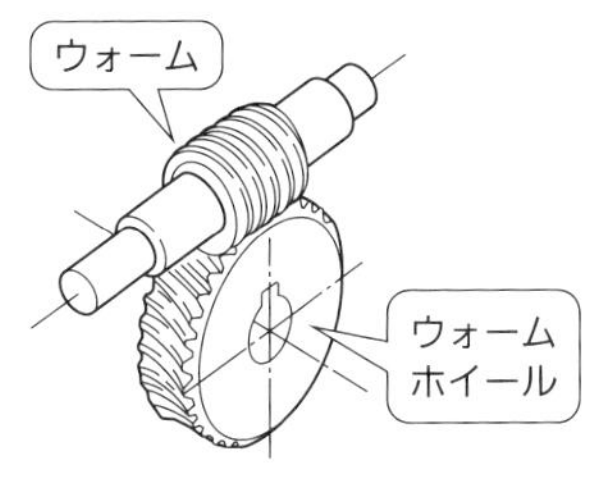

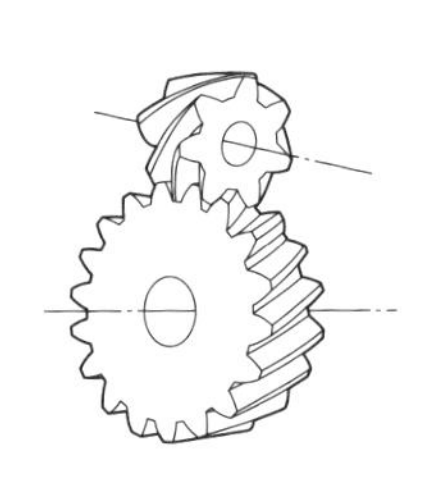

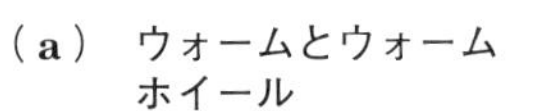

（a） ウォームとウォームホイール　（b） ねじ歯車

図 6・5　交差軸に用いる歯車

て，逆転防止装置やチェーンブロックなどにも使われている．

ウォームが１回転すると，条数分の歯数だけ送られる．ウォームギヤの速度伝達比の計算では，ウォームの条数を用いる．

特徴ある歯車であり，摩擦が大きいので，潤滑剤が必要である～．

(b) ねじ歯車

ねじ歯車は，はすば歯車と同じであるが，食い違い軸間の運動を伝達できるようにかみ合わせた歯車対をいう．減速だけでなく，増速にも使えるが，かみ合う歯面が滑って回転や動力を伝えるので大馬力には適さない．また，摩耗しやすく，摩耗を軽減するために潤滑剤が必要である．

COLUMN　電車や列車はどうして曲がる？

自動車は，差動歯車機構によって，左右のタイヤの回転数を変化させて滑らかな曲線走行（コーナリング）を可能にしている．

一方，列車の車輪は車軸で固定されているので，左右の車輪の回転数を変えることはできないが，**図 6･6** に示すような車輪の形状とすることで解決している．外側の直径が小さく，内側になるにつれて直径が大きくなるようにつくられている．

直線走行時は図 6･6 (a) に示すように，左右の車輪は同じような位置でレールと接触し回転するので，接触点の車輪の直径は同じで，結果として車輪は直進する．

対して，曲線走行時は曲線のレールをある程度の速度で走行すると遠心力で車輪は外側に振られるから，外側の車輪は直径の大きい内側でレールと接触し，内側の車輪は直径の小さい外側でレールと接触することになる．

結果として，車軸の１回転で進む距離は，外側の車輪が内側の車輪よりも，より大きくなり，曲線に合わせた滑らかな曲線走行が可能となる．

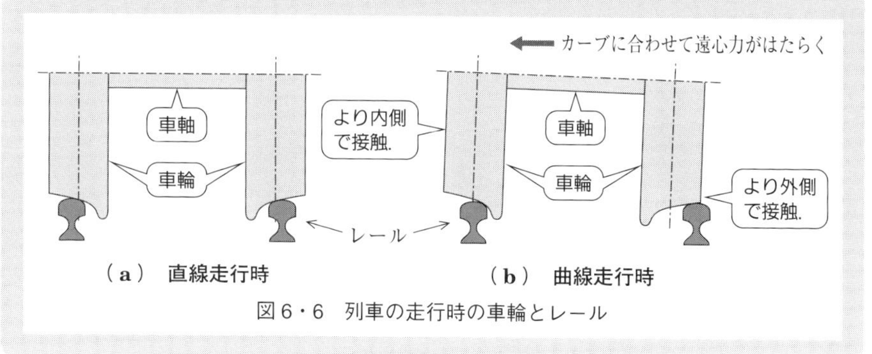

図 6・6　列車の走行時の車輪とレール

● 4 特殊な歯車

図6·7および**図6·8**に歯車軸による分類とは少し異なる特殊な歯車を示し，以下にその特徴を示す．

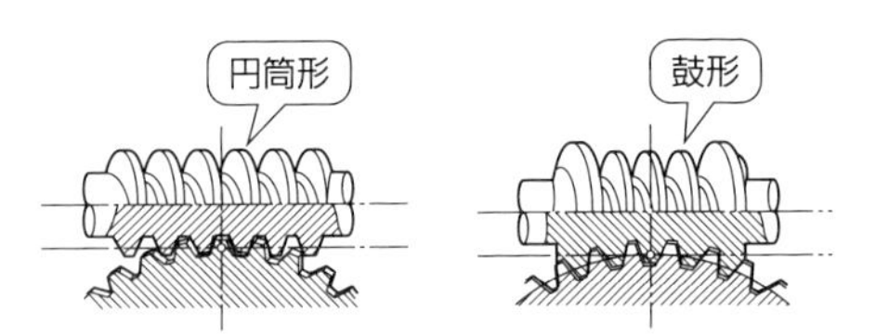

図６・７　鼓形ウォームギヤの形状

(a) 鼓形ウォームギヤ

一般的なウォームは円筒形であるが，歯車のかみ合い率を上げるために，組み合わされるウォームホイールの形に合わせて，中央を細く両端に向かって太くなる**鼓形**（つづみがた）（図6·7）にしたウォームとウォームホイールの歯車対のことを**鼓形ウォームギヤ**という．

(b) フェース歯車，冠歯車

フェース歯車は，**基準円すい面**（図5·10参照，110ページの円すい摩擦車の円すい面に相当）が**平面**（へいめん）（基準円すい角が90°）となったかさ歯車の一種である．ラック歯車を円輪状にしたような歯車で，一般的なかさ歯車と比べて組み立てやすく，平歯車と組み合わせて回転軸を90°変更することができる利点もある．しかし，歯の干渉などの理由からあまり使われていない．

他方，**冠歯車**（かんはぐるま）（クラウンギヤ）は傘を広げて平らにしたような歯車で，歯たけ（後述）が内側で低く，外側で高くなっている．

(c) ハイポイド歯車

ハイポイド歯車とは，食い違いの軸間に運動を伝達する円すい状の歯車対であ

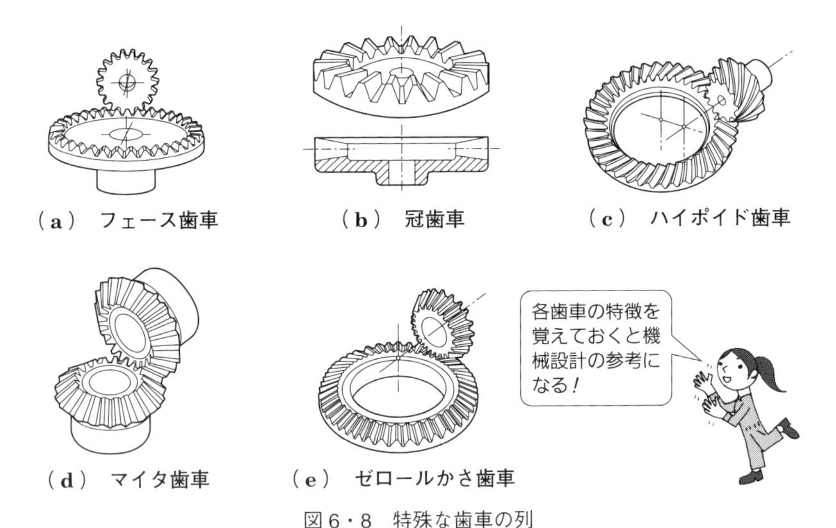

図６・８　特殊な歯車の列

る（図 6･8（c））.

駆動軸と非駆動軸とが交差せず（**オフセット**），歯車の両側に軸を延長できる利点もある．これを利用して，自動車では重心を下げ，歯の強度を増すために用いられる．組み合わされる小歯車は**ハイポイドピニオン**と呼ぶ．速度伝達比の限界は最大 10 程度まである．

(d) マイタ歯車

マイタ歯車とは，直交する 2 軸の両方の，かさ歯車の歯数が等しい 1 対の歯車（図 6･8（d））をいう．変速の必要がなく，回転軸の方向のみを変えるときに用いる．基準円すい面の円すい角は 45° となる．

(e) ゼロール歯車

ゼロール歯車とは，**ねじれ角**（図 5･10 に示した母線とのずれ）がほぼ 0° のまがりばかさ歯車である（図 6･8（e））．すぐばかさ歯車とまがりばかさ歯車の特長を併せもった独特なかさ歯車で，見た目はすぐばかさ歯車と似ているが，すぐばかさ歯車に比べて滑らかな運動ができる．

COLUMN 減速比と増速比

減速比や増速比を JIS（日本工業規格）ではどのように規定しているだろうか．**図 6･9** に示すような歯車装置について，出力軸（被駆動軸）の角速度 ω_b が入力軸（駆動軸）の角速度 ω_a より小さい歯車対，または歯車列を**減速歯車**と呼ぶ（このときの速度伝達比を**減速比**という）．

また，同図とは逆のような場合で，出力軸の角速度 ω_b が入力軸の角速度 ω_a より大きい歯車対，または歯車列を**増速歯車**と呼ぶ（このときの速度伝達比の逆数を**増速比**という）．

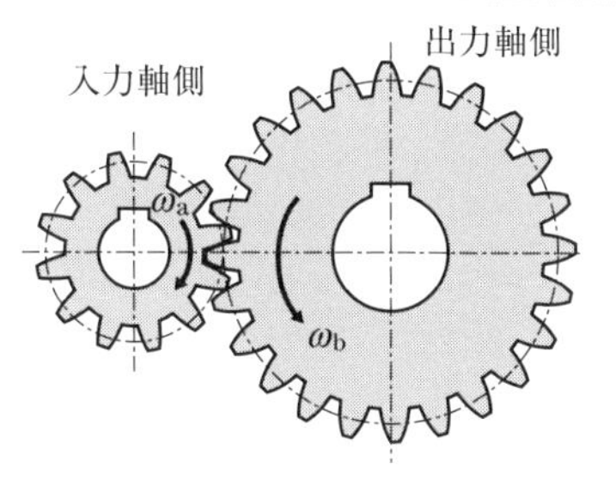

（a） 減速歯車（$\omega_a > \omega_b$）

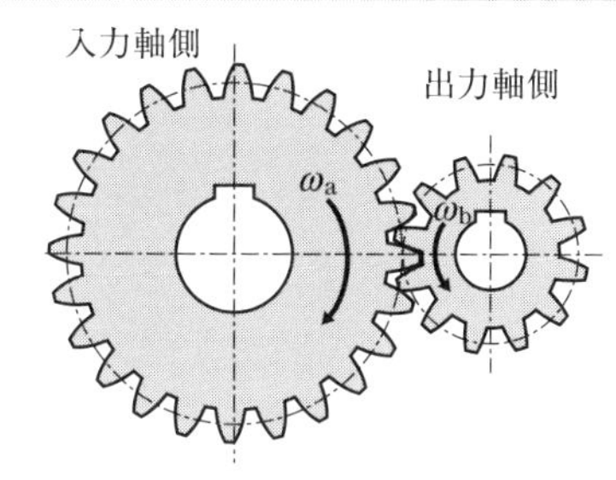

（b） 増速歯車（$\omega_a < \omega_b$）

図 6・9　減速歯車と増速歯車

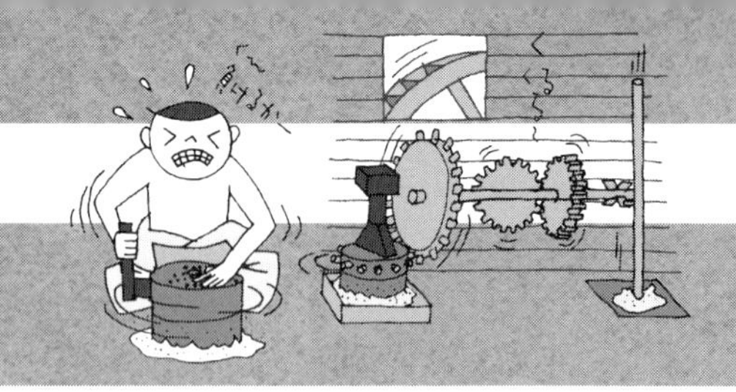

6-2 標準平歯車

平歯車は 歯車理解の登竜門

❶ 平歯車の各部の名称と標準平歯車の寸法は基礎知識.
❷ 歯車の加工には，ラック工具を用いる方法がある.
❸ 歯車の歯の大きさはモジュールで決まる.

1 歯車各部の名称と歯の大きさ

●1 歯車各部の名称

機械の部品，機械要素のなかでも，歯車は複雑なものの一つである.

その歯車を知るには，基本的な各部の名称や用語を理解することが必要である. そこで，歯車各部の名称を代表的な平歯車を用いて**図 6·10** に示す.

1 対の歯車がかみ合っているとき，接触している歯車は図 6·1 に示したように，いわば，摩擦車の円筒面に凹凸を設けたものと同じである. この摩擦車の表面に相当する仮想の面を**基準面**と呼ぶ. また，摩擦車の外周円に相当する仮想の円を**基準円（ピッチ円）**と呼ぶ.

歯のかみ合う面を**歯面**，基準円から外側の歯面を**歯末面**，内側の歯面を**歯元面**，歯先を通る仮想円を**歯先円**（はさきえん），歯元を通る仮想円を**歯底円**（はそこえん）と呼ぶ. また，軸方向の歯の長さを**歯幅**（ははば）と呼ぶ.

基準円から外側の歯の高さ h_a を**歯末のたけ**，内側の歯の高さ h_f を**歯元のたけ**，歯先から歯元までを足し合わせた高さ $h(=h_a+h_f)$ を**歯**（は）**たけ**（**全歯**（ぜんは）**たけ**）と呼ぶ.

基準円上において，ある歯の中心から次の歯の中心までの弧の長さ p を**ピッチ**（**円ピッチ**と表現しているものもある），基準円上での歯の厚さ s を**歯厚**（はあつ），基準円上で測った歯と歯の間隔 w を**歯溝の幅**（はみぞ）と呼ぶ.

なお，JIS（日本工業規格）では，歯面の 1 点（普通はピッチ点 P）において，その**半径線**（基準円の中心を通る）と歯面への接線とのなす角を**圧力角** α と決めている.

図 6·10 において，$\alpha=\alpha'$ の関係も成り立ち，α' も圧力角と同じである.

また，ピッチ点では駆動側の歯面の歯が被動側の歯を押す，その方向はピッチ点での歯面の共通法線上の方向に働くことになる．つまり，この共通法線方向が力の働く方向，すなわち圧力のかかる方向が，圧力角となる．圧力角には，以前は 14.5°，15°，17.5°，20°，22.5° などがあったが，現在は JIS により 20° が標準となっている．

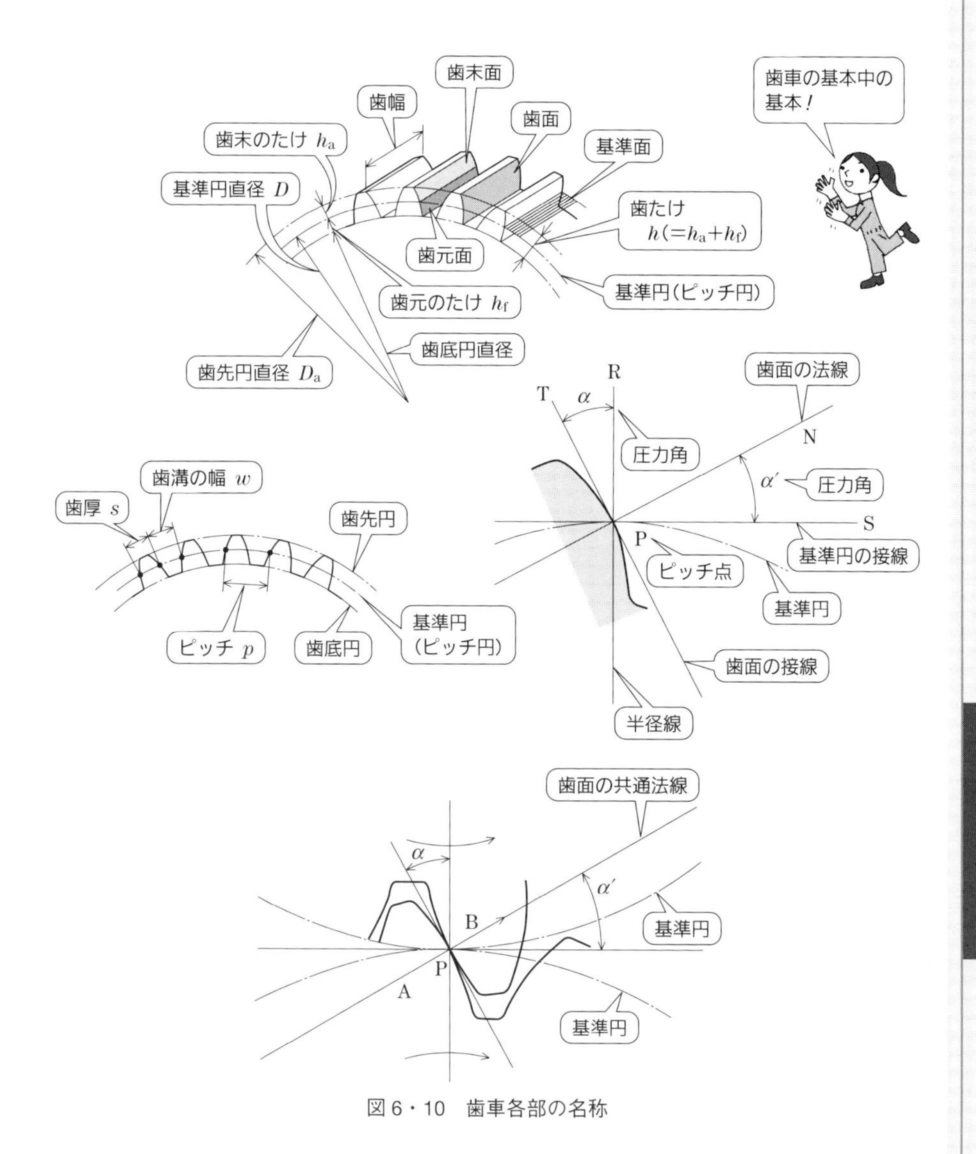

図 6・10　歯車各部の名称

第6章 歯車伝動機構の種類と運動

● 2 歯の大きさ

ピッチ p は，基準円の円周を歯数で割れば求められるので次のように示すことができる．

$$p = \frac{\pi D}{z} \quad (D：基準円直径，z：歯数) \tag{6·1}$$

また，歯車の寸法を表す基準値として**モジュール**が用いられる．

モジュールの値はJISで規定されており，**表 6·1** に 1 mm 以上のモジュールの標準値を，**表 6·2** に 1 mm 未満のモジュールの標準値を示す．

モジュール m は，基準円直径を歯数で割れば求められる．

$$m = \frac{D}{z} = \frac{p}{\pi} \text{〔mm〕} \tag{6·2}$$

一般に使われている標準寸法の歯を**並歯**（なみは）といい，並歯では歯末のたけとモジュールは等しい値となる．

表 6・1　モジュールの標準値（1 mm 以上）

単位〔mm〕

1 mm 以上の標準値	
1	8
1.25	10
1.5	12
2	16
2.5	20
3	25
4	32
5	40
6	50

（JIS B 1701-2：2017 より引用）

表 6・2　モジュールの標準値（1 mm 未満）

単位〔mm〕

1 mm 未満の標準値
0.1
0.2
0.3
0.4
0.5
0.6
0.8

（JIS B 1701-2：2017 より引用）

2 標準基準ラック

平歯車を加工する方法の一つにラック工具を用いる方法がある．ラック工具の歯たけ，ピッチ，歯厚，圧力角などが標準的な基準となるように定めたものを

標準基準ラックと呼ぶ. JIS にも定められている標準基準ラックの形状を**図 6･11** に示す.

この標準基準ラックの基準線と歯車の基準円が接するように製作された歯車を**標準平歯車**という. 標準基準ラックで加工された標準平歯車の歯形の例を**図 6･12** に示す. ここで, 歯たけ (全歯たけ) は, $h = 2.25\,m$ となり, 例えば, $m = 3$ の場合であれば, $h = 6.75$ mm となる.

同じモジュールであっても歯数が多いと, 歯形は標準基準ラックの形状に近くなるが, 歯数が少ないと歯元がくびれ (**切下げ**, **アンダーカット**という) を生ずる. 極端な切下げが生ずると, 歯元が弱くなる. また, 切下げを生ずる歯数の歯車を鋳物や鍛造でつくっても, その歯車の組合せは回転できないことになる.

切下げを防止する方法として, **転位**がある. **転位歯車**は標準基準ラックの基準線と, 作製する歯車の基準円をずらして**歯切り** (歯車を切削加工) したものである. また, 転位歯車を用いると, 後述する歯車対の軸間距離を変更することも可能である.

転位の詳細は歯車のより専門的な書籍を参考にしてほしい.

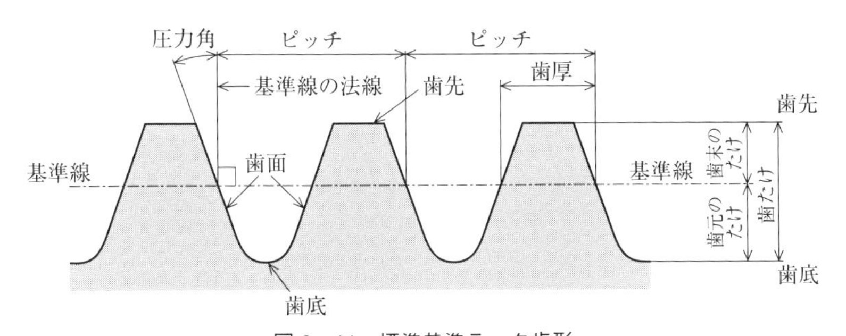

図 6・11　標準基準ラック歯形

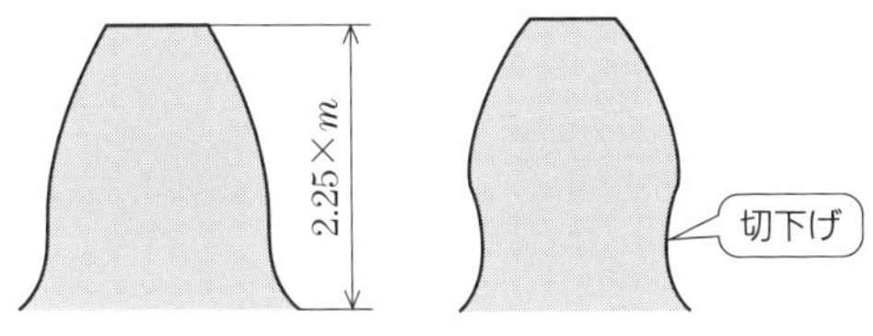

図 6・12　歯の大きさと歯形

③ 標準平歯車

標準平歯車の標準寸法（**表 6·3**）はモジュールを基準とし，歯末のたけをモジュールと同じにしている．

同じモジュールの基準ラックで加工された歯車は，理論的にはかみ合うはずであるが，実際には製作誤差，稼働中の温度変化による寸法変化などによって円滑には回転しなくなることが多い．

そこで，このような現象を回避するために，歯と相手側の歯車の歯との間にすき間を設けることが多い．そのすき間が**バックラッシ**である（133 ページの COLUMN 参照）．

また，かみ合っている歯車の歯先と相手側歯底との間のすき間を**頂げき**という．表 6·3 に示した標準平歯車の基本的な寸法において，頂げき c は JIS で $0.25\,m$ 以上と規定されているが，実際には最小値の $c = 0.25\,m$ を標準寸法としている．

表 6・3　標準平歯車の各部の名称，記号・寸法

平歯車の各部の名称	記号・寸法
モジュール	m
歯　数	z
歯末のたけ	$h_a = m$
歯元のたけ	$h_f \geq 1.25\,m$
歯たけ（全歯たけ）	$h = h_a + h_f \geq 2.25\,m$
ピッチ（円ピッチ）	$p = \pi m$
基準円直径（ピッチ円直径）	$D = mz$
歯先円直径	$D_a = D + 2m = (z+2)m$
歯底円直径	$D_f = D - 2.5m = (z-2.5)m$
頂げき	$c \geq 0.25\,m$
歯　厚	$s = \dfrac{p}{2} = \dfrac{\pi m}{2}$

COLUMN バックラッシ

かみ合う歯車が無理なく回転するには，歯車をかみ合わせたときの歯面間に遊びである**バックラッシ**が必要になる（**図 6･13**）.

バックラッシはないほうがよいように思われるが，製造精度に起因する取付誤差や**偏心**（回転中心軸のかたより）をまったくなくすことは不可能に近く，熱膨張や負荷によるたわみなども発生するため，バックラッシがないと滑らかな回転ができなくなる.

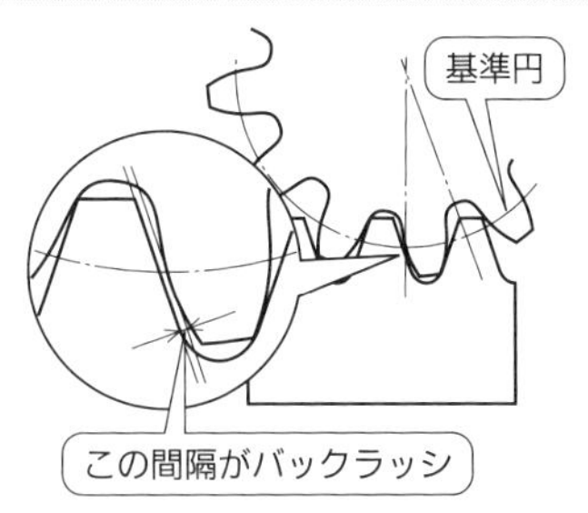

図 6・13　歯車のバックラッシ[10)]

COLUMN 自動車の変速比

自動車のカタログには，トランスミッションの変速比と最終減速比が表示されている. **最終減速比**（**ファイナルギヤ比**，**デファレンシャルギヤ比**）とは，**図 6･14** に示す差動歯車装置（デファレンシャルギヤ装置）（141 ページ参照）の変速比（減速比）のことで，ドライブピニオンギヤとリングギヤによって決まる.

前置きエンジン後輪駆動車（FR 車）では，トランスミッションとデファレンシャルギヤ装置は分かれているが，前置きエンジン前輪駆動車（FF 車）ではトランスミッションのケースに組み込まれて一体化されている.

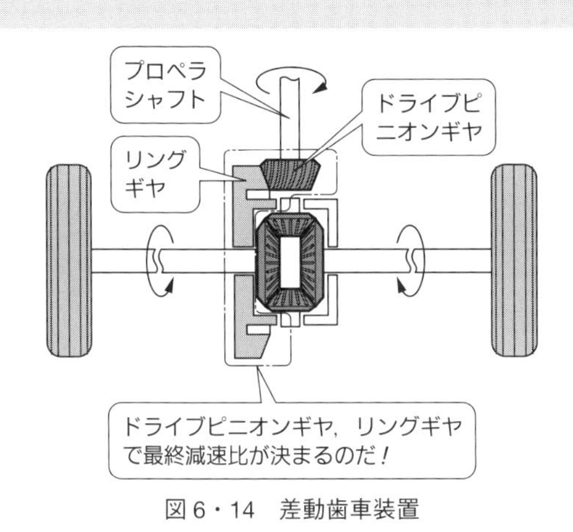

図 6・14　差動歯車装置

6-3

中心軸固定の歯車伝動

動力を 確実に伝える 歯車伝動

❶ 歯車伝動は，軽負荷から重負荷まで動力を確実に伝えることができる．
❷ 歯車の組合せにより，中心軸固定歯車機構と中心軸移動歯車機構がある．

❶ 一段歯車伝動の基本式

歯車を数枚かみ合わせて使用し，回転数を増減させる歯車の組合せを**歯車列**（はぐるまれつ）といい，歯車の中心を固定した歯車列を**中心軸固定の歯車列**という．

また，かみ合う歯車では，運動を伝達する側の歯車を**駆動歯車**，伝達される側の歯車を**被動歯車**と呼び，このときピッチやモジュールは等しくならなければならない．

1 対のかみ合う歯車対を**一段歯車機構**という．この場合，駆動歯車と被動歯車の回転方向は逆になることに注意する．

ここで，**図 6·15** に示すような 1 対の歯車対について，モジュールを m，ピッチを p とし，駆動歯車の基準円直径を D_a〔mm〕，歯数を z_a，被動歯車の基準円直径を D_b〔mm〕，歯数を z_b とすると，次ページの関係が成り立つ．

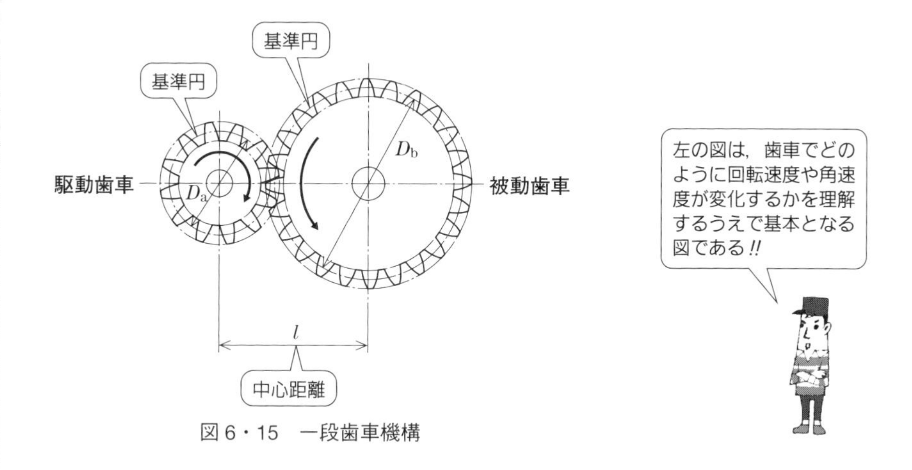

図 6・15　一段歯車機構

$$D_a = mz_a \quad \text{〔mm〕} \tag{6·3}$$

$$D_b = mz_b \quad \text{〔mm〕} \tag{6·4}$$

$$p = \pi m \quad \text{〔mm〕} \tag{6·5}$$

また，歯車対の中心距離 l は

$$l = \frac{D_a}{2} + \frac{D_b}{2} = \frac{m(z_a + z_b)}{2} \quad \text{〔mm〕} \tag{6·6}$$

で求めることができる．

2 一段歯車伝動の速度伝達比

図 6·16 に示す歯車対において，モジュールを m，駆動歯車の角速度を ω_a〔rad/s〕，基準円直径を D_a〔mm〕，回転数を N_a〔min^{-1}〕，歯数を z_a，被動歯車の角速度を ω_b〔rad/s〕，基準円直径を D_b〔mm〕，回転数を N_b〔min^{-1}〕，歯数を z_b とする．

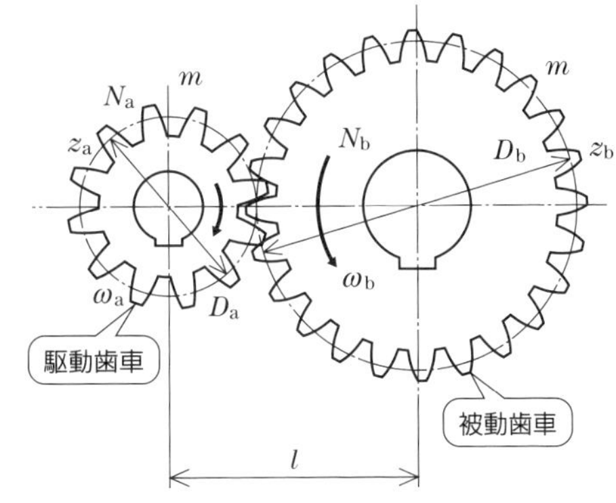

図 6・16　一段歯車機構

このとき，互いにかみ合う 1 対の歯車対における**速度伝達比** i は，駆動歯車の角速度を被動歯車の角速度で除した値として定義される．

$$i = \frac{\omega_a}{\omega_b} \tag{6·7}$$

次に，基準円直径とモジュール，歯数の関係式 (6·3)，式 (6·4)，および基準円上での周速度〔m/s〕が両歯車で等しいという条件から

$$m = \frac{D_a}{z_a} = \frac{D_b}{z_b} \quad \text{（両歯車のモジュールが等しい）} \quad ①$$

$$v = \frac{D_a\omega_a}{2 \cdot 1\,000} = \frac{D_b\omega_b}{2 \cdot 1\,000} \quad \text{〔m/s〕} \quad \text{（基準円直径と角速度で示した周速度）} \quad ②$$

$$v = \frac{\pi D_a N_a}{1\,000 \cdot 60} = \frac{\pi D_b N_b}{1\,000 \cdot 60} \quad \text{〔m/s〕} \quad \text{（基準円直径と回転数で示した周速度）} \quad ③$$

の関係が得られる．これらの式 ①～③ より

$$\frac{D_b}{D_a}=\frac{z_b}{z_a},\quad \frac{D_b}{D_a}=\frac{\omega_a}{\omega_b},\quad \frac{N_a}{N_b}=\frac{D_a}{D_b} \tag{6·8}$$

の関係式を導くことができる.

したがって，式（6·7）と式（6·8）より，速度伝達比 i は

$$i=\frac{\omega_a}{\omega_b}=\frac{D_b}{D_a}=\frac{N_a}{N_b}=\frac{z_b}{z_a} \tag{6·9}$$

となる．なお，大歯車の歯数を小歯車の歯数で除したものを**歯数比**という.

図 6·16 の歯車対では，$D_a \leq D_b$ であるので，歯数比は

$$（歯数比）=\frac{z_b}{z_a}$$

で示される.

3 複数の直列歯車列の速度伝達比

歯車対では，駆動歯車と被動歯車の回転方向は互いに逆方向となる．しかし，機械では，被動歯車を駆動歯車と同方向に回転させたい場合が存在する．このようなときは，**図 6·17** に示すように歯車を 3 枚，直列に組み合わせることで実現することができる.

図 6·17 の歯車列 A，B，C において，A を駆動歯車とし，A の歯車の角速度を ω_a，基準円直径を D_a，回転数を N_a，歯数を z_a，B の歯車の角速度を ω_b，基準円直径を D_b，回転数を N_b，歯数を z_b，C の歯車の角速度を ω_c，基準円直径を D_c，回転数を N_c，歯数を z_c とする.

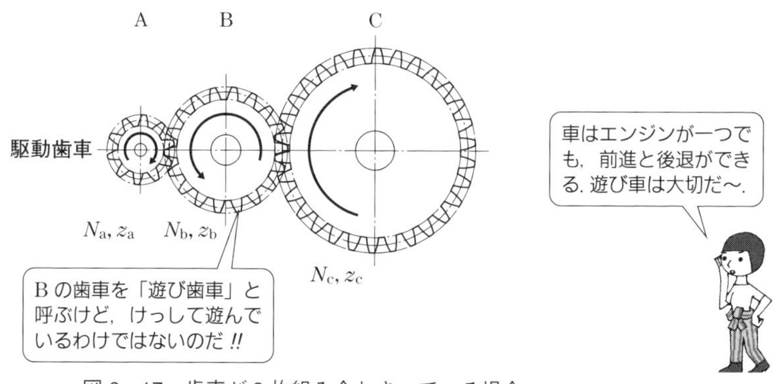

図 6・17　歯車が 3 枚組み合わさっている場合

まず，歯車 A と B の歯車対について，**速度伝達比** i_{AB} は，式 (6･9) を参照して

$$i_{AB} = \frac{\omega_a}{\omega_b} = \frac{D_b}{D_a} = \frac{N_a}{N_b} = \frac{z_b}{z_a}$$

となる．次いで歯車 B と C の歯車対について，速度伝達比 i_{BC} は

$$i_{BC} = \frac{\omega_b}{\omega_c} = \frac{D_c}{D_b} = \frac{N_b}{N_c} = \frac{z_c}{z_b} \qquad (6\cdot10)$$

となる．歯車列 A，B，C の速度伝達比 i_{ABC} は，A の歯車の角速度 ω_a を C の歯車の角速度 ω_c で除した値で定義されるので

$$i_{ABC} = \frac{\omega_a}{\omega_c} = \frac{\omega_a}{\omega_b}\frac{\omega_b}{\omega_c} = i_{AB}\, i_{BC}$$

と表すことができる．これを整理すると

$$i_{ABC} = \frac{\omega_a}{\omega_c} = \frac{D_c}{D_a} = \frac{N_a}{N_c} = \frac{z_c}{z_a} \qquad (6\cdot11)$$

となり，最終的な速度伝達比は歯車 A と歯車 C が直接かみ合うのと同じ結果になる．つまり，中間歯車 B は，最終的な速度伝達比に影響しないが，歯車 A と歯車 C は回転方向を同じにするだけの役割をしている．このような中間歯車を**遊び歯車**（アイドルギヤ）と呼ぶ．

4 多段歯車伝動

上記の結果より，歯車を直列にいくら配置しても大きな速度伝達比を得られないことがわかる．大きな**変速**（歯車の回転速度を変えること）を行うには，複数の歯車列を組み合わせた**多段歯車機構**を用いる（**図 6･18**）．

歯車が多段になると，バックラッシや騒音の問題が出てくるが，手軽に減速・増速が行えることから，工作機械や自動車の変速装置，減速機などに用いられている．

図 6・18　平歯車による多段歯車機構の例

5 多段歯車伝動における速度伝達比

図 6·19 のような多段歯車伝動装置において，駆動歯車を A，それぞれの角速度を ω_a，ω_b，ω_c，ω_d，基準円直径を D_a，D_b，D_c，D_d，回転数を N_a，N_b，N_c，歯車の歯数を z_a, z_b, z_c, z_d とすると，歯車 A と歯車 B の**速度伝達比** i_{AB} は式（6·9）より

$$i_{AB}=\frac{\omega_a}{\omega_b}=\frac{D_b}{D_a}=\frac{N_a}{N_b}=\frac{z_b}{z_a} \quad ①$$

となる．同様に，歯車 C と歯車 D の速度伝達比 i_{CD} は

$$i_{CD}=\frac{\omega_c}{\omega_d}=\frac{D_d}{D_c}=\frac{N_c}{N_d}=\frac{z_d}{z_c} \quad ②$$

となる．

歯車 A から歯車 D までの歯車列の速度伝達比 i_{ABCD} は歯車 A の角速度 ω_a を歯車 D の角速度 ω_d で除した値で求められ，その式を変形すると次のようになる．

$$i_{ABCD}=\frac{\omega_a}{\omega_d}=\frac{\omega_a}{\omega_b}\frac{\omega_b}{\omega_d}=\frac{\omega_a}{\omega_b}\frac{\omega_b}{\omega_c}\frac{\omega_c}{\omega_d} \quad ③$$

次に，図 6·19 に示した歯車列では，歯車 B と歯車 C が同軸に固定されているので，$\omega_b=\omega_c$ および $N_b=N_c$ が成立する．整理すると，速度伝達比 i_{ABCD} は，i_{AB} と i_{CD} の積で求められることがわかる．

$$i_{ABCD}=\frac{\omega_a}{\omega_d}=\frac{D_b}{D_a}\frac{D_d}{D_c}=\frac{N_a}{N_d}=\frac{z_b}{z_a}\frac{z_d}{z_c} \quad (6\cdot12)$$

したがって，2 段の歯車列の速度伝達比は，各段の速度伝達比の積で求められ

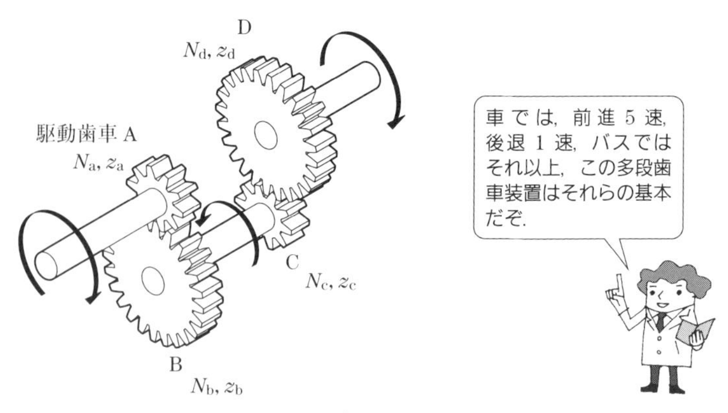

図 6・19　多段歯車伝動装置

ることから，多段歯車列の速度伝達比は，各段の速度伝達比の積で求められる．また，歯車列の各歯車のデータ（角速度：ω，基準円直径：D，回転数：N，歯数：z）のなかで，設計時に明確なものは歯数 z であるので，速度伝達比の式も歯数でまとめると次のようになる．

$$(\text{多段歯車列全体の速度伝達比}) = \frac{(\text{各段の駆動歯車の歯数の積})}{(\text{各段の被動歯車の歯数の積})}$$

例題

6-1　速度伝達比 $i=3$，モジュール $m=2\,\mathrm{mm}$，小歯車の歯数 $z_1=30$ の，1 対の標準平歯車の中心距離 l と，相手歯車の歯数 z_2 を求めなさい．

解答　かみ合う歯車対の一方の歯数 z_1 と速度伝達比 i が既知なので，$i=\dfrac{z_2}{z_1}$ を用いて求める．$z_2=iz_1$ と変形して，$i=3$ および $z_1=30$ を代入する．

$$z_2=iz_1=3\cdot30=90$$

次に，中心距離 l を求める式より，以下とする．

$$l=\frac{m(z_1+z_2)}{2}=\frac{2\cdot(30+90)}{2}=120\,\mathrm{mm}$$

例題

6-2　モジュール $m=5\,\mathrm{mm}$ の 1 対の歯車装置で，原動側の回転速度が $N_1=1\,000\,\mathrm{min}^{-1}$ のとき，従動側の回転速度は $N_2=250\,\mathrm{min}^{-1}$ になった．原動側の歯車の歯数が $z_1=30$ 枚の場合，従動側の歯車の歯数 z_2，速度伝達比 i および中心距離 l を求めなさい．

解答　まず，$N_1=1\,000\,\mathrm{min}^{-1}$ と $N_2=250\,\mathrm{min}^{-1}$ より，速度伝達比 i は

$$i=\frac{N_1}{N_2}=\frac{1\,000}{250}=4$$

となり，速度伝達比 $i=4$，$z_1=30$ と速度伝達比 $i=\dfrac{z_2}{z_1}$ から，z_2 を求めると

$$z_2=iz_1=4\times30=120$$

となる．次に，モジュール $m=5\,\mathrm{mm}$，$z_1=30$ と $z_2=120$ から，中心距離 l は

$$i=\frac{m(z_1+z_2)}{2}=\frac{5\cdot(30+120)}{2}=375\,\mathrm{mm}$$

となる．

6-4

中心軸移動の歯車伝動

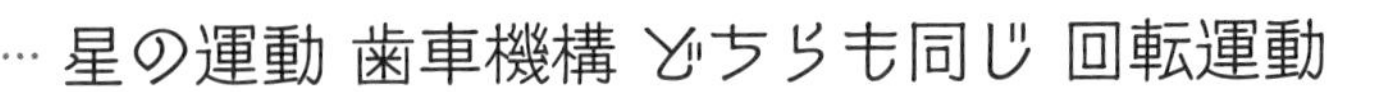

星の運動 歯車機構 どちらも同じ 回転運動

Point

❶ 中心軸移動歯車機構では，歯車の数を少なく，減速比・増速比を大きくすることができる．

❷ 遊星歯車機構では，減速・増速・正転・逆転を自在に行うことができる．

1 差動歯車機構

固定軸歯車列では各歯車の軸は固定されていたが，これに対して，一つの歯車のまわりをほかの歯車が回る機構を**差動歯車機構**と呼ぶ．

図 6·20 に示す差動歯車機構では中心の歯車を**太陽歯車**，公転する歯車を**遊星歯車**，この二つを結ぶ節を**腕**と呼ぶ．

太陽歯車 A を固定し，腕 B を回転させると，遊星歯車 C は太陽歯車 A のまわりを自転しながら公転する．このとき腕 B が 1 回転すると，遊星歯車 C は何回転するだろうか．

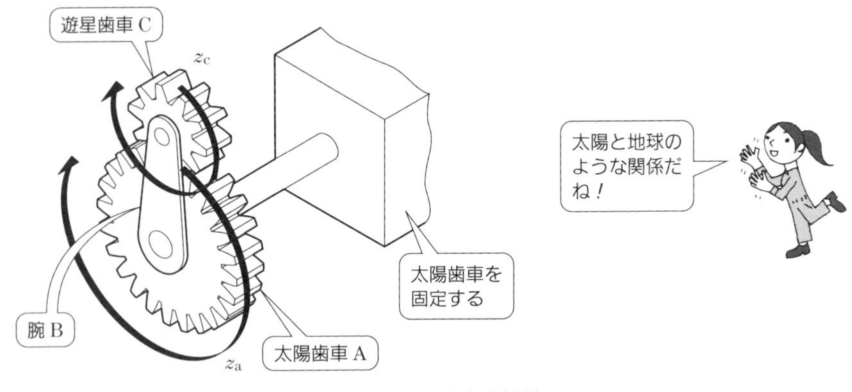

図 6・20　差動歯車機構

太陽歯車の歯数を z_a, 遊星歯車の歯数を z_c とすると, 遊星歯車 C の回転数 N_c は

$$N_c = \frac{z_a + z_c}{z_c}$$

で求めることができる.

しかし, 太陽歯車 A も腕 B も, そして遊星歯車 C も回転できるとすると, 自由度が増し, どれか二つの回転を定めなければ, 残りの一つの運動は定まらないことになる.

このような機構を応用したものに, **図 6·21** に示すような自動車の**差動歯車装置（デファレンシャルギヤ装置）**がある.

自動車が旋回する際, タイヤが滑らないようにするためには, 内側のタイヤよりも外側のタイヤのほうが長い距離を移動（内側よりも外側のタイヤがより多く回転）する必要がある. このとき, 左右のタイヤが路面から受ける抵抗には差異が生じている. この装置を用いることで, 旋回時に路面から受ける左右の抵抗の差に対応して, 左右のタイヤが異なる回転数で回転することができる.

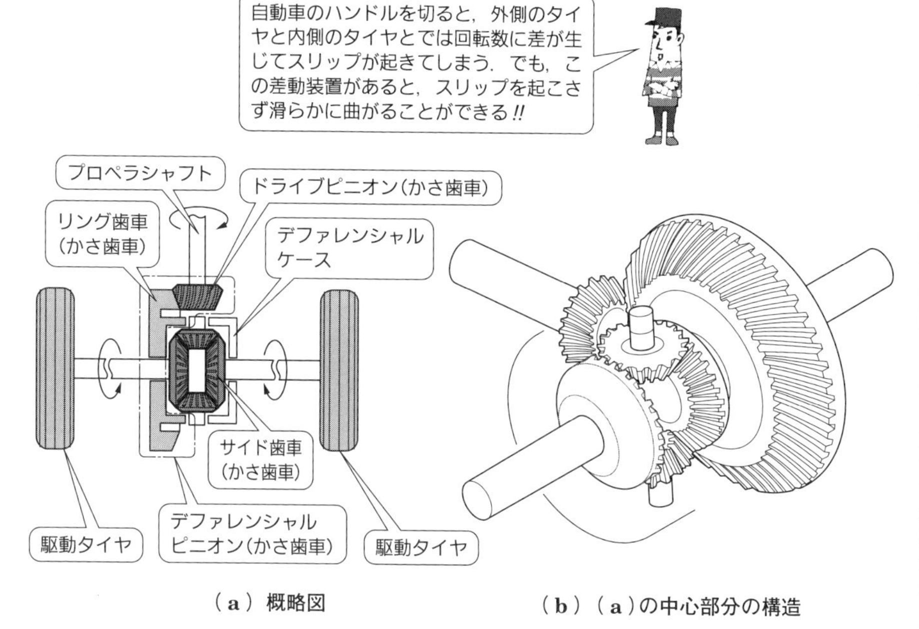

（a）概略図　　（b）（a）の中心部分の構造

図 6・21　自動車の差動歯車装置（デファレンシャルギヤ装置）

❷ 遊星歯車機構

遊星歯車機構では，公転する歯車を**遊星歯車**，中心の歯車を**太陽歯車**と呼ぶ．さらに，遊星歯車とかみ合って回る歯車を**リング歯車**と呼ぶ（**図 6·22**）．これらの 3 要素のうち，どの要素を入力，出力，固定とするかにより，速度伝達比や回転方向などが変わる．

また，装置を比較的軽量かつ小型にすることができるため，自動車の自動変速機にも応用されている．

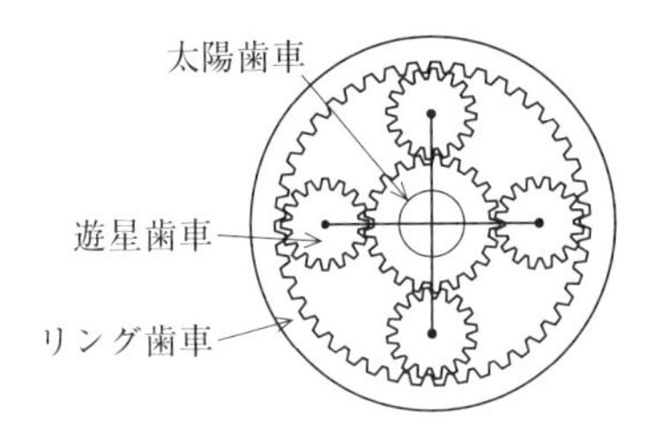

	減速時		増速時		逆回転時	
太陽歯車	固定	入力	固定	出力	入力	出力
遊星歯車	出力	出力	入力	入力	固定	固定
リング歯車	入力	固定	出力	固定	出力	入力

（a）概略図（上）と機能別の各歯車の状態

（b）実物の写真[9)]

図 6・22　遊星歯車機構[9)]（写真提供：小原歯車工業株式会社）

COLUMN　ダイヤメトラルピッチ（DP）

ISO（国際標準化機構）では，長さの基本単位を m（メートル）としているが，以前より in（インチ，1 in＝25.39 mm）を用いていた国では，モジュールに相当する歯車の基準として，**ダイヤメトラルピッチ**（DP）を使用している．

ダイヤメトラルピッチとは，円周率 π をインチ単位で表示したピッチで除した値として定義される．つまり，ダイヤメトラルピッチは基準円直径 1 インチあたりの歯数で表している．

COLUMN　時計はなぜ右回り

現代でも，とくに農業や漁業を生業にする人々にとって，季節や時間の流れを知ることは重要なことであり，山の残雪が鳥や犬の形になったら，田植えや種まきをするという話を聞いたことがある．

このような言い伝えについて，時代をさかのぼれば，古代人が月や太陽，星などの周期的な動きを観察し，天体の動きから種まきの時期や収穫の時期，雨の多い時期や晴れの時期など，いわゆる季節を知ろうとしたことにもつながる．

ところで，時間を知るための「時計」と呼ばれるものが，どの時代に現れたのかは明らかではないが，いまから 6 000 年前とも 10 000 年前ともいわれ，古代エジプトの「日時計」が初めてであるといわれている．

日時計は，板に日影棒（ひかげぼう）と呼ばれる棒を立てて，棒が落とす影の位置を読みとり，日の出から日の入までの時間を知るものである．太古では，棒を 1 本用意すればできる日時計が時計の主であったことは，想像に難くない．

さて，日時計の影を想像してもらうとわかると思うが，棒の影は右回りに動いている．これは，私たちが住んでいる北半球では，太陽は東から昇り，南の空を通って西へ沈むからである．

物の回転方向を示す言葉にも，時計回り，反時計回りと使われているが，この時計の針の右回りは，日時計の影の右回りに由来するといわれている．

もし，南半球のほうが北半球より陸地が多かったら，時計の針の回る方向は逆回りになっていたかもしれない．

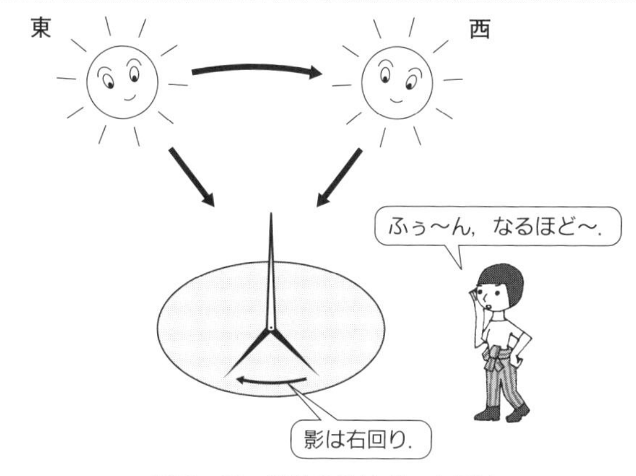

図 6・23　時計の針はどっち回り

6-5 非円形歯車機構

歯車で 速度・加速度 自由自在

Point
1. 非円形歯車で，円筒断面がだ円であるものをだ円歯車と呼んでいる．
2. だ円歯車機構では，速度・加速度の変換を容易に行うことができる．

1 だ円歯車

断面が真円の円筒に歯を付けたものが，一般に使用されている**円形歯車**である．対して，断面が真円ではない円筒に歯を付けたものを**非円形歯車**という．円形歯車の速度比は一定（等速運動）であるが，非円形歯車ではその形状によりさまざまな速度（不等速運動）を得ることができるため，非円形歯車を使えば，これまでカム機構やリンク機構で行ってきた動作を歯車で実現することができる．

非円形歯車のなかでも，断面がだ円であるものを**だ円歯車**（図 **6·24**）と呼ぶ．だ円歯車で，1 葉（よう）のものをだ円一葉歯車（1 回転で速度変化が 1 回），2 葉のものをだ円二葉歯車（1 回転で速度変化が 2 回），3 葉のものをだ円三葉歯車（1 回転で速度変化が 3 回），4 葉のものをだ円四葉歯車（1 回転で速度変化が 4 回）という．1 葉とは，中心からほかに比較して長く飛び出た「葉」が 1 枚あることをいう．

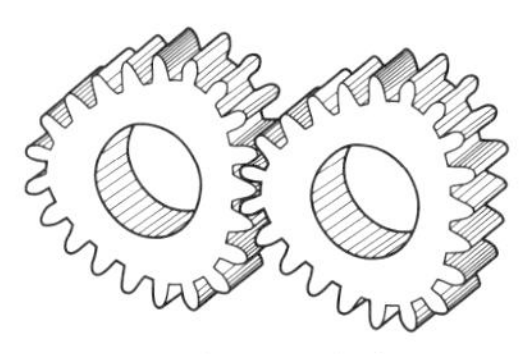

（a）だ円歯車

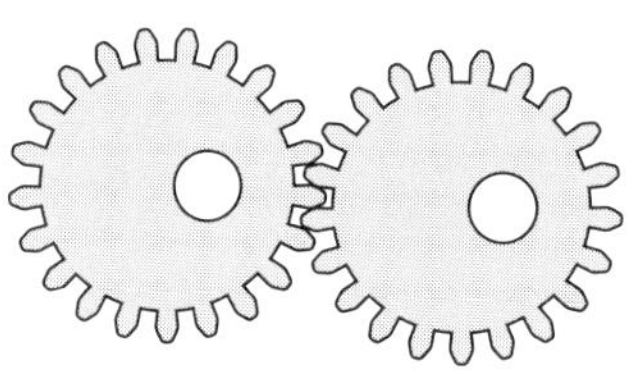

（b）だ円一葉歯車

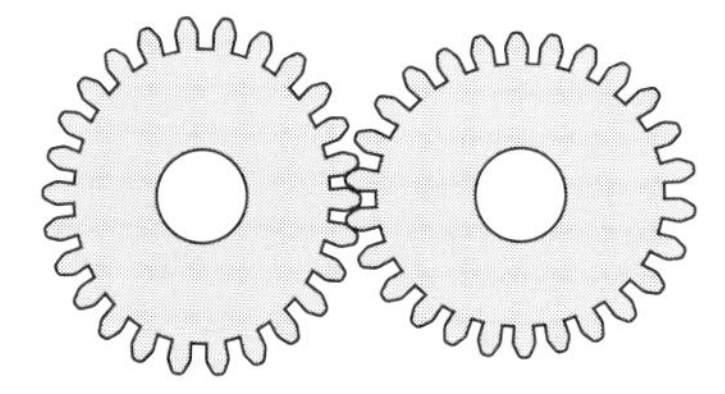

（c）だ円二葉歯車

図 6・24　だ円歯車

❷ だ円歯車の運動

前項で解説したとおり，1対のだ円歯車において，一方を等速回転運動させると，もう一方の歯車からは不等速運動を得ることができる．この場合，だ円一葉歯車では1回転するごとに1回の不等速運動が現れる（**図6･25**(a)）．だ円二葉歯車では2回（同図(b)），だ円三葉歯車では3回，だ円四葉歯車では4回といったように，不等速運動の回数は葉の数に応じて決定される．

だ円歯車対をケース内に組み込むと，流体の圧力で連続回転が可能となるので，流量計などに応用されている．

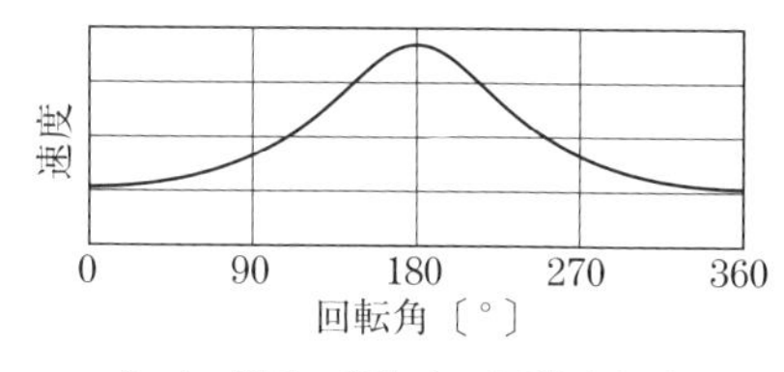

（**a**）だ円一葉歯車の不等速運動

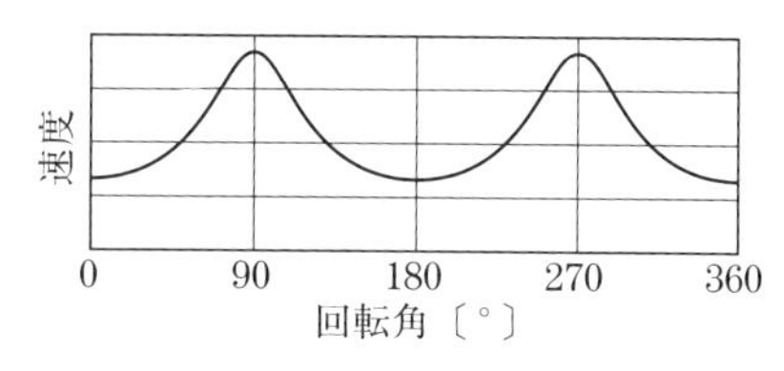

（**b**）だ円二葉歯車の不等速運動

図6・25　だ円歯車と不等速運動[2)]

COLUMN　基準円とピッチ円

他の書籍や資料によっては，歯車や歯車対の説明で同じ円を，ピッチ円と表示したり，基準円と表示したりしているものを見かける．JIS規格や日本機械学会の標準テキストではおおむね次のような説明になっている（**図6･26**）．

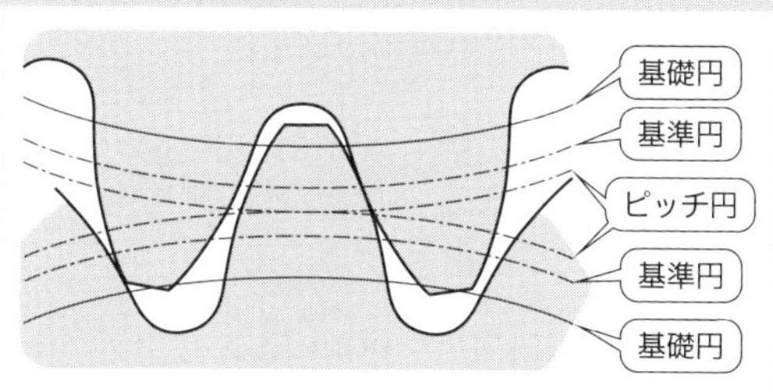

図6・26　歯車の基礎円，基準円，ピッチ円

基礎円は歯形を創生するもととなる円であり，図6･2(a)で示したとおり，曲線をつくるために糸を巻き付けた円である．

対して，**基準円**は歯車の歯の寸法を定義する基準となる円で，例えば，その直径はモジュールと歯数の積となる．

また，**ピッチ円**は与えられた歯車対で考えている円で，相当する摩擦車の外径と考えればよい．標準平歯車の標準的な使い方では，基準円とピッチ円は同一のものとなるが，同一歯車対でも中心距離を意図的に変えると両者は異なってくる．

章末問題

問題 1 モジュール $m=3$ mm の標準平歯車による歯車対がある．歯車 1，2 の歯数がそれぞれ $z_1=18$，$z_2=45$ である．このとき次の設問に答えなさい．

(1) 歯車 1，2 の基準円直径 D_1，D_2 を求めなさい．

(2) 歯車対の中心距離 l を求めなさい．

(3) ピッチ p を求めなさい．

(4) 歯車 1 が駆動歯車とした場合，速度伝達比 i を求めなさい．

(5) 歯車 1，2 の歯先円直径 D_{a1}，D_{a2} を求めなさい．

問題 2 モジュールが 4，歯数が 40 枚の平歯車がある．このとき，基準円直径と歯先円直径をそれぞれ求めなさい．

問題 3 駆動歯車の歯数 $z_a=30$，被動歯車の歯数 $z_b=90$ である 1 対の歯車列において，この歯車列の速度伝達比を求めなさい．また，この歯車列は減速歯車か増速歯車か判定しなさい．

問題 4 モジュール $m=3$ mm，中心距離 $l=210$ mm，速度伝達比 $i=2.5$ の平歯車対のそれぞれの歯数を求めなさい．

問題 5 モジュール $m=1.5$ mm，歯数 $z=19$ のピニオンがラック歯車とかみ合っている．ラック歯車を 250 mm 移動させるにはピニオンを何回転させればよいか求めなさい．

第7章

巻掛け伝動の種類と運動

巻掛け伝動は，原動節の回転をベルトやチェーンを媒介節として従動節に伝達するもので，歯車伝動のように歯車列を構成する必要がなく，比較的長い距離の動力伝達に適している．

この章では，巻掛け伝動のなかでも，主としてVベルト伝動や歯付きベルト伝動，そしてチェーン伝動について，その種類や特徴，運動について学ぶ．

それぞれの巻掛け伝動の特徴を理解し，用途に応じていかに使い分けを行うかが，設計者の腕の見せどころである．

7-1

巻掛け伝動の種類

離れた軸を 結ぶ巻掛け 得意技

❶ 摩擦力を利用した媒介節には，平ベルトやVベルトがある．
❷ 確実性をもたせた媒介節には歯付きベルトやチェーンがある．

1 ベルト伝動の特徴

ベルトやチェーン（鎖），ロープなどをプーリやスプロケット，滑車などに巻き付けて運動や動力を伝達する機構を，**巻掛け伝動機構**という．

かつては，巻掛け伝動というと，平（ひら）ベルトをイメージする人も多いほど，平ベルトによる巻掛け伝動は古くから工場や農場で使用されてきたが，最近はVベルトや歯付きベルト，チェーンなどが多用されている．各巻掛け伝動の特徴を学ぶ．

1 平ベルト伝動

平ベルトは，皮やゴム，プラスチック，鋼（こう）などを素材にした，長方形の断面形状をもつベルトである．平ベルトによる伝動は，プーリ（ベルト車）との摩擦を利用して回転を伝えるもので，ベルトの掛け方には，**図7·1**に示すような**平行掛け**（**オープンベルトともいう**）と，たすきのように掛ける**十字掛け**（**クロスベルトともいう**）がある．

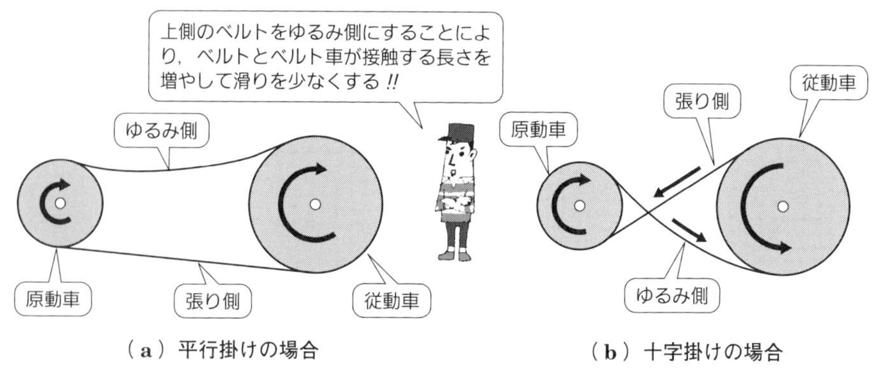

（a）平行掛けの場合　（b）十字掛けの場合

図7・1　ベルトの掛け方

いずれの場合も多少の滑りは避けられないが，この滑りによって無理な負荷や衝撃が吸収されるなど，用途によっては都合がよいこともある．

さらに，平ベルトは，軸間が大きく離れている場合や平行でない（食い違い）場合にも動力伝達が可能である．また，ベルトを十字掛け（**たすき掛け**とも呼ぶ）にすることで回転方向を簡単に変換できるなどの特長がある．

この平ベルト伝動は，摩擦によって動力を伝えるため，ベルトとプーリが密着するような張力（初期張力）を与えなければならない．

なお，平ベルトをプーリに巻き付けて2軸間で動力伝達を行う場合，平ベルトの**かたより**（プーリの中央からずれること）が生じる．平ベルト用のプーリは，下の**図7･2**に示したように中央が少し膨れているのがわかる．これを**中高**（なかだか），または**クラウン**と呼ぶ．ベルトは高いところに移動する性質があるので，これによりかたよりを防いでいるのである．

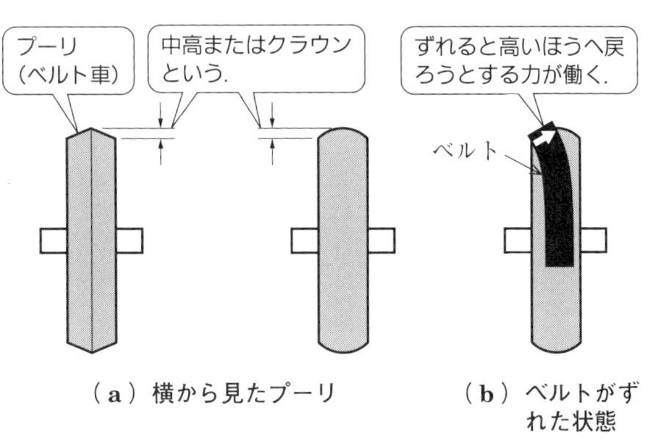

図7・2　プーリの中高（クラウン）

ベルトがプーリに巻き付いている角度を**巻掛け角**と呼ぶ（**図7･3**）．十字掛けの場合，伝達される回転方向は逆になるが，巻掛け角が大きくなるの

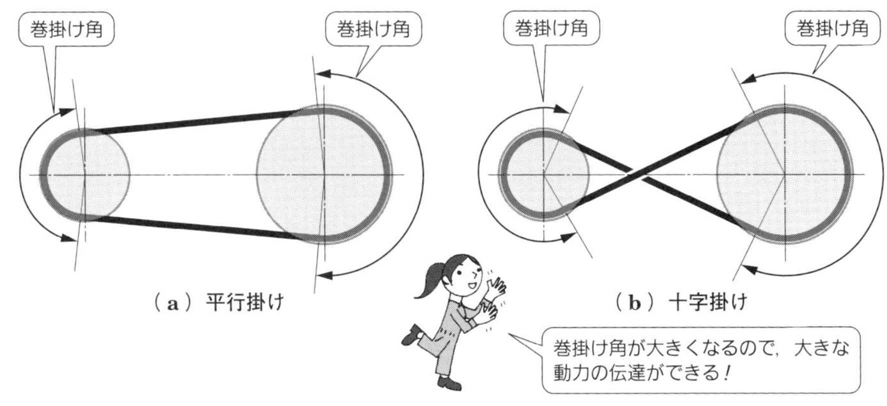

図7・3　巻掛け角

第7章　巻掛け伝動の種類と運動

で，滑りも少なくなり，平行掛けより大きな動力の伝達ができる．

● 2　V ベルト伝動

くさび状（V 字形）の台形断面をもち，心線，ゴム，および布でつくられた **V ベルト**を，台形断面の溝をもつ **V プーリ**（**V ベルト車**）に掛けて使用される巻掛け伝動を **V ベルト伝動**という．

V ベルトは V プーリの溝にくさびのように食い込むため（**くさび作用**），平ベルトに比べて摩擦力が大きく，滑りが少なく，大きな動力の伝達に適している（**図 7･4**）．

V ベルト伝動では，V ベルトは V プーリの溝の側面に接触し，その間の摩擦力により動力を伝達する．単純に考えると，平ベルトは片面接触であるが，V ベルトは V の字の両側面接触なので摩擦力が倍増される．つまり，伝達能力も倍増される．

V ベルトは，一般に継目（つぎめ）のない環状のベルトで，V 字の角度は 40° である．V ベルトの種類は，JIS 規格では一般用と細幅があり，断面寸法によって，一般用には M，A，B，C，D の 5 種類，細幅（ほそはば）には 3 V，5 V，8 V の 3 種類がある．各寸法を**図 7･5**，**表 7･1** および**表 7･2** に示す．JIS 規格以外では，自動車用，薄形（うすがた），広角（こうかく）などがメーカから販売されている．

V ベルト伝動は，平行掛けのみで十字掛けはできないが，軸間距離を短く，速度比を大きくとりたい場合に用いられる．また，大きな動力を伝達する場合には，

（**a**）ボール盤の動力伝達

（**b**）旋盤の動力伝達

図 7・4　V ベルト伝動

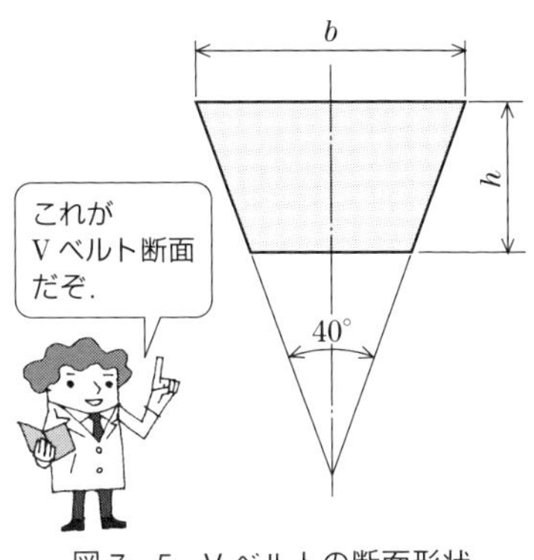

図7・5　Vベルトの断面形状

表7・1　一般用Vベルトの断面寸法

単位〔mm〕

種　類	*b*	*h*
M	10.0	5.5
A	12.5	9.0
B	16.5	11.0
C	22.0	14.0
D	31.5	19.0

(JIS K 6323：2008より引用)

表7・2　細幅Vベルトの断面寸法

単位〔mm〕

種　類	*b*	*h*
3V	9.5	8.0
5V	16.0	13.5
8V	25.5	23.0

(JIS K 6368：1999より引用)

COLUMN　運転中のVベルト

Vベルトは，Vプーリの溝の形に適合していなければならない．しかし，運転中のVベルトはVプーリに沿って曲げられるため，外側は伸びてせまくなり，内側は縮んで広がる（**図7·6**）．この現象は，プーリの直径が小さいほど顕著である．

そのためVプーリの溝角度は，VベルトのV字角度40°より一般に小さい．Vプーリの直径の小，中，大に対応して，一般用で溝角度は34°，36°，38°，また，細幅Vベルトは，36°，38°，40°，42°が規格化されている．

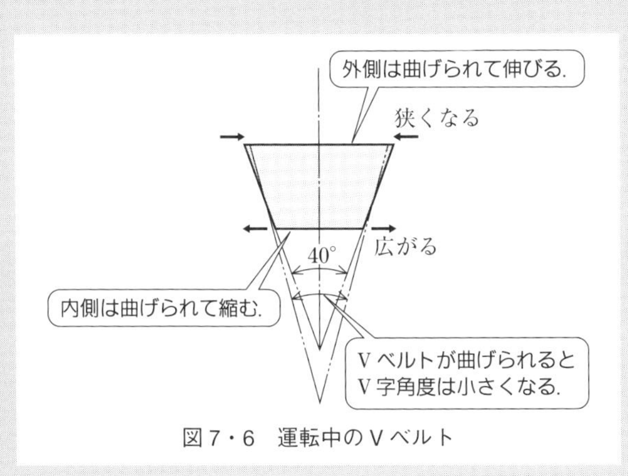

図7・6　運転中のVベルト

複数を並べて掛けることもできる．

● 3　歯付きベルト伝動

歯付きベルト伝動は，平ベルト伝動やVベルト伝動のような摩擦力による動力伝達とは異なり，ベルトと歯付きプーリ（ベルト車）のかみ合いによって動力を伝達するもので，**タイミングベルト**とも呼ばれる（**図7･7**）．滑りがなく，チェーン伝動（本節2項参照）に比べ機構が軽いため，最近では平ベルトやチェーン伝動にかわり，家電製品や自動車，OA機器，一般機械，自動機，事務機，医療用機器など多岐にわたって使用されている．

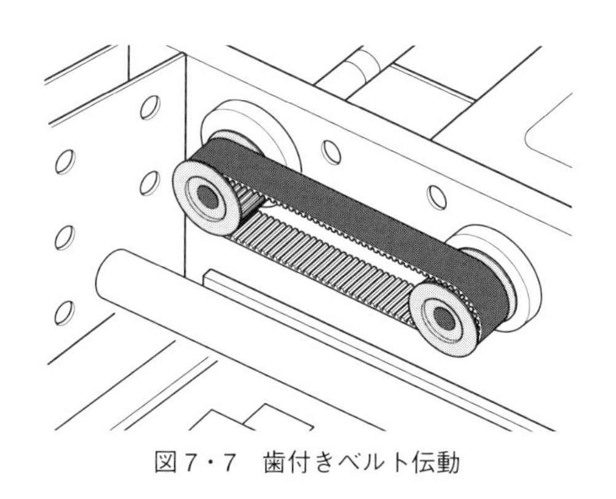

図7・7　歯付きベルト伝動

歯付きベルトによる動力伝達は，ベルトの歯とプーリの溝がかみ合うので，滑りがなく確実に動力を伝えることができ，速度変化もない．潤滑も必要なく，用途に応じて小径プーリの使用や，短い軸間距離での使用，ベルト幅の選択も可能である．また，チェーンや歯車伝動に比べて騒音が少なく，ベルト自体が軽いの

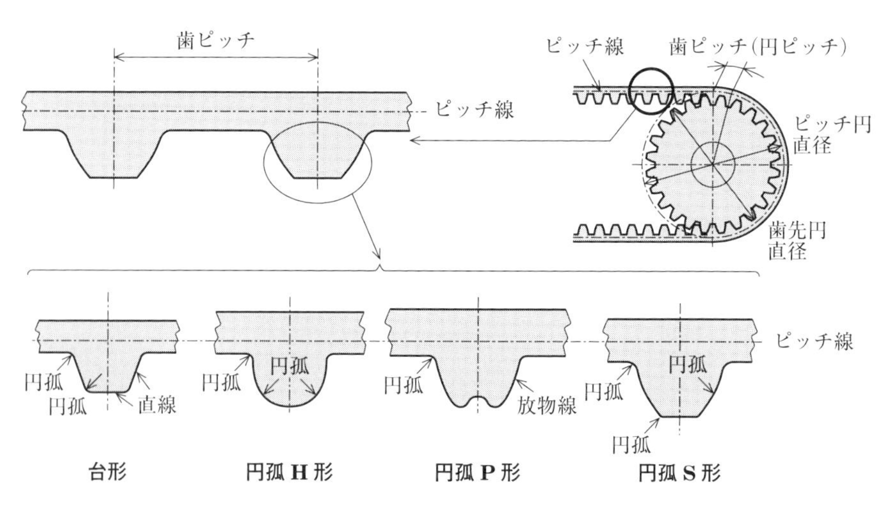

図7・8　歯付きベルトの歯の形状

で，高速回転が可能であるといった特長を有している．

歯付きベルトの種類には次のようなものがJISに規定されている．

・一般用歯付ベルト：5 種類（XL，L，H，XH，XXH）

・軽負荷用歯付きベルト：2 種類（MXL，XXL）

・一般用円弧歯形歯付きベルト：計 12 種類（歯形がH，P，Sの 3 種類（**図 7·8**），呼びピッチがそれぞれ，3，5，8，14 の 4 種類）

一般用歯付きベルトと軽負荷用歯付きベルトは，歯形が台形で，MXL，XXL，XL，L，H，XH，XXH の順に歯厚が大きくなり，歯ピッチは $\frac{2}{25}$ in〜$\frac{5}{4}$ in

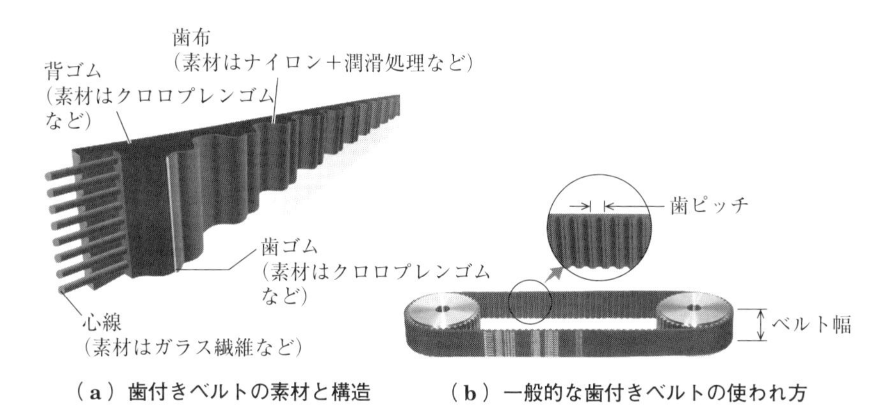

（**a**）歯付きベルトの素材と構造　（**b**）一般的な歯付きベルトの使われ方

（**c**）ベルト両面に対称形の歯をもつ歯付ベルト

図 7・9　歯付きベルト[11]

（1 in＝25.39 mm）の固定である．また，一般用円弧歯形歯付きベルトについては，呼びピッチは歯ピッチの大きさをミリメートル単位で示している．台形歯形のベルトに比べ，比較的新しい円弧歯形ベルトの特長は，① 滑らかなかみ合いで低騒音，② バックラッシを小さくできるので位置決め精度がよい，③ 歯ピッチを小さくすることで回転ムラを小さくすることができる，などがある．

歯付きベルトは，**図 7·9**（a），（b）に示すように，継目のない環状の平ベルトに，台形状や円弧状の歯を等間隔に設けたものである．また，ベルトの両面に歯を設けることも可能で，同図（c）のような使い方もできる．

歯付きベルト伝動はかみ合いによって動力伝達を行うため，理論上の必要な初期張力は 0 であるが，歯の乗越え防止や円滑な伝動を行うには，適切な張力が必要となる．実際，張力が弱いとかみ合い不整合となり，強過ぎると騒音が発生したり，寿命が短くなったりするので注意が必要である．

2 チェーン伝動の特徴

チェーン伝動は，鎖状のチェーンを**スプロケット**（**鎖車**．チェーンを巻き付けるための歯車状の車，**図 7·11**）の歯に引っ掛けて動力を伝達するもので，滑りがなく，確実に動力を伝達することができるため，幅広く使用されている（**図 7·10**）．

チェーンには，鋼製で，低速・重荷重用として用いられている**ローラチェーン**や，高速回転時の騒音が少ない**サイレントチェーン**などがある．

また，スプロケットの歯形はいくつかの曲線をつなげたもので，ピッチ円はチェーンのローラ中心が通る円でもある．スプロケットの歯数は最低 17 枚以上，

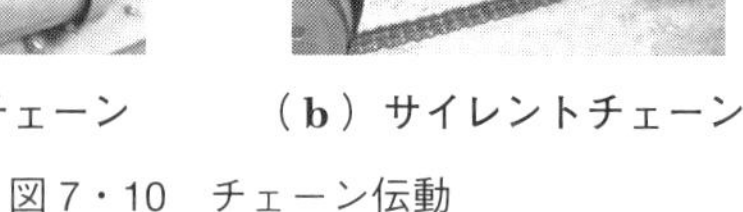

（a）ローラチェーン　（b）サイレントチェーン

図 7・10　チェーン伝動

私の自転車や友だちのバイクもチェーン伝動だ！

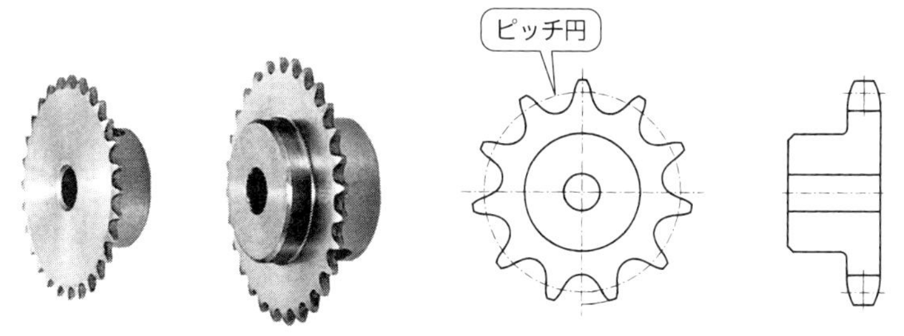

図7・11　スプロケット[12)]

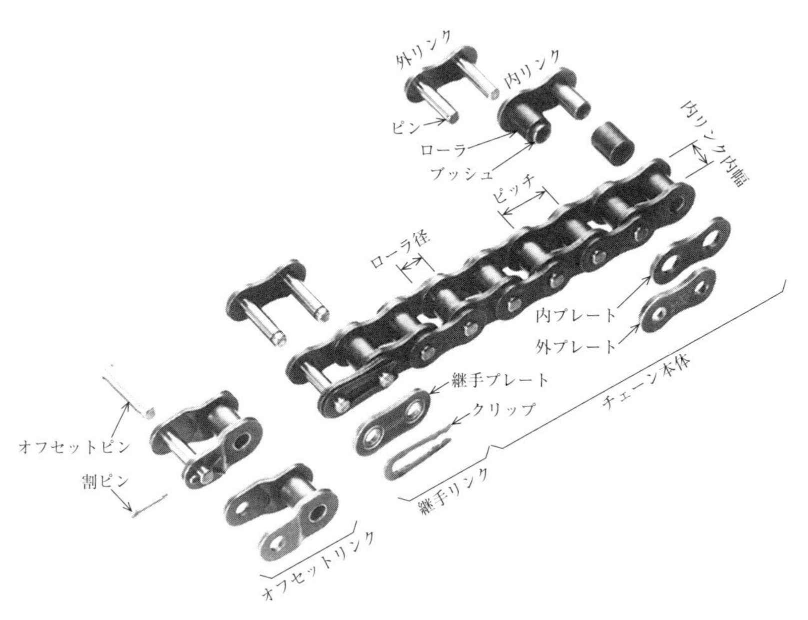

図7・12　ローラチェーンの構造と名称[12)]

高速使用であれば21枚以上が好ましい．両スプロケットの大きさに差がないような場合，できるかぎり歯数の多い奇数枚のものを選ぶとよい．

チェーン伝動は，① 大きな速度伝達比を得ることができる，② 軸間距離の自由度が大きい，③ チェーンの両面が使える，④ 歯車と比較して衝撃吸収能力があるといった特長をもっている．その反面，① 多角形運動による速度変動がある，② 潤滑が必要，③ 摩耗による伸びが生じるなどの問題点もあるため，設計時の選定には検討が必要である．

図7·12 からわかるように，チェーンはプレートとそれをつなぐピンで構成さ

れている．ピンの部分は回転できるが，プレート部分は剛性があるので変形しない．それゆえ，チェーンはスプロケットに巻き付いても滑らかな円弧にはならず多角形状になるため，動きも多角形運動になり，ピン部分，プレート部分，ピン部分，……と速度変化を生ずることになる．

一般に使用されているローラチェーンは，内リンクと外リンクを交互に組み合わせたもので，継手には**継手リンク**が用いられている．このことからローラチェーン全体のリンク数は偶数にすることが多いが，奇数になるときは，継手リンクのほかに**オフセットリンク**を用いてリンクをつないでいる．

チェーン伝動では初期張力を必要としないが，張り過ぎても，たるみ過ぎても，

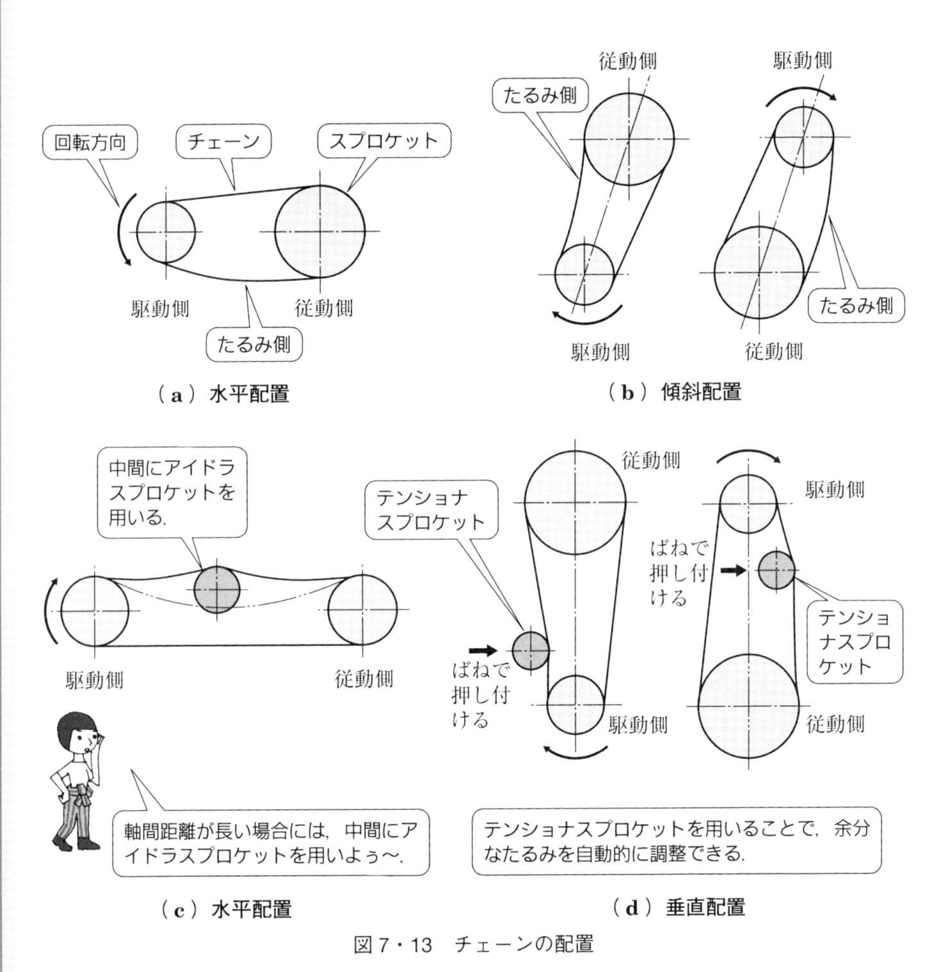

図 7・13　チェーンの配置

振動の原因になったり，チェーンやスプロケットの寿命を短くするので，適当なたるみをもたせる必要がある．

水平配置の場合，通常は**図 7･13** に示すように下側をたるませるとよいが，上側をたるませる必要がある場合には少し張りぎみにする．また，軸間が長い場合には，中間に**アイドラスプロケット**や**テンショナスプロケット**を用いるなどして対処するとよい．

また，新品のチェーンを継続使用して，各部がなじんでくると多少伸びが生じるので，注意が必要である．

チェーンの**巻付け角**は，巻掛けで使用する場合は 120° 以上，つり下げで使用する場合，90° 以上は必要である（**図 7･14**）．

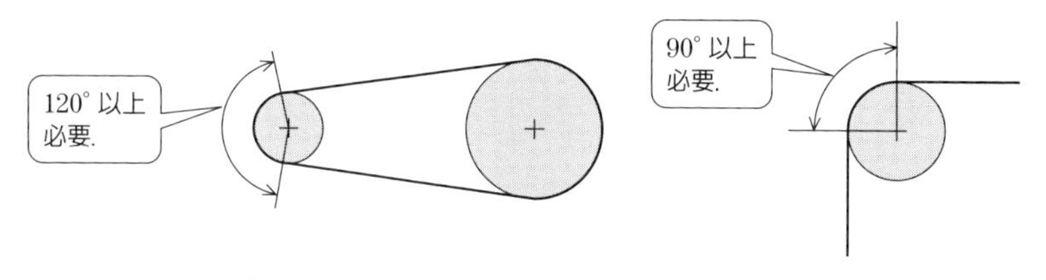

図 7・14　チェーンの巻付け角

COLUMN　ローラチェーンの呼び番号

ローラチェーンの呼び番号は，JIS によって 25，35，40，41，50，60，80，100，120，140，160，200，240 の 13 種類が規定されている．

また，ローラチェーンのピッチは，呼び番号の十の位以上の数値（2，3，4，5，6，8，10，12，14，16，20，24）に 3.175 mm（$\frac{1}{8}$ インチ．1 インチは 25.4 mm）をかけた値となる．例えば，35 番のチェーンでは，

$$3 \times 3.175 = 9.525$$

より，ピッチは 9.525 mm となる．

なお，末尾に 5 の付く 25 番と 35 番はローラのないブッシュチェーンで，41 番は 40 番の軽量化タイプである（ただし，市場ではあまり見かけない）．

40 番以上のチェーン各部の寸法は，ほぼ比例関係にある．

❸ ロープ伝動の特徴

ロープ伝動は，布や皮製のロープ，鋼製のロープ（**ワイヤ**と呼ばれている）などを滑車に巻き付けて動力を伝達するもので，力の向きや力の大きさを容易に変換できるなどの特長があり，身近なところでも応用されている機構である．

一般に，クレーンやエレベータ，ロープウェイ，リフトなどの用途における重量物の運搬や，長い距離の動力伝達には鋼製のロープが用いられている．

ロープ伝動は，滑車（プーリ）を用いた動力伝達なので，**滑車伝動**とも呼び，滑車の位置が固定されているものを**定滑車**（ていかっしゃ），位置が固定されておらず，滑車自体が移動できるものを**動滑車**（どうかっしゃ）という．

図 7·15 に示すように，定滑車では，力の向きを変えることができるが，力の大きさは変化しない．これに対して動滑車は，力の向きは変わらないが，かける力を半分にすることができる．さらに，動滑車の数を増やせば，より小さな力とすることが可能となる．

定滑車と動滑車を組み合わせることで，**図 7·16** に示すように荷重をかける力の向きを変えると同時に，かける力を小さくすることができる．

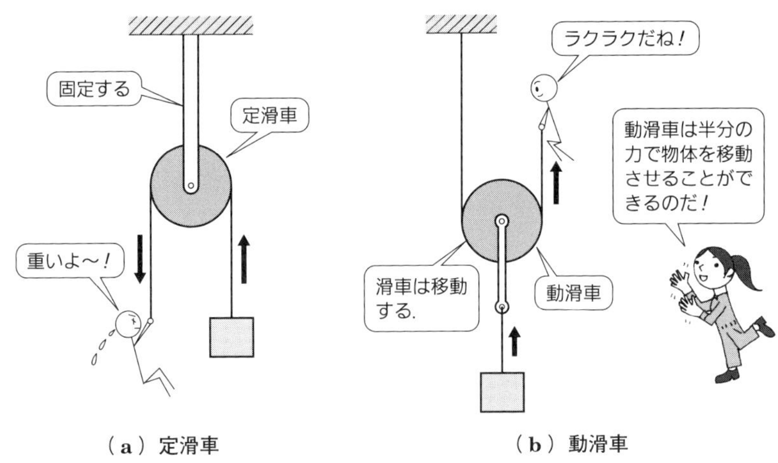

図 7・15　滑車伝動

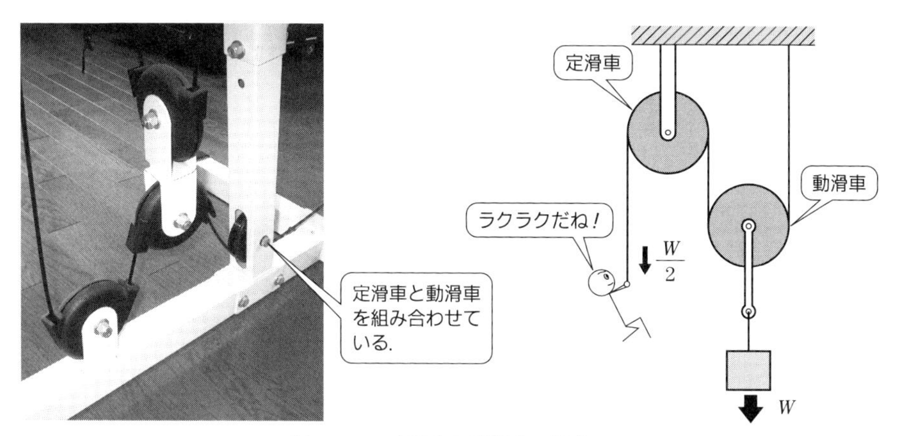

図７・16　定滑車と動滑車の組合せ

COLUMN　中心距離と軸間距離

歯車やベルト伝動では**中心距離**（一部では**中心間距離**）という用語が，チェーン伝動では**軸間距離**が使用されることが多いのが現状である．

JIS 規格では，チェーンや V ベルト伝動では軸間距離が，歯車や歯付きベルトでは中心距離が使用されている．

本書では，摩擦車と歯車では中心距離を，巻掛け伝動では軸間距離を用いている．

7-2

巻掛け伝動 距離や方向 なんのその

❶ 巻掛け伝動には，摩擦を利用したものと，歯を利用したものがある.
❷ ベルト伝動では，張力や巻掛け角を考慮する.

❶ ベルト伝動の伝達力

巻掛け伝動による動力伝達機構は，ベルトとプーリで構成される.

図 7·17 に示すように，ベルトの**張り側**（緊張する側のこと．通常は下側）の張力を T_1，**緩み側**（緩む側のこと．通常は上側）の張力を T_2，**巻掛け角**（ベルトとプーリの接触している角度）を β としたとき，プーリに接しているベルトの微小部分を考えてみよう.

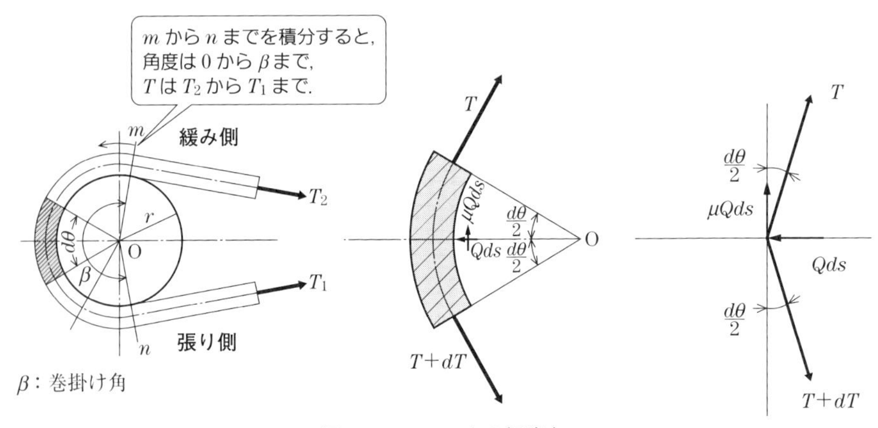

図 7・17　ベルトの伝達力

プーリの半径を r，プーリの微小巻掛け角 $d\theta$ に対応するベルトの微小長さを ds，ゆるみ側の張力を T，張り側の張力を $T+dT$（張り側のほうが張力が強いため）とする．ベルトはこれらの張力のためにプーリに押し付けられている一方，その反作用として同じ大きさの力でプーリから押し返されていることになる．この力を Qds，静摩擦係数を μ とすると，ベルトとプーリの間に働く摩擦力は μQds

となる．これらの半径方向の力のつり合いと円周方向の力のつり合いを考える．

まず，半径方向のつり合いから

$$Q\,ds = T\sin\frac{d\theta}{2} + (T+dT)\sin\frac{d\theta}{2} = 2T\sin\frac{d\theta}{2} + dT\sin\frac{d\theta}{2} \qquad (7\cdot1)$$

となる．ここで，$d\theta$，dT は微小であるので

$$\sin\frac{d\theta}{2} \fallingdotseq \frac{d\theta}{2}, \qquad dT\sin\frac{d\theta}{2} \fallingdotseq dT\,\frac{d\theta}{2} \fallingdotseq 0$$

となり，式 (7·1) は

$$Q\,ds = T\,d\theta \qquad (7\cdot2)$$

となる．また，円周方向のつり合いから

$$(T+dT)\cos\frac{d\theta}{2} = T\cos\frac{d\theta}{2} + \mu Q\,ds \qquad (7\cdot3)$$

となる．同様に，$d\theta$ は微小であるので $\cos\dfrac{d\theta}{2} \fallingdotseq 1$ として，式 (7·3)は

$$\mu Q ds = dT \qquad (7\cdot4)$$

となる．式 (7·2) および式 (7·4) より

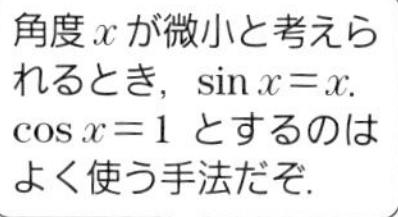

$$dT = \mu T\,d\theta$$

$$\therefore \quad \frac{dT}{T} = \mu\,d\theta \qquad (7\cdot5)$$

となる．これを点 $m(\theta=0)$ から点 $n(\theta=\beta)$ まで積分すると

$$\int_{T_2}^{T_1}\frac{dT}{T} = \mu\int_0^{\beta}d\theta$$

$$\frac{T_1}{T_2} = e^{\mu\beta}$$

となる．T_1 と T_2 の差がベルトの回転力（回転させようとする力）となるので $T=T_1-T_2$ として，T_1 と T_2 を求めると次のようになる．

$$T_1 = \frac{e^{\mu\beta}}{e^{\mu\beta}-1}\,T, \qquad T_2 = \frac{1}{e^{\mu\beta}-1}\,T \qquad (7\cdot6)$$

式 (7·6) は，**アイテルワイン** (Eytelwein) **の式**として知られている．これは低速回転するプーリを想定した式であり，ベルトに作用する遠心力は無視している．

なお，プーリが高速回転する場合，このほかに遠心力も考慮しなくてはならない．つまり，遠心力によって増加したベルトの張力を，式（7·6）の T_1，T_2 にそれぞれ加えればよい．ここで，ベルトの単位長さにあたりの質量を m とする．

$$\begin{cases} T_1 = \dfrac{e^{\mu\beta}}{e^{\mu\beta}-1}\,T + mv^2 \\[2ex] T_2 = \dfrac{1}{e^{\mu\beta}-1}\,T + mv^2 \end{cases} \tag{7·7}$$

ベルト速度を v，ベルトの回転力を T（$=T_1-T_2$）とすると，巻掛け伝動によって伝達できる動力 P は次式から求めることができる．

$$P = Tv = (T_1 - T_2)v \tag{7·8}$$

2 ベルト長の算出

図 7·18 に示すようなベルト伝動の平行掛け（オープンベルト）の**ベルト長** L_p を求めてみよう．ここで，プーリ（ベルト車）1, 2 の直径を D_1, D_2，プーリ 1, 2 の軸間距離を l とする．また，ベルトの巻掛け角を β_1, β_2，垂線との傾斜角を γ とする．

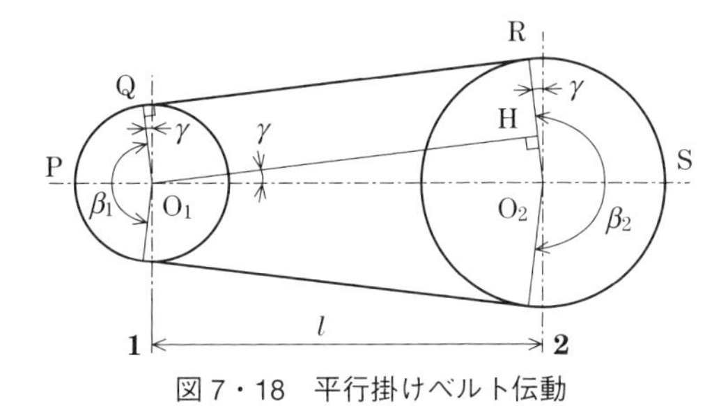

図 7・18　平行掛けベルト伝動

まず，図 7·18 より，ベルト長 L_p は

$$L_p = 2(\overset{\frown}{\mathrm{PQ}} + \mathrm{QR} + \overset{\frown}{\mathrm{RS}})$$

となることがわかる．ここで，同図の幾何学的関係より，各円弧の長さは

$$\overset{\frown}{\mathrm{PQ}} = \frac{D_1}{2}\left(\frac{\pi}{2} - \gamma\right), \qquad \overset{\frown}{\mathrm{RS}} = \frac{D_2}{2}\left(\frac{\pi}{2} + \gamma\right)$$

と与えられ，各プーリを結ぶ共通接線の長さは

$$\overline{\mathrm{QR}} = \overline{\mathrm{O_1H}} = \overline{\mathrm{O_1O_2}}\cos\gamma = l\cos\gamma$$

となる．以上のことより，ベルト長 L_p は

$$L_p = D_1\left(\frac{\pi}{2} - \gamma\right) + D_2\left(\frac{\pi}{2} + \gamma\right) + 2l\cos\gamma = 2l\cos\gamma + \frac{\pi(D_1 + D_2)}{2} - \gamma(D_1 - D_2)$$

となる．また，傾斜角 γ について，$\triangle\mathrm{O_1O_2E}$ で考えると次のようになる．

$$\sin\gamma = \frac{\overline{O_1H}}{\overline{O_1O_2}} = \frac{\overline{O_2C} - \overline{O_1Q}}{\overline{O_1O_2}} = \frac{D_2 - D_1}{2l}, \qquad \gamma = \sin^{-1}\left(\frac{D_2 - D_1}{2l}\right)$$

次に，$\cos\gamma = \sqrt{1 - \sin^2\gamma}$ より

$$\cos\gamma = \sqrt{1 - \sin^2\gamma} = \sqrt{1 - \left(\frac{D_2 - D_1}{2l}\right)^2}$$

を得る．一般に，ベルト伝動では，プーリの直径に比べて軸間距離が大きいこと，各プーリの直径差が小さいことから，傾斜角 γ は小さいことが多い．この場合，

$$\sin\gamma \fallingdotseq \gamma \frac{D_2 - D_1}{2l}, \qquad \cos\gamma \fallingdotseq 1 - \frac{\gamma^2}{2} \quad (\gamma \fallingdotseq 0)$$

を用いて，

$$\cos\gamma \fallingdotseq 1 - \frac{(D_2 - D_1)^2}{8l^2}$$

$\cos\gamma$ の式は $\sqrt{1-\gamma^2} \fallingdotseq 1 - \frac{\gamma^2}{2}$ を用いてもよい!!

となる．以上の結果より，ベルト長 L_p は

$$L_p = 2l + \frac{\pi(D_1 + D_2)}{2} + \frac{(D_2 - D_1)^2}{4l}$$

を得る．また，ベルトの巻掛け角 β_1，β_2 は，次式で示される．

$$\beta_1 = \pi - 2\gamma, \qquad \beta_2 = \pi + 2\gamma$$

同様に，**図 7·19** に示すような十字掛け（クロスベルト）のベルト長 L_p を求めてみよう．この場合，ベルト長 L_p は

$$L_p = D_1\left(\frac{\pi}{2} + \gamma\right) + D_2\left(\frac{\pi}{2} + \gamma\right) + 2l\cos\gamma$$

$$= 2l\cos\gamma + \frac{\pi(D_1 + D_2)}{2} + \gamma(D_1 + D_2)$$

となる．また，傾斜角 γ は，次のようになる．

$$\sin\gamma = \frac{(D_2 + D_1)}{2l}$$

$$\gamma = \sin^{-1}\left(\frac{D_2 + D_1}{2l}\right)$$

同様に，傾斜角 γ が小さい場合，ベルト長 L_p は

$$L_p = 2l + \frac{\pi(D_1 + D_2)}{2} + \frac{(D_1 + D_2)^2}{4l}$$

を得る．ベルトの巻掛け角 β_1，β_2 は，次式で示される．

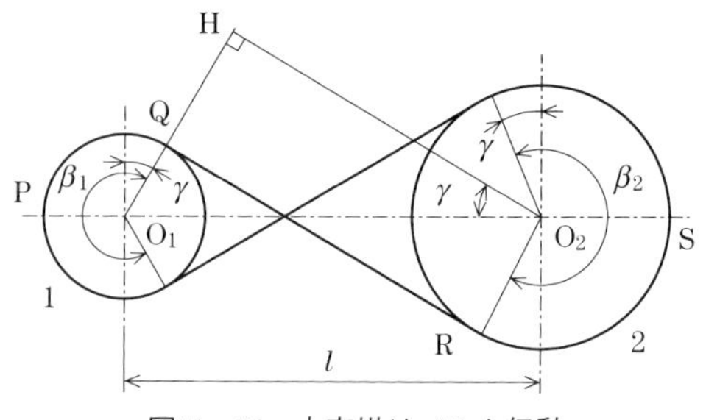

図 7・19　十字掛けベルト伝動

$$\beta_1 = \beta_2 = \pi + 2\gamma$$

以上がベルト長を求める基本であるが，各ベルトのベルト長を求める手順や特徴を以下に示す．

1　平ベルト

ベルト厚 t が無視できないような平ベルト伝動では，ベルト長を求める式で，**大プーリ**（二つのうち，大きなほうのプーリ）の外径（D_2+t）を D_2，小プーリの外径（d_1+t）を D_1 とし，与えられた軸間距離 l を用い，ベルト長 L_p を求める．また，ベルト厚 t が無視できる場合は，そのままの式を用いればよい．

2　V ベルト

V ベルト伝動の場合，厚みも大きく使用する軸間距離も短いので，正確なベルト長を求めることはできない．また，市販品を使うので目安の長さがわかればよい．そこで，大プーリの呼び外径 D_O を D_2，小プーリの呼び外径 d_O を D_1 とし，与えられた軸間距離 l を用いて，ベルト長 L_p を求め，そのベルト長を概略のベルト長 L_p' とする．

次に，概略のベルト長 L_p' に最も近い有効外周長さ L_O を JIS の規格表（実際には，市販品のカタログ）から決定する．この有効外周長さ L_O を用いて，B を計算し，選択した V ベルトに合致した軸間距離 l を求める．ここで，$B = L_O - \dfrac{\pi}{2}(D_O + d_O)$ とする．

$$l = \frac{B + \sqrt{B^2 - 2(D_O - d_O)^2}}{4}$$

また，実際の装置では選択したベルトに合わせて，軸間距離を調節（プーリを移動）できるようにしている．

● 3　歯付きベルト

図 7·20 に示すような歯付きベルト伝動の場合，軸間距離が比較的短く，正確なベルト長は求められない．また，V ベルトと同様に市販品を使うので，目安の長さがわかればよい．大プーリのピッチ円直径 D_{p} を D_2，小プーリのピッチ円直径 d_{p} を D_1 とし，与えられた軸間距離 l を用い，ベルトピッチ周長さ（ベルト長）L_p を求め，概略のベルトピッチ周長さ L_p' とする．

次に，概略のベルトピッチ周長さ L_p' に最も近いピッチ周長さ L_{O} を JIS の規格表（実際には，市販品のカタログ）から決定する．この歯付きベルトのピッチ周長さ L_{O} を用いて，B を計算し，選択した歯付きベルトに合致した軸間距離 l を求める．

$$B = L_{\mathrm{O}} - \frac{\pi}{2}(D_{\mathrm{p}} + d_{\mathrm{p}})$$

$$l = \frac{B + \sqrt{B^2 - 2(D_{\mathrm{p}} - d_{\mathrm{p}})^2}}{4}$$

実際は，V ベルトと同様，選択したベルトに合わせてプーリの位置を調節する．

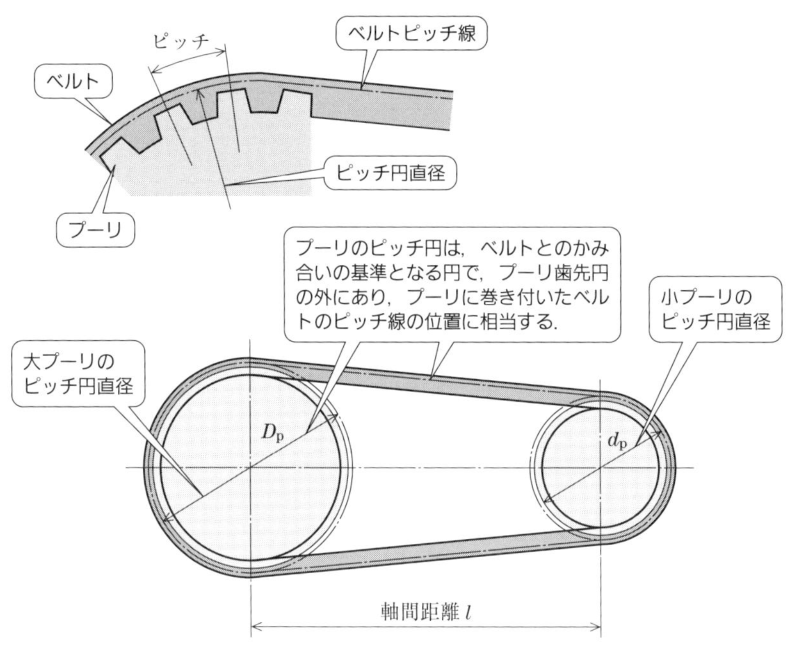

図 7・20　歯付ベルト伝動のベルト長さと軸間距離

第7章　巻掛け伝動の種類と運動

3 ベルト伝動の速度伝達比

図 7·21 において，原動側，従動側それぞれのプーリの直径を D_1, D_2，角速度を ω_1, ω_2，回転数を N_1, N_2 とし，プーリ間のベルトは張られ，ベルトとプーリ間の滑りはないものとする．

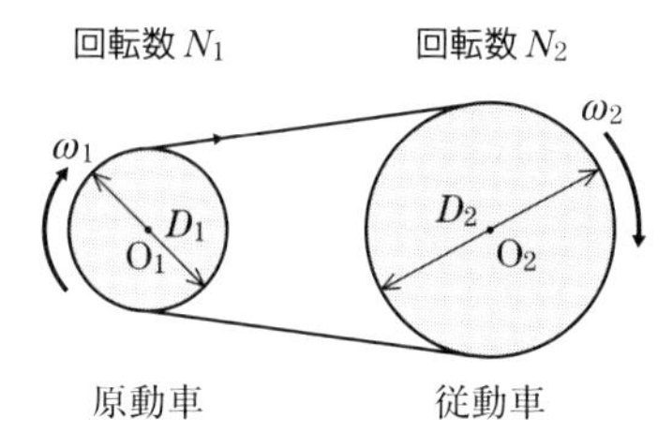

図 7・21　平ベルト伝動における速度比

このとき，両プーリの角速度比 ε と速度伝達比 i は，原動車の角速度および従動車の角速度を用いて，次のように定義される．

$$\varepsilon=\frac{\omega_2}{\omega_1}=\frac{N_2}{N_1}, \qquad i=\frac{\omega_1}{\omega_2}=\frac{N_1}{N_2}$$

1 平ベルト

ベルト厚を t とすると，**ベルト中立面**（曲げによって伸縮しない面）でのベルト速度 v は

$$v=\left(\frac{D_1}{2}+\frac{t}{2}\right)\omega_1=\left(\frac{D_2}{2}+\frac{t}{2}\right)\omega_2$$

となる．これより，角速度比 ε と速度伝達比 i は次のように示すことができる．

$$\begin{cases} \varepsilon=\dfrac{\omega_2}{\omega_1}=\dfrac{N_2}{N_1}=\dfrac{D_1+t}{D_2+t} \\ i=\dfrac{\omega_1}{\omega_2}=\dfrac{N_1}{N_2}=\dfrac{D_2+t}{D_1+t} \end{cases}$$

一般に，ベルト厚 t は，プーリの直径に比較して微小なので無視すると

$$\begin{cases} \varepsilon=\dfrac{\omega_2}{\omega_1}=\dfrac{N_2}{N_1}\fallingdotseq\dfrac{D_1}{D_2} \\ i=\dfrac{\omega_1}{\omega_2}=\dfrac{N_1}{N_2}\fallingdotseq\dfrac{D_2}{D_1} \end{cases}$$

で表すことができる．

2 Vベルト

原動側プーリの呼び外径 d_O から $D_1=d_O-2k$ とし，従動側プーリの呼び外径 D_O から $D_2=D_O-2k$ として，角速度比 ε と速度伝達比 i は次のように示すこと

ができる．ただし，$2k$ 値はＶベルトの種類により**表 7·3** のように決められている．

$$\begin{cases} \varepsilon = \dfrac{\omega_2}{\omega_1} = \dfrac{N_2}{N_1} = \dfrac{D_1}{D_2} \\ i = \dfrac{\omega_1}{\omega_2} = \dfrac{N_1}{N_2} = \dfrac{D_2}{D_1} \end{cases}$$

● 3　歯付きベルト

図 7·20 に示した歯付きベルト伝動で，原動側プーリのピッチ円直径 D_P を D_1，歯数を z_1，従動側プーリのピッチ円直径 D_P を D_2，歯数を z_2 として，角速度比 ε と速度伝達比 i は次のように示すことができる．プーリの歯先円直径は（ピッチ円直径）-2a（**表 7·4**）と定められている．

$$\varepsilon = \frac{\omega_2}{\omega_1} = \frac{N_2}{N_1} = \frac{D_1}{D_2} = \frac{z_1}{z_2}$$

$$i = \frac{\omega_1}{\omega_2} = \frac{N_1}{N_2} = \frac{D_2}{D_1} = \frac{z_2}{z_1}$$

表 7・3　Ｖベルトの $2k$ 値

単位〔mm〕

種　類	$2k$
M	5.4
A	9.0
B	11.0
C	14.0
D	19.0
3 V	1.2
5 V	2.6
8 V	5.0

（JIS B 1854：1987，JIS B 1855：1991 より引用）

表 7・4　歯付きベルト 2a 値

単位〔mm〕

種　類	2 a
3 M	0.762
5 M	1.144
8 M	1.372
14 M	2.794

（JIS B 1857-2：2015 より引用）

4　Ｖベルトの摩擦力

先に述べたとおり，平ベルト伝動では，プーリと平ベルトの滑りを避けることはできない．平ベルト伝動の滑りをある程度軽減する方法がＶベルト伝動である．ここでは，Ｖベルトの利用でどの程度，滑りを軽減するための摩擦力を高めることができるかを学ぶ．

いま，ＶベルトがＶプーリの溝に押し付けられる力を N，溝の角度を 2α として，その結果，Ｖベルトが溝の側面から受ける力を Q，溝の側面からは μQ の摩擦力を受けると考える．これらの力はベクトルであるが，ここでは大きさだけを考え，方向は

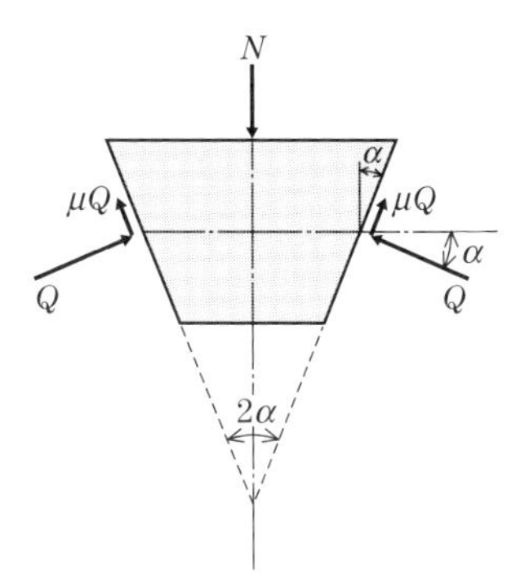

図 7・22　ＶベルトとＶプーリの摩擦力

図中に矢印で示している．**図 7·22** において，半径方向の力のつり合いから

$$N=2(Q\sin\alpha+\mu Q\cos\alpha)$$

となり，V 溝の側面から受ける力 Q は

$$Q=\frac{N}{2(\sin\alpha+\mu\cos\alpha)}$$

で表される．したがって，V ベルトと V プーリの円周方向の摩擦力 F は

$$F=2\mu Q=\frac{\mu N}{\sin\alpha+\mu\cos\alpha}$$

となる．

5 チェーン伝動におけるリンク長さと速度変動

チェーンのローラとローラの間のプレート（ローラ間）は直線であるため，チェーンはスプロケットに対して，ちょうど多角形柱に糸が巻き付けられた状態になる．したがって，スプロケットが一定の角速度で回転していても，チェーンは多角形運動をしている関係で，チェーンの周速度は変動を繰り返すことになる．

このため，チェーン伝動では振動が発生しやすくなるが，スプロケットの歯数を増やすことでその影響を少なくすることがある程度可能である．

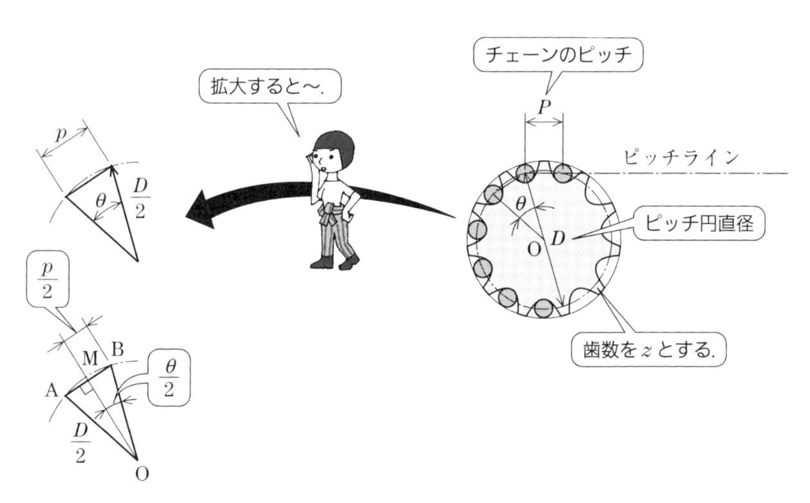

図 7・23　チェーンの速度変動

●1 チェーンの速度

いま，チェーンのピッチを p，ピッチ円直径を D，スプロケットの歯数を z とする（図 **7･23**）.

スプロケットが一定の角速度 ω で回転しているとすると，図 **7･24** のように，$\theta=\dfrac{2\pi}{z}$ であるので，三角形の関係から

$$\frac{\overline{\mathrm{AB}}}{2}=\frac{D}{2}\sin\frac{\theta}{2}$$

となり，$\overline{\mathrm{AB}}=p$ の関係を用いると

$$D=\frac{p}{\sin\dfrac{\theta}{2}},\qquad p=D\sin\frac{\pi}{z}$$

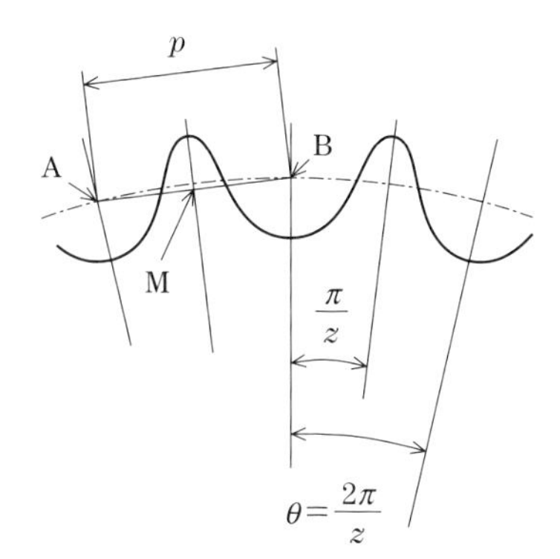

図 7・24　スプロケット

を得る．次に，チェーンのピッチラインとスプロケットの中心 O との距離を考えると $\overline{\mathrm{OA}}$，$\overline{\mathrm{OB}}$ で最大，$\overline{\mathrm{OM}}$ で最小になることがわかる．(周速度)＝(半径)×(角速度）で求められるので，点 A で周速度が最大，点 M で周速度は最小となることがわかる．したがって，スプロケットの角速度が ω で一定であっても，チェーンの周速度は周期的に変化していることがわかる.

ここで，点 A の最大周速度 $v_{\max}$ と点 M の最小周速度 $v_{\min}$ を求めると，

$$\begin{cases} v_{\max}=\overline{\mathrm{OA}}\cdot\omega=\dfrac{D\omega}{2} \\ v_{\min}=\overline{\mathrm{OM}}\cdot\omega=\dfrac{D}{2}\cos\dfrac{\theta}{2}\,\omega=\dfrac{D\omega}{2}\cos\dfrac{\theta}{2} \end{cases}$$

となる．また，最大周速度 $v_{\max}$ と最小周速度 $v_{\min}$ の比を求めると

$$\frac{v_{\min}}{v_{\max}}=\cos\frac{\theta}{2}=\cos\frac{\pi}{z}$$

となる．この式より，スプロケットの歯数を大きくすると

$$\cos\left(\frac{\pi}{\mathrm{z}}\right)\rightarrow 1,\qquad v_{\max}\fallingdotseq v_{\min}$$

となり，周速度の変化は少なくなることが推測できる.

● 2 チェーンの長さの算定

チェーン伝動におけるチェーンの長さ（リンク数）を求めてみよう．

両スプロケットについて，当初予定の軸間距離を l，歯数を z_1，z_2 とし，軸間距離 l をリンク数で表したものを C_p' とすると，概略のリンク数 L_p は

$$L_p = \frac{z_1 + z_2}{2} + 2C_p' + \frac{(z_2 - z_1)^2}{4\pi^2 C_p'}$$

で表される．ここで C_p' は

$$C_p' = \frac{(\text{軸間距離})}{(\text{チェーンのピッチ})} = \frac{l}{p}$$

である．求めたリンク数 L_p の端数（小数点以下）は切り上げて整数リンクとする．次に，求めた概略のリンク数 L_p を用いて，所要の軸間距離 l およびそのリンク数 C_p を求める．まず，

$$B = L_p - \frac{z_1 + z_2}{2}$$

とすると，以下のようになる．

$$C_p = \frac{1}{4}\left\{B + \sqrt{B^2 - \frac{2(z_2 - z_1)^2}{\pi^2}}\right\} \qquad (l = pC_p)$$

求めたリンク数が奇数リンクとなった場合は，オフセットリンクを加えて偶数リンクとする（156 ページ参照）．その結果，生じたたるみは軸間距離を調節して対処するか，軸間距離が調節できない場合は，中間にアイドラスプロケットやテンショナスプロケットを用いるなどしてたるみに対処するとよい．

また，スプロケットの歯数や軸間距離を変え，リンク数を再計算して，偶数リンクとなるようにするのも一策である．

7-1　高速回転するプーリに巻き掛けたベルトにより動力を伝達するとき，このプーリの伝達動力を求めなさい．

ただし，ベルトの張り側の張力は $T_1 = 300$ N，巻掛け角は $\theta = 120°$，摩擦係数は $\mu = 0.3$，ベルト速度は $v = 10$ m/s，ベルトの単位長さの質量は $m = 0.2$ kg/m とする．

解答　遠心力を考慮すると，ベルトの張力は mv^2 だけ増加することになる．

$$mv^2 = 0.2\ \text{kg/m} \cdot (10\ \text{m/s})^2 = 20\ \text{kg} \cdot \text{m/s}^2 = 20\ \text{N}$$

$$e^{\mu\theta} = e^{0.3 \cdot \frac{120}{180}\pi} \doteqdot 1.874$$

$$T_1 = \frac{e^{\mu\theta}}{e^{\mu\theta}-1}\,T + mv^2$$

$$T = \frac{(T_1 - mv^2)(e^{\mu\theta}-1)}{e^{\mu\theta}} \doteqdot 130.6\ \mathrm{N}$$

したがって，伝達動力は

$$P = Tv = 130.6\ \mathrm{N} \times 10\ \mathrm{m/s} = 1\,306\ \mathrm{N \cdot m/s}$$

197 ページの付録 1.3.3 より

$$1\,306\ \mathrm{N \cdot m/s} = 1\,306\ \mathrm{J/s} = 1\,306\ \mathrm{W} = 1.306\ \mathrm{kW}$$

● 3　チェーン伝動の速度伝達比

図 7·25 において，駆動車，被動車それぞれのスプロケットの歯数を z_1，z_2，回転速度 N_1，N_2〔min^{-1}〕，ピッチを p〔mm〕とすれば，速度伝達比 i，平均周速度 v_m〔m/s〕は次のように求めることができる．

$$i = \frac{N_1}{N_2} = \frac{z_2}{z_1}$$

$$v_m = \frac{pz_1N_1}{1000 \cdot 60} = \frac{pz_2N_2}{1000 \cdot 60}$$

あるいは　$\dfrac{\pi z_1 N_1}{1000 \cdot 60} = \dfrac{\pi z_2 N_2}{1000 \cdot 60}$　〔m/s〕

チェーン伝動では，平均周速度 v_m は，最大 7 m/s であるが，2〜3 m/s が望ましい．

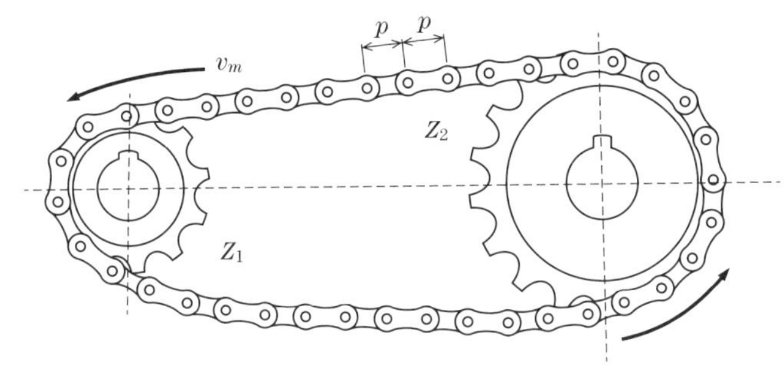

図 7・25　チェーン伝動

7-3 巻掛け伝動の使われ方

ベルト伝動 どれを選ぶか 技術者しだい

Point

❶ Vベルト伝動は摩擦力を利用しているので，無段変速が可能である．
❷ 歯付きベルト伝動は，正確かつ静音に回転を伝達できる．
❸ チェーン伝動は，軽負荷から重負荷まで伝動することが可能である．

❶ ベルト伝動装置

平ベルトやVベルト伝動装置は，摩擦力を用いた動力伝達機構であるため，プーリの直径を変化させることで容易に変速させることができる．加えて，軸間距離が大きいときの伝達に適しており，Vベルトでは重負荷の伝達にも適している．

最近では，**金属ベルト式 CVT**（**無段変速装置**）と呼ばれるベルト伝動装置が，自動車の変速装置（トランスミッション）に使われている．この金属ベルト式 CVTは，Vベルトのかわりに金属ベルトを用いたもので，変速比を無段階にとれる利点がある．また，CVTは，トルクコンバータと違って変速時のショックもなく，滑らかな変速が可能となり，さらに加速性能や燃費性能にも優れている．

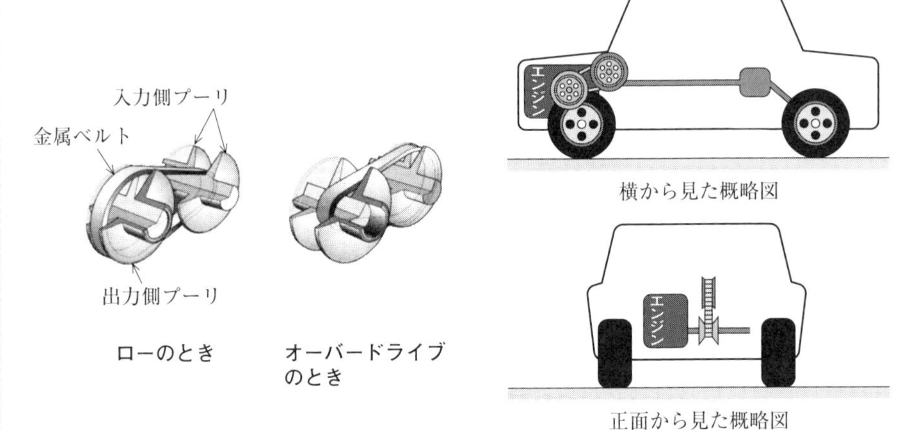

図7・26　金属ベルト式 CVT[6), 7)]

図 7·26 に示すような金属ベルト式 CVT は，入力側プーリ（プライマリプーリ）と出力側プーリ（セカンダリプーリ），動力を伝達する金属ベルトで構成されている．それぞれのプーリは固定プーリと可動プーリからなり，金属ベルトはこの固定プーリの傾斜面と可動プーリの傾斜面とではさまれ，摩擦によって動力を伝達する．

金属ベルト CVT による変速は，金属ベルトに接している入力側プーリと出力側プーリの直径をそれぞれ変化させて行う．そのため，連続的な変速比が得られるだけではなく，変速範囲を広くすることができ，現在では小型車から大型車まで幅広く普及が進んでいる．

2 歯付きベルト伝動装置

歯付きベルト伝動装置は，① 軽い，② スリップしない，③ 騒音が出ない，④ 軸間距離が大きくても伝達が可能，⑤ 無給油（無油滑）で使用できるといった特長を活かし，医療機器や事務機器，自動機などに広く利用されている．

3 チェーン伝動装置

チェーン伝動装置に使われているチェーンには，ローラチェーン，コンベヤチェーン，サイレントチェーンなどがあるが，一般にはローラチェーンが多く用いられている．用途によっては，無給油チェーン，重荷重用チェーン（**図 7·27** (a)），耐環境チェーン，低騒音チェーン，曲線チェーン（図 7·27 (b)）など，さまざまな種類のチェーンがある．

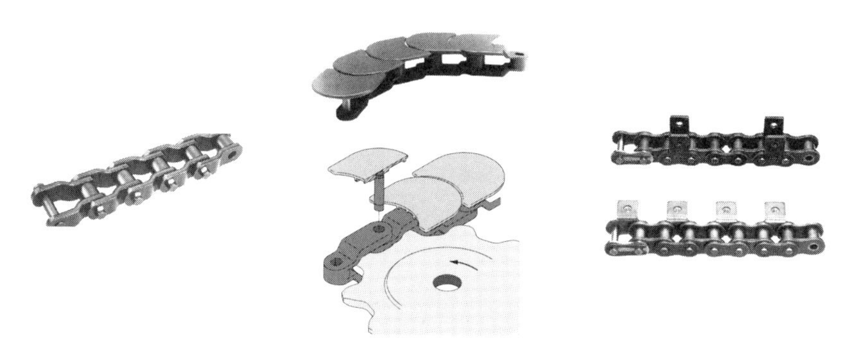

(a) 重荷重用ローラチェーン　(b) 搬送用横曲がりチェーン　(c) アタッチメント付きチェーン

図 7・27　いろいろなチェーン[12),13),14)]

また，チェーンは，コンベヤとしても使用されている．今日では食品や化学薬品における大量生産のコンベヤ用チェーンとして，耐腐食性のあるステンレスチェーンや樹脂製チェーンが活躍している．

このほか，アタッチメント付きチェーン（図 7·27（c））などもあり，食品機械，事務機械，情報関連機器，精密機械など各方面で使用されている．

チェーンを用いて運動方向や動力の伝達変換を行うには，**図 7·28** に示すように**巻掛け伝動**，**つり下げ駆動**，**けん引駆動**，**ピンギヤ駆動**などという使い方もある．

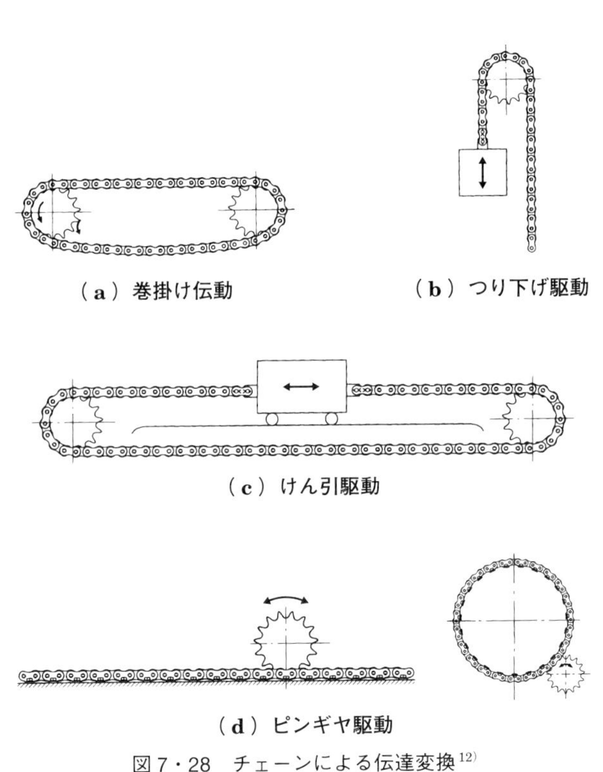

図 7・28　チェーンによる伝達変換[12]

COLUMN　チェーンの話

チェーン（鎖）の歴史は古く，紀元前より用いられてきたようだ．当時は，外敵の侵入を防ぐために用いられていたり，船をつなぎとめ（係留）たりするのが主な使い方であったらしい．その後，物をもち上げたり移動したりするチェーン機構として使われるようになった．

また，この本来の“チェーン”という道具自体を指すほかにも，チェーンという語は「レストランチェーン」や「チェーン店」などと，日ごろ何気なく使われており，馴染み深いものである．これは，同一資本系列の店舗や同一ブランドの店舗などを意味しており，チェーンの連なっているイメージによるものと思われる．

また，「チェーン」という単位もある．長さの単位で

1 チェーン〔chain〕＝66 フィート〔ft〕＝22 ヤード〔yd〕

というものである．一定の長さの棒をチェーンのようにつなげて測定具（測鎖（そくさ）と呼ぶ）としたものである．

チェーンではないが，マラソンコースの長さを測る公式の方法の一つに，50 メートルワイヤによる計測法もある．これは，50 m を正確に写しとったワイヤ（国際陸上競技連盟・長距離競走路ならびに競歩路公認に関する細則による）をチェーンのように繰り返しながらコースを測定する方法である．

COLUMN　転位歯車

歯車の歯数が少ないと，「歯元があたって回転できない」いわゆる歯の**干渉**を生じ，また，ラック工具で歯車を切削加工すると「歯元を削り過ぎる」いわゆる**切下げ**を生ずる．

この現象が発生する最小歯数について，標準平歯車では，歯数を z，圧力角を α としたとき，理論的に，

$$z \geq \frac{2}{\sin^2\alpha}$$

とされている．ここで，$\alpha = 20°$ とすると $z \geq 17.1$ となるが，実用的には 14 秒以上とされている．

それでも歯数の少ない歯車が必要な場合，**転位**という方法で干渉や切下げを防ぐ．

具体的には，ラック工具を標準の位置より手前で歯切りをするプラスの転位と，その逆のマイナスの転位がある．プラスの転位では歯厚が太くなり，マイナスの転位では全体が細身の歯となる．どちらでも歯たけは変わらない．

また，中心距離を多少調節する意味で転位を利用することもある．

この転位について詳細に興味のある方は，機械設計や機械要素などの専門書を参考にしてほしい．

章末問題

問題 1 次の文章の（　　）に適当な語句を入れ，文章を完成させなさい．

(1) 定滑車では，荷重を引き上げる（　　）を変えることができるが，（　　）は変化しない．これに対して動滑車は，荷重を引き上げる（　　）は変わらないが，引き上げる（　　）を小さくすることができる．

(2) 動滑車の数を増やすことで，（　　）で荷重を引き上げることが可能となる．

問題 2 原動側スプロケットの歯数を 32 枚，従動側スプロケットの歯数を 76 枚，軸間距離を 300 mm，チェーンのピッチを 9.525（35 番）としたときにおける，チェーン長さ（リンク数）を求めなさい．

問題 3 低速回転しているプーリにおいて，摩擦係数 $\mu = 0.3$，ベルトの巻掛け角 $\theta = 158°$ のとき，張り側の張力 T_1，ゆるみ側の張力 T_2 を求めなさい．ただし，$T = T_1 - T_2 = 680$ N とする．

問題 4 平ベルト伝動装置で，軸間距離が 1.2 m，原動側プーリの直径が 220 mm，従動側プーリの直径が 360 mm のとき，(1) 平行掛けの場合，(2) 十字掛けの場合，のベルト長さ，巻掛け角を求めなさい．

問題 5 V ベルト伝動において，原動機の回転速度 $N_1 = 1\,000$ min^{-1} で原動側プーリが回転しているとする．また，従動側は，呼び外径 $D_O = 280$ mm のプーリが回転速度 $N_2 = 600$ min^{-1} で回転しているとする．ただし，軸間距離は $l = 820$ mm であり，V ベルトは 3 V 細幅を用いるものとする（**表 7·5**）．このときのベルト長 L_O および原動側小プーリの呼び外径 d_O を求めなさい．

表 7・5　V ベルトの有効周長さ

単位〔mm〕

ベルトの呼び番号	有効周長さ 3 V
800	2032.0
850	2159.0
900	2286.0
950	2413.0
1 000	2540.0
1 060	2692.0
1 120	2845.0

（JIS K 6368：1999 より引用）

章末問題の解答

第 1 章

問題 1

（1） 転がり接触，滑り接触，転がり接触と滑り接触の両方

（2） 平面運動，球面運動，らせん運動

（3） 面対偶，線対偶，点対偶

（4） 原動節（原節），従動節（従節），媒介節（連節または，中間節），固定節（静止節）

問題 2

（1） 4 節回転連鎖

（2） 節 A：原動節（原節），節 B：媒介節（連節または，中間節），節 C：従動節（従節），節 D：固定節（静止節）

問題 3 てこは揺動運動を行い，クランクは回転運動を行う．

問題 4

（1） 機構とは，複数の部品間で限定された相対運動をするような組合せをいう．

（2） 機械の基本的な定義は以下のようなものである．

・外力に抵抗して，それ自身を保つことのできる部品で構成されている．

・各部品が相対的，かつ定まった運動をする．

・外部から供給されたエネルギーを有効な仕事に変換する

機械の定義の 3 項目と（1）に示した機構の定義を比較すると，共通するのは「各部品が相対的，かつ定まった運動をする」だけである．

機構とは，機械や器具などの部品の実際の形状，材質，質量，および伝達される力などを考えず，部品の組合せによる相対運動のみを考えるものである．

第 2 章

問題 1 **図解答 2･1** (a) のように，軸方向の移動で自由度 1，軸回りの回転で自由度 1，合計で自由度 2 となる．

図解答 2･1 (b) のように平面上の横方向の移動で自由度 1，平面上の縦方向の移動で自由度 1，平面上の回転で自由度 1，合計で自由度 3 となる．

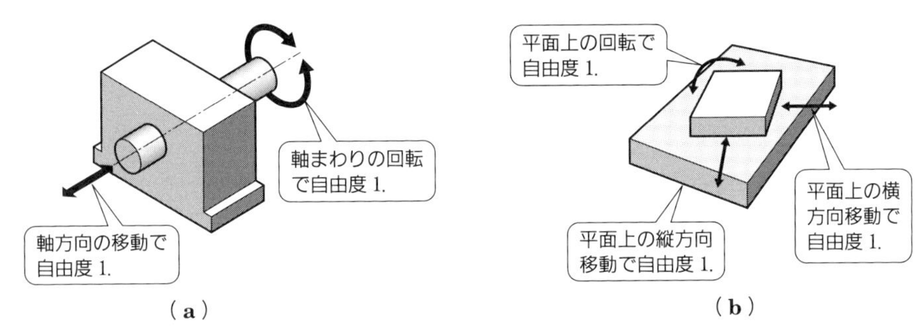

図解答 2・1

問題 2

(1) 並進運動，回転運動，(2) 回転運動

問題 3

(1) X 軸と Y 軸の交点を O とし，移動する円の中心を C とおく．中心 C は，円が 1 回転すると πd だけ進む．角速度は 10 rad/s であるから，1 秒あたり $\dfrac{10}{2\pi}$ rad 回転する．したがって，中心 C が 1 秒間あたりに進む距離は

$$\pi d\,\frac{10}{2\pi} = 10r = 10 \cdot 100$$

$$= 1\,000 = 1.0\ \mathrm{m}$$

これより，中心 C の速度は 1.0 m/s.

(別解) **図解答 2･2** より $\overline{OQ} = \overset{\frown}{PQ}$ より，円の中心 C の座標は $(r\theta,\ r)$ となる．中心 C における x 軸，y 軸方向の速度を求めると

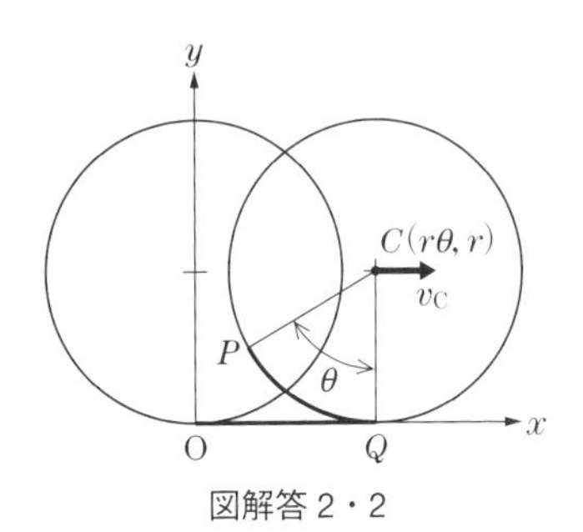

図解答 2・2

$$z_x = \frac{dx}{dt} = r\omega, \qquad v_y = \frac{dy}{dt} = \frac{dr}{dt} = 0$$

となり，X 軸方向の速度のみが残る（r は定数）．したがって，中心 C の速度は

$$v_C = r\omega = 100\ \text{mm} \cdot 10\ \text{rad/s}$$
$$= 1\,000\ \text{mm/s} = 1.0\ \text{m/s}$$

(2)　**図解答 2･3** において Q は瞬間中心である．$\overline{OP}$ の延長線と円周との交点を R とすると，$\triangle OQR$ は正三角形であるから

$$\overline{PQ} = \sqrt{3} \cdot \overline{OP} = \sqrt{3} \cdot 50 \fallingdotseq 86.60\ \text{mm}$$

したがって，点 P の速度 v_P は

$$v_P = \overline{PQ} \cdot \omega = 86.60\ \text{mm} \cdot 10\ \text{rad/s}$$
$$= 0.866\ \text{m/s}$$

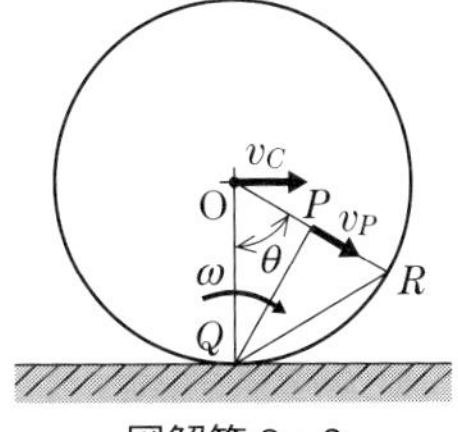

図解答 2・3

問題 4

(1)　**図解答 2･4** において点 A を通る床に垂直な直線と，点 B を通る斜面に垂直な直線の交点が，求める瞬間中心 O である．

(2)　まず，△OAB において，正弦定理（付録 2･1，199 ページ）より

$$\frac{\overline{OA}}{\sin 75^\circ} = \frac{\overline{OB}}{\sin 60^\circ}$$
$$= \frac{80}{\sin 45^\circ}$$
$$\fallingdotseq 113.137$$

となる．次に，$\overline{OA}$ の長さを求める．

$$\overline{OA} = 113.137 \cdot \sin 75^\circ$$
$$= 109.28\cdots \fallingdotseq 109.3\ \text{cm}$$

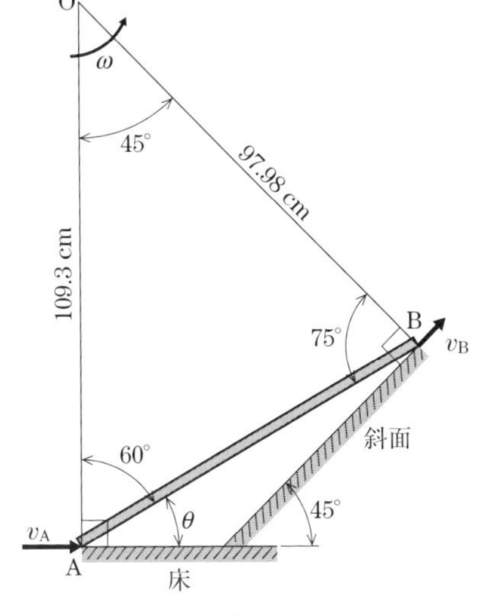

図解答 2・4

棒 AB は，点 O を中心に回転しており，端 A の速度は $v_A = 20$ cm/s であるから，棒の角速度を ω とすれば

$$\omega = \frac{v_A}{\overline{OA}} = \frac{20}{109.28} = 0.18301 \cdots \fallingdotseq 0.1830 \text{ rad/s}$$

(3)　$\overline{OB}$の長さを正弦定理から求めると

$$\overline{OB} = 113.137 \cdot \sin 60° = 97.9795 \cdots \fallingdotseq 97.98 \text{ cm}$$

となる．したがって，端Bの速度は，以下のようになる．

$$v_B = \overline{OB} \cdot \omega = 97.9795 \cdot 0.18301 = 17.931 \cdots \fallingdotseq 17.93 \text{ cm/s}$$

(別解)　$v_A : v_B = \overline{OA} : \overline{OB}$となるので，以下のように求めることができる．

$$v_B = \frac{\overline{OB}}{\overline{OA}} v_A = \frac{97.9795}{109.28} \cdot 20 = 17.931 \cdots \fallingdotseq 17.93 \text{ cm/s}$$

〔解答の注意点〕

数値で解答する問題では，通常より1～2桁程度多めに数値を表示した．機械工学の一般的な問題では，3桁の有効数字が十分である．

数段階の計算で結果を出す問題であっても，各段階の途中結果は3桁よりも多い4～5桁で四捨五入した値を用いればよい．

あるいは，電卓のメモリ機能を用いてすべての桁を用いてもよい．これらの方法で，有効数字の最下桁に差異を生じてもまちがいではない．

以下の問題の解答も同様である．

第 3 章

問題1 位相を変えて同じ平行クランク機構を取り付ける．また，フライホイルを取り付け，慣性力を利用することも良策である．

問題2 てこクランク機構が成立する条件は，最短節であるクランクAと他の1節の長さの和が，残りの2節の長さの和よりも小さいか，等しくなることである（グラスホフの定理）．固定節の長さを D とし，$A=30$ mm，$B=100$ mm，$C=60$ mm とおけば，式（3·7）より

① $A+B \leq C+D$ より，　$30+100 \leq 60+D$

② $A+C \leq B+D$ より，　$30+60 \leq 100+D$

③ $A+D \leq B+C$ より，　$30+D \leq 100+60$

以上の不等式が成り立つような D の範囲を求めると

$$70 \leq D \leq 130$$

したがって，固定節 D の長さの条件は，70 mm 以上，130 mm 以下である．

問題3 **図解答 3·1** に示したように，節 B 節 D の瞬間中心 O_{BD} を求める．三中心の定理より，線分 $\overline{O_{AD}O_{AB}}$ の延長線と，線分 $\overline{O_{CD}O_{BC}}$ の延長線との交点が O_{BD} となる．

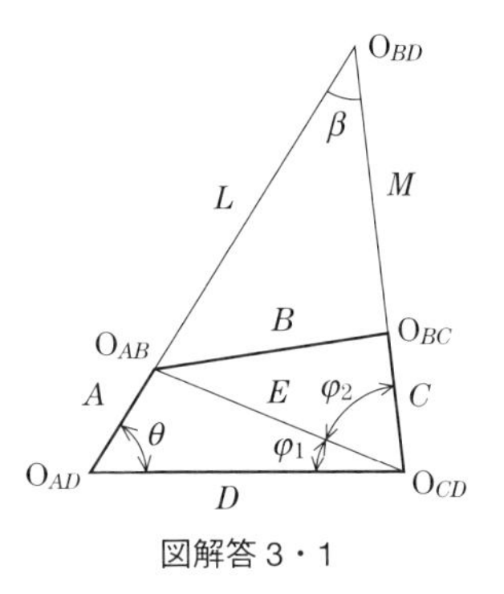

図解答 3・1

まず，点 O_{AB} の速度 v_A は，長さ 30 mm の節 A が 50 rad/s で回転しているので

$$v_A = (\text{半径}) \times (\text{角速度})$$
$$= A \cdot \omega_A = 30 \cdot 50 = 1\,500 \text{ mm/s}$$

となる．次に，図中の L と M の長さを求める．まず，$\triangle O_{AD}O_{CD}O_{AB}$ に着目して，第2余弦定理（199ページ）より

$$E = \sqrt{A^2 + D^2 - 2AD\cos\theta}$$

また，正弦定理 $\dfrac{E}{\sin\theta} = \dfrac{A}{\sin\varphi_1}$ を変形して

$$\sin\varphi_1 = \frac{A\sin\theta}{E} \quad \Rightarrow \quad \varphi_1 = \sin^{-1}\left(\frac{A\sin\theta}{E}\right)$$

となる．以上より，対角線の長さ E と角度 φ_1 を求めると

解答

$$E=\sqrt{30^2+120^2-2\cdot 30\cdot 120\cdot \cos 65^\circ}$$
$$=\sqrt{12\,257.1485}\fallingdotseq 110.71\ \mathrm{mm}$$

$$\varphi_1=\sin^{-1}\left(\frac{30\cdot \sin 65^\circ}{110.71}\right)=\sin^{-1}0.24559\fallingdotseq 0.24813\ \mathrm{rad}\fallingdotseq 14.217^\circ$$

となる．さらに，$\triangle O_{AB}O_{CD}O_{BC}$ に着目して，第 2 余弦定理より

$$\varphi_2=\cos^{-1}\left(\frac{\mathrm{E}^2+\mathrm{C}^2-\mathrm{B}^2}{2EC}\right)$$

$$\varphi_2=\cos^{-1}\left(\frac{110.71^2+60^2-100^2}{2\cdot 110.71\cdot 60}\right)=\cos^{-1}0.44084\fallingdotseq 1.11426\ \mathrm{rad}=63.843^\circ$$

となる．次に，$\triangle O_{BD}O_{AD}O_{CD}$ に着目して，正弦定理

$$\frac{D}{\sin\beta}=\frac{M+C}{\sin\theta}=\frac{L+A}{\sin(\varphi_1+\varphi_2)}$$

より，ただし，$\beta=\pi-\theta-\varphi_1-\varphi_2$ として

$$L=\frac{D\sin(\varphi_1+\varphi_2)}{\sin\beta}-A=\frac{120\cdot\sin(14.217^\circ+63.843^\circ)}{\sin 36.940^\circ}-30\fallingdotseq 165.35\ \mathrm{mm}$$

$$M=\frac{D\sin\theta}{\sin\beta}-C=\frac{120\cdot\sin 65^\circ}{\sin 36.940^\circ}-60\fallingdotseq 120.97\ \mathrm{mm}$$

となる．

点 O_{AB} の速度 v_A と点 O_{BC} の速度 v_C は，瞬間中心点 O_{BD} からの長さに比例する．したがって，L と M の長さから

$$v_\mathrm{C}=\frac{M}{L}v_\mathrm{A}=\frac{120.97}{165.35}\cdot 1\,500=1\,097.399\cdots\fallingdotseq 1\,097\ \mathrm{mm/s}=1.097\ \mathrm{m/s}$$

を得る．

問題 4 $\triangle O'_{BC}O_{CD}O_{AD}$ と $\triangle O''_{BC}O_{CD}O_{AD}$ について，

$$\angle O'_{BC}O_{CD}O_{AD}=\alpha \qquad \angle O''_{BC}O_{CD}O_{AD}=\beta$$

とすると，$\alpha-\beta$ が求める節 C の揺動角である．

この二つの三角形に第二余弦定理（199 ページ）を適用し，α と β を求める．まず，$\triangle O'_{BC}O_{CD}O_{AD}$ は

$$(B+A)^2 = C^2+D^2-2CD\cos\alpha$$

$$\cos\alpha = \frac{C^2+D^2-(B+A)^2}{2CD} = \frac{60^2+120^2-(100+30)^2}{2\cdot 60\cdot 120}$$

$$= 0.0763888\cdots \fallingdotseq 0.076384$$

逆三角関数（200 ページ）より

$$\alpha = \cos^{-1} 0.07639 \fallingdotseq 1.4943\ \text{rad} \fallingdotseq 85.62^\circ$$

次に，$\triangle O''_{BC}O_{CD}O_{AD}$ は

$$(B-A)^2 = C^2+D^2-2CD\cos\beta$$

$$\cos\beta = \frac{C^2+D^2-(B-A)^2}{2CD} = \frac{60^2+120^2-(100-30)^2}{2\cdot 60\cdot 120} \fallingdotseq 0.90972$$

$$\beta = \cos^{-1} 0.90972 \fallingdotseq 0.4282\ \text{rad} \fallingdotseq 24.53^\circ$$

したがって，求める揺動角は

$$\alpha-\beta = 1.4943-0.42819 = 1.0661\ \text{rad} \fallingdotseq 61.09^\circ$$

問題 5｜ 節 A と節 B が一直線上になる瞬間は，**図解答 3·2** に示した二つの場合が考えられる．

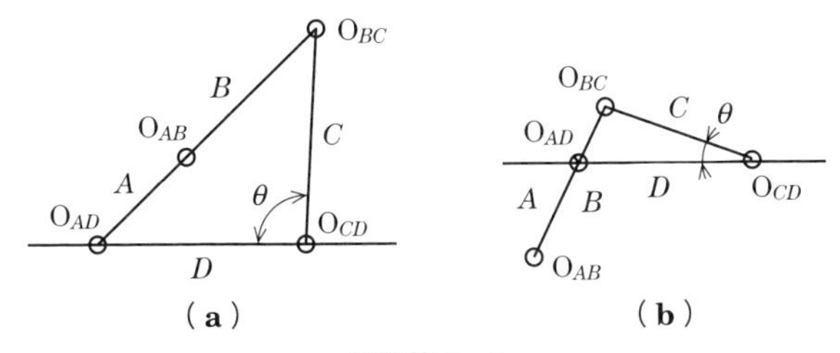

図解答 3・2

(1)　まず，図解答 3·2 (a) のような場合で，$\triangle O_{AD}O_{CD}O_{BC}$ について余弦定理を適用して角度を求めると，以下のようになる．

$$\cos\theta = \frac{55^2+50^2-(30+45)^2}{2\cdot 55\cdot 50} = -\frac{100}{5\,500} \fallingdotseq -0.018182$$

$$\theta = \cos^{-1}(-0.018182) \fallingdotseq 1.5890\ \text{rad} \fallingdotseq 91.04^\circ$$

(2)　次に，図解答 3·2 (b)のように節 A と節 B が重なる場合で，$\triangle O_{AD}O_{CD}O_{BC}$ について余弦定理を適用すると

$$\cos\theta = \frac{55^2 + 50^2 - (30-45)^2}{2 \cdot 55 \cdot 50} = \frac{5\,300}{5\,500} \fallingdotseq 0.96364$$

$$\theta = \cos^{-1} 0.96364 \fallingdotseq 0.2705\ \text{rad} = 15.50°$$

となる．

第 4 章

問題 1

(1)　回転カム，直進カム（直動カム）

(2)　変位，速度，加速度，カム線図

(3)　変位曲線，基礎曲線

問題 2

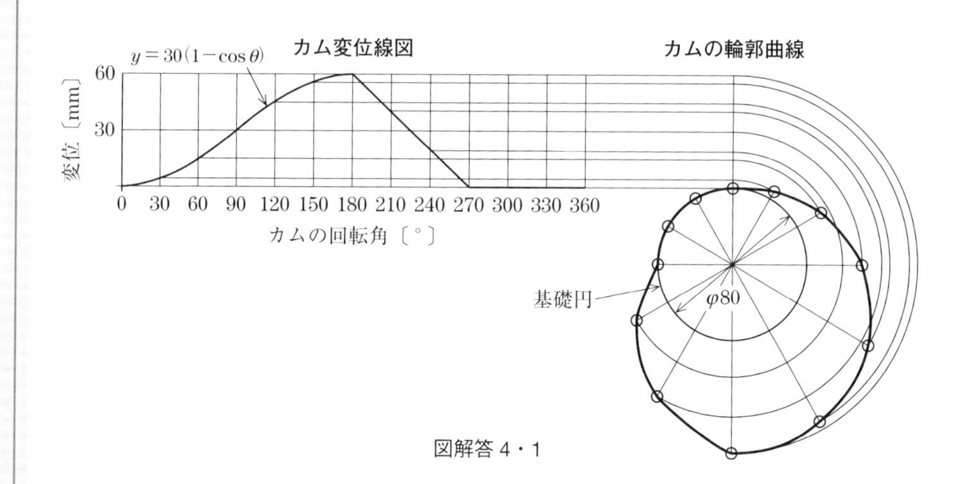

図解答 4・1

問題3｜ それぞれの与えられている範囲での変位式を導く．計算をする場合，角度は度数法〔°〕ではなく弧度法〔rad〕で示しておくとよい．

$0<\theta<\frac{2\pi}{3}$ では等速度運動なので，従動節の変位は直線で示される．条件より

$$y=50\cdot\frac{3}{2\pi}\cdot\theta\,\frac{75}{\pi}\theta$$

となり，次の $\frac{2\pi}{3}<\theta<\pi$ では，従動節はその位置を維持しているので，$y=50$ となる．

その次の $\pi<\theta<\frac{3\pi}{2}$ では，単振動 $a\sin(\theta+b)$ で 50 mm 下降なので，単振動の式に条件を入れ，a と b を決定する．

$\theta=\pi$ で $y=50$ より，

$$50=a\sin(\pi+b) \qquad ①$$

$\theta=\frac{3\pi}{2}$ で $y=0$ より，

$$0=a\sin\left(\frac{3\pi}{2}+b\right) \qquad ②$$

① より，$50=a\sin(\pi+b)=a\sin\pi\cos b+a\cos\pi\sin b$ なので，

$$-a\sin b=50 \qquad ③$$

② より，$0=a\sin\left(\frac{3\pi}{2}+b\right)=a\sin\frac{3\pi}{2}\cos b+a\cos\frac{3\pi}{2}\sin b$ なので，

$$-a\cos b=0 \qquad ④$$

式 ④ より，$a\neq 0$ なので，$\cos b=0$，すなわち $b=\frac{\pi}{2}$ を得る．次に，$b=\frac{\pi}{2}$ を式 ③ に代入して $a=50$ を得る．したがって，変位式は $y=-50\sin\left(\theta+\frac{\pi}{2}\right)$ となる．

次の $\frac{3\pi}{2}<\theta<2\pi$ では，そのまま位置を保つので $y=0$ となる．

以上の求められた式より，速度である $\frac{dy}{d\theta}$ と加速度である $\frac{d^2y}{d\theta^2}$ を求めてまとめると次ページの**解答表 4·1** のようになる．

解答表 4・1　各範囲における変位式，速度，加速度

カムの回転角	変　位	速度 $\left[\dfrac{v}{\omega}\right]$	加速度 $\left[\dfrac{a}{\omega^2}\right]$
$0<\theta<\dfrac{2\pi}{3}$	$y=50\times\dfrac{3}{2\pi}\times\theta=\dfrac{75}{\pi}\theta$	$\dfrac{dy}{d\theta}=\dfrac{75}{\pi}$	$\dfrac{d^2y}{d\theta^2}=0$
$\dfrac{2\pi}{3}<\theta<\pi$	$y=50$	$\dfrac{dy}{d\theta}=0$	$\dfrac{d^2y}{d\theta^2}=0$
$\pi<\theta<\dfrac{3\pi}{2}$	$y=-50\sin\left(\theta+\dfrac{\pi}{2}\right)$	$\dfrac{dy}{d\theta}=-50\cos\left(\theta+\dfrac{\pi}{2}\right)$	$\dfrac{d^2y}{d\theta^2}=50\sin\left(\theta+\dfrac{\pi}{2}\right)$
$\dfrac{3\pi}{2}<\theta<2\pi$	$y=0$	$\dfrac{dy}{d\theta}=0$	$\dfrac{d^2y}{d\theta^2}=0$

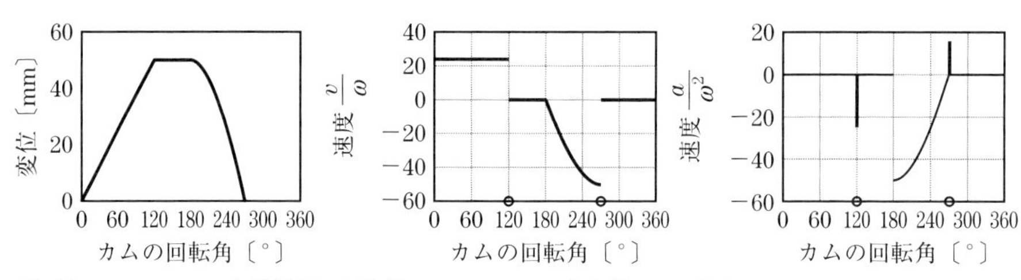

図解答 4・2　カムの変位線図　図解答 4・3　カムの速度線図　図解答 4・4　カムの加速度線図

第 5 章

問題 1

（1）　静摩擦（静止摩擦），動摩擦（運動摩擦）

（2）　転がり接触伝動

問題 2

原動節の直径を D_1，従動節の直径を D_2 とすると，題意より

$$\begin{cases} i=\dfrac{D_2}{D_1}=1.4 & ① \\ l=\dfrac{D_1+D_2}{2}=102 & ② \end{cases}$$

式 ①，式 ② より，$D_1=85$ mm，$D_2=119$ mm となる．

問題 3 原動節の直径を D_1，従動節の直径を D_2 とすると，題意より

$$\begin{cases} i = \dfrac{D_2}{D_1} = \dfrac{N_1}{N_2} = \dfrac{800}{200} = 4 & \text{①} \\ l = \dfrac{D_1 + D_2}{2} = 300 & \text{②} \end{cases}$$

式 ①，式 ② より，$D_1 = 120\ \mathrm{mm}$，$D_2 = 480\ \mathrm{mm}$ となる．

問題 4 最大摩擦力は，（接触部分の摩擦係数）×（加えた力）で求めることができる．したがって，伝達できる最大摩擦力は

$$(\text{最大摩擦力}) = 0.2 \cdot 400 = 80\ \mathrm{N}$$

問題 5 摩擦車の溝角は $2\alpha = 60°$, 摩擦係数は $\mu = 0.35$ であるので, $\alpha = 30°$, $\mu = 0.35$ として，見かけ上の摩擦係数 μ' を求める式に代入する．

$$\mu' = \frac{\mu}{\sin\alpha + \mu\cos\alpha} = \frac{0.35}{\sin 30° + 0.35 \cdot \cos 30°}$$

$$= \frac{0.35}{0.5 + 0.35 \cdot 0.86603} \fallingdotseq \frac{0.35}{0.80311} \fallingdotseq 0.4358$$

$$\therefore \quad \mu' = 0.4358$$

問題 6

（1） 外接円筒摩擦

二つの摩擦車で接触面に滑りがない場合，周速度は

$$v = \frac{\pi D_1 N_1}{60} = \frac{\pi D_2 N_2}{60}$$

で与えられる．これより

$$D_1 N_1 = D_2 N_2$$

を得る．また，外接摩擦車の中心距離は

$$l = \frac{D_1 + D_2}{2}$$

解答

で与えられる．以上の式と問題で与えられた $l=300$ mm，$N_1=400\ \mathrm{min}^{-1}$，$N_2=100\ \mathrm{min}^{-1}$ より

$$\begin{cases} 400\,D_1=100\,D_2 & ① \\ D_1+D_2=2\cdot 300=600 & ② \end{cases}$$

を得る．式①と式②を連立して解くことにより，D_1，D_2 が求められる．

$D_1=120$ mm，　$D_2=480$ mm

（2）内接円筒摩擦車

外接円筒摩擦車と同様に，周速度の関係より次式を得る．

$$400\,D_1=100\,D_2 \qquad ③$$

また，中心距離の式より，$D_1<D_2$ として

$$D_2-D_1=2\cdot 300=600 \qquad ④$$

を得る．以上の式③と式④を連立して解くことにより，D_1，D_2 が求められる．

$D_1=200$ mm，　$D_2=800$ mm

第 6 章

問題 1

（1）$D_1=3\cdot 18=54$ mm，　$D_2=3\cdot 45=135$ mm

（2）$l=\dfrac{m(z_1+z_2)}{2}=\dfrac{3\cdot(18+45)}{2}=94.5$ mm

あるいは

$$l=\frac{D_1}{2}+\frac{D_2}{2}=\frac{54}{2}+\frac{135}{2}=94.5\ \mathrm{mm}$$

（3）$p=\pi m=3.1416\cdot 3=9.4248\fallingdotseq 9.425$ mm

（4）$i=\dfrac{z_2}{z_1}=\dfrac{135}{54}=2.5$

（5）$D_{a1}=D_1+2m=54+2\cdot 3=60$ mm

$D_{a2}=D_2+2m=135+2\cdot 3=141$ mm

問題 2｜ モジュール $m=4$，歯数 $z=40$ である．ピッチ円直径 D は

$$D=mz=4\cdot 40=160\ \text{mm}$$

また，歯末のたけはモジュールに等しいため，歯先円直径 D_a は

$$D_a=D+2m=160+2\cdot 4=168\ \text{mm}$$

問題 3｜ 歯車列の速度伝達比 i は

$$i=\frac{\omega_a}{\omega_b}=\frac{z_b}{z_a}$$

と示される．それぞれの歯数 $z_a=30$，$z_b=90$ より

$$i=\frac{z_b}{z_a}=\frac{90}{30}=3$$

となる．また，速度伝達比の式より $\omega_a=3\omega_b$ なので，$\omega_a>\omega_b$ が理解できる．よって，この歯車列は，減速歯車である．

問題 4｜ 求める 1 対の平歯車の歯数を z_1, z_2 とする．速度伝達比 i と歯数を z_1，z_2 の関係は次のように示される．

$$i=\frac{z_2}{z_1}$$

ここで，$i=2.5$ と与えられているので，$i=\frac{z_2}{z_1}=2.5$．したがって，

$$z_2=2.5\,z_1 \qquad ①$$

を得る．また，歯車対の中心距離 l は

$$l=\frac{m(z_1+z_2)}{2}$$

となるので，上式にモジュール $m=3$ mm，中心距離 $l=210$ mm を代入すると

$$l=210=\frac{m(z_1+z_2)}{2}=\frac{3(z_1+z_2)}{2}$$

となる．したがって

$$z_1+z_2=140 \qquad ②$$

式 ① と式 ② より，$z_1=40$，$z_2=100$ を得る．

解答

問題5｜ ピニオンの基準円直径をD，モジュールをm，歯数をzとする．

ピニオンが1ピッチ（$=\pi m$）分回転するとかみ合っているラックも1ピッチ分移動する．このことから，ピニオン1回転で（ピッチ）×（歯数），すなわちπmz〔mm〕だけラックが移動することがわかる．

あるいは基準円の円周分πD〔mm〕だけラックが移動すると考えてもよい．

したがって，ラックを250 mm移動するために必要なピニオンの回転数をnとすると

$$250 = n\pi mz$$

$$n = \frac{250}{\pi mz} = \frac{250}{3.1416 \cdot 1.5 \cdot 19} = 2.79218\cdots \fallingdotseq 2.79 \text{ 回転}$$

第7章

問題1

(1) 力の向き，力の大きさ，力の向き，力

(2) 小さな力

問題2｜ 軸間距離をリンク数で表した係数Cを求める．

$$C = \frac{(\text{軸間距離})}{(\text{チェーンのピッチ})} = \frac{300}{9.525} \fallingdotseq 31.496$$

従動側のスプロケットの歯数は$z=76$，原動側のスプロケットの歯数は$z'=32$なので，リンク数Lは

$$L = \frac{z+z'}{2} + 2C + \frac{(z-z')^2}{4\pi^2 C} = \frac{76+32}{2} + 2 \cdot 31.50 + \frac{(76-32)^2}{4 \cdot 3.1416^2 \cdot 31.50}$$

$$= 54 + 62.992 + 1.557 = 118.549$$

端数（小数点以下）は切り上げとなるので，リンク数は119となる．

問題 3｜ 巻掛け角度をラジアンに直す．

$$\theta = 158^\circ = \frac{158}{180} \cdot \pi \fallingdotseq 2.7576 \text{ rad}$$

ここで $\dfrac{T_1}{T_2} = e^{\mu\theta} = e^{0.3\times 2.7576} = 2.2871$ であるから，張り側の張力 T_1 は

$$T_1 = \frac{e^{\mu\theta}}{e^{\mu\theta}-1} T = \frac{2.2871}{2.2871-1} \cdot 680 \fallingdotseq 1\,208 \text{ N}$$

緩み側の張力 T_2 は

$$T_2 = \frac{1}{e^{\mu\theta}-1} T = \frac{1}{2.2871-1} \cdot 680 \fallingdotseq 528.3 \text{ N}$$

したがって，張り側の張力 T_1 は 1 207 N，緩み側の張力 T_2 は 527 N となる．

問題 4｜

（1） 平行掛けの場合

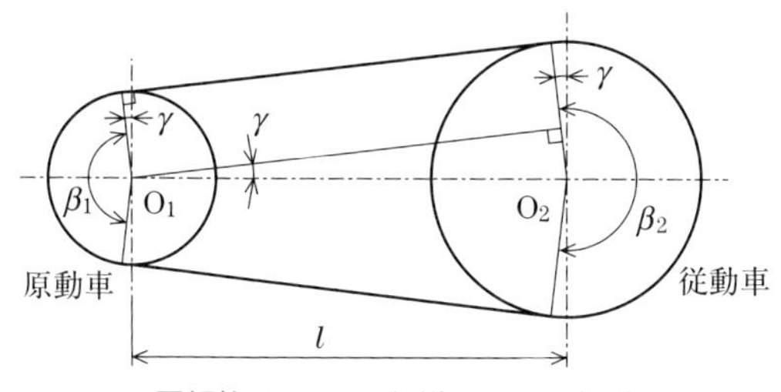

図解答 7・1 平行掛けベルト伝動

平ベルト伝動装置で，平行掛けのベルト長さ L_p は，傾斜角 γ が微小と考えられる場合，次のように求められる．

$$L_p = 2l + \frac{\pi(D_1+D_2)}{2} + \frac{(D_2-D_1)^2}{4l}$$

上式に $D_1 = 220$ mm，$D_2 = 360$ mm，$l = 1.2$ m $= 1\,200$ mm を代入して

$$L_p = 2 \cdot 1\,200 + \frac{3.1416 \cdot (220+360)}{2} + \frac{(360-220)^2}{4 \cdot 1\,200}$$
$$= 3\,315.14 \cdots \text{ mm}$$

となり，$L_p = 3\,315$ mm を得る．また，傾斜角 γ は

$$\gamma = \sin^{-1}\left(\frac{D_2 - D_1}{2l}\right)$$

$$= \sin^{-1}\left(\frac{360 - 220}{2 \cdot 1\,200}\right)$$

$$= \sin^{-1} 0.058333\cdots \fallingdotseq 0.058366 \text{ rad} \fallingdotseq 3.3441^\circ$$

となり，巻掛け角は，$\beta_1 = \pi - 2\gamma$，$\beta_2 = \pi + 2\gamma$ より

$$\begin{cases} \beta_1 = 180 - 2 \cdot 3.3441 = 173.312 \fallingdotseq 173.3^\circ \\ \beta_2 = 180 + 2 \cdot 3.3441 = 186.688 \fallingdotseq 186.7^\circ \end{cases}$$

となる．傾斜角 $\gamma \fallingdotseq 0.058366$ rad $\fallingdotseq 3.3441^\circ$ を微小と考えない場合，平行掛けのベルト長さ L_p は

$$L_p = 2l\cos\gamma + \frac{\pi(D_1 + D_2)}{2} - \gamma(D_1 - D_2)$$

となり $D_1 = 220$ mm, $D_2 = 360$ mm, $l = 1.2$ m $= 1\,200$ mm, $\gamma \fallingdotseq 0.058366$ rad を代入して

$$L_p = 2 \cdot 1\,200 \cdot \cos 0.058366 + \frac{3.1416 \cdot (220 + 360)}{2} - 0.058366 \cdot (220 - 360)$$

$$\fallingdotseq 3\,315 \text{ mm}$$

を得る．

(2)　十字掛けの場合

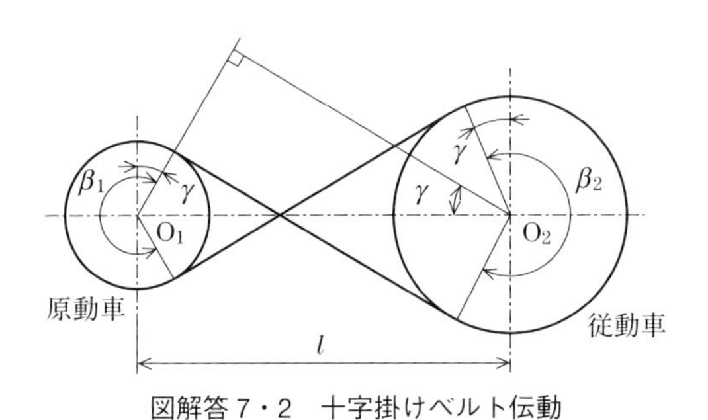

図解答 7・2　十字掛けベルト伝動

平ベルト伝動装置で，十字掛けのベルト長さ L_p は，傾斜角 γ が微小と考えられる場合，次のように求められる．

$$L_p = 2l + \frac{\pi(D_1 + D_2)}{2} + \frac{(D_2 + D_1)^2}{4l}$$

上式に，$D_1 = 220$ mm，$D_2 = 360$ mm，$l = 1.2$ m $= 1\,200$ mm を代入すると

$$L_p = 2 \cdot 1\,200 + \frac{3.141\,6 \cdot (220 + 360)}{2} + \frac{(360 + 220)^2}{4 \cdot 1\,200} = 3.381.14\cdots$$

$$\fallingdotseq 3\,381\ \mathrm{mm}$$

が得られる．また，傾斜角 γ は

$$\gamma = \sin^{-1}\left(\frac{D_2 + D_1}{2l}\right)$$

$$= \sin^{-1}\left(\frac{360 + 220}{2 \cdot 1\,200}\right)$$

$$= \sin^{-1} 0.241666\cdots$$

$$\fallingdotseq \sin^{-1} 0.241667$$

$$\fallingdotseq 0.24408\ \mathrm{rad} \fallingdotseq 13.985^\circ$$

となり，巻掛け角は，$\beta_1 = \beta_2 = \pi + 2\gamma$ より

$$\beta_1 = \beta_2 = 180 + 2 \cdot 13.985 = 207.970 \fallingdotseq 208.0^\circ$$

となる．傾斜角 $\gamma \fallingdotseq 0.24408$ rad $\fallingdotseq 13.985^\circ$ を微小と考えない場合，十字掛けのベルト長さ L_p は

$$L_p = 2l\cos\gamma + \frac{\pi(D_1 + D_2)}{2} + \gamma(D_1 + D_2)$$

となる．$D_1 = 220$ mm，$D_2 = 360$ mm，$l = 1.2$ m $= 1\,200$ mm，$\gamma \fallingdotseq 0.24409$ rad を代入して

$$L_p = 2 \cdot 1\,200 \cdot \cos 0.24408 + \frac{3.1416 \cdot (220 + 360)}{2}$$

$$+ 0.24408 \cdot (220 + 360)$$

$$\fallingdotseq 3\,381\ \mathrm{mm}$$

が得られる．

問題 5

Vベルト伝動で速度伝達比 i は

$$i=\frac{N_1}{N_2}=\frac{D_O-2k}{d_O-2k}$$

で求めることができる.

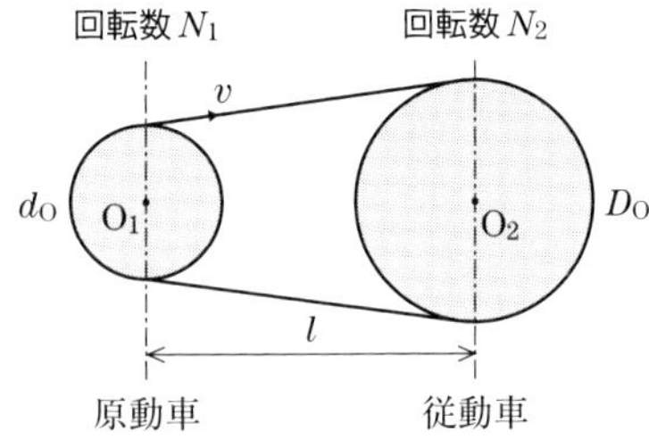

図解答 7・3　平行掛けベルト伝動

まず, 原動機の回転数 $N_1=1\,000$ rpm と従動側の回転数 $N_2=600$ rpm から, 速度伝達比 i を求める.

$$i=\frac{N_1}{N_2}=\frac{1\,000}{600}=1.6666\cdots\fallingdotseq 1.6667$$

次に, 表 7·3 より $2k=1.2$ として, $i=1.6667$, $D_O=280$ mm から小プーリの呼び外径 d_O を求める.

$$d_O=\frac{D_O-2k}{i}+2k=\frac{280-1.2}{1.6667}+1.2=168.4766\cdots\fallingdotseq 168$$

次に

$$L'_p=2l+\frac{\pi(D_O+d_O)}{2}+\frac{(D_O-d_O)^2}{4l}$$

より, 概略のベルト長 L'_p を求める.

$$L'_p=2\cdot 820+\frac{3.14\cdot(280+168)}{2}+\frac{(280-168)^2}{4\cdot 820}=2\,347.184\cdots\fallingdotseq 2\,347$$

次に, 概略のベルト長 $L'_p=2\,347$ mm に最も近い有効外周長さ L_O を規格表から選ぶ. 規格表（表 7·5）から $L_O=2\,286$ mm を選択した.

求めた小プーリの呼び外径 $d_O=168$ mm, 有効外周長さ $L_O=2\,286$ mm, および従動プーリの呼び外径 $D_O=280$ mm から, これに相当する軸間距離 l を以下の手順で求める. まず $B=L_O-\frac{\pi}{2}(D_O+d_O)$ より, B を求めると

$$B=L_O-\frac{\pi}{2}(D_O+d_O)=2\,286-\frac{3.1416}{2}(280+168)=1\,582.2816$$
$$\fallingdotseq 1\,582$$

となる. 次に $l=\frac{B+\sqrt{B^2-2(D_O-d_O)^2}}{4}$ より, 軸間距離 l が求められる.

$$l=\frac{B+\sqrt{B^2-2(D_O-d_O)^2}}{4}=\frac{1\,582+\sqrt{1\,582^2-2\cdot(280-168)^2}}{4}$$
$$=789.01\cdots\fallingdotseq 789\text{ mm}$$

付　録

1. SI 単位系

国際単位系（Le Système International d'Unités：略称 SI）の構成を以下に示す．

SI は，基本単位，補助単位，組立単位を要素とする一貫性のある単位の集まりと，これらの単位に接頭語を付けて構成される SI 単位の 10 の整数乗倍で示される（**図付録・1**）．

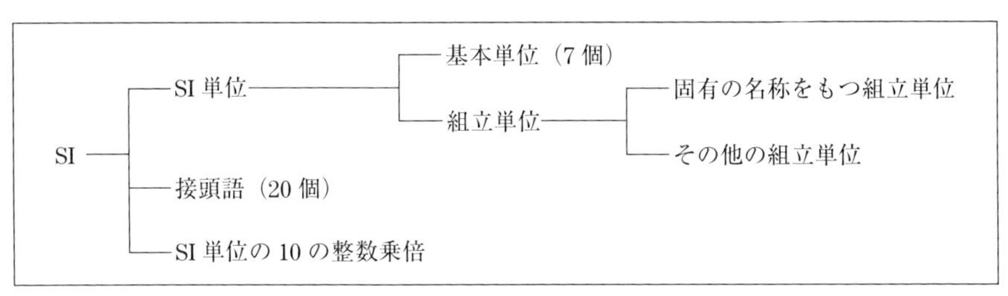

図付録・1　SI 単位の構成

1.1　SI 基本単位

SI の**基本単位**とは，SI の基礎とすることに決められた 7 個の単位であって，次元の見地から独立であるとみなすことに決められたものである．

表付録・1

量	基本単位	
	名　称	単位記号
長さ	メートル	m
質量	キログラム	kg
時間	秒	s
電流	アンペア	A
熱力学温度	ケルビン	K
物質量	モル	mol
光度	カンデラ	cd

1.2　SI 補助単位（次元のない組立単位）

1998 年に改定された SI 第 7 版から，次元 1（無次元）の組立単位に分類されている．

表付録・2

量	基本単位		定　義
	名　称	単位記号	
平面角	ラジアン	rad	**ラジアン**は，円の周上で，その半径に等しい長さの弧を切りとる 2 本の半径がなす平面角．
立体角	ステラジアン	sr	**ステラジアン**は，球の中心を頂点とし，その球の半径を 1 辺とする正方形の面積と等しい面積を，その球面上で切りとる立体角．

1.3　SI 組立単位

組立単位は，上記の基本単位と補助単位から組み立てられた単位である．

1.3.1　基本単位を用いて表される SI 組立単位の例

表付録・3

量	名　称	記　号
面積	平方メートル	m^2
体積	立方メートル	m^3
速度	メートル毎秒	m/s
加速度	メートル毎秒毎秒	m/s^2
密度	キログラム毎立方メートル	kg/m^3

1.3.2　補助単位を用いて表される組立単位の例

表付録・4

量	名　称	記　号
角速度	ラジアン毎秒	rad/s
角加速度	ラジアン毎秒毎秒	rad/s^2

1.3.3 固有の名称をもつSI組立単位

表付録・5

量	名　称	記　号	定　義
平面角	ラジアン	rad	$m/m=1$
立体角	ステラジアン	sr	$m^2/m^2=1$
周波数	ヘルツ	Hz	s^{-1}
力	ニュートン	N	$kg \cdot m/s^2$
圧力・応力	パスカル	Pa	N/m^2
エネルギー・仕事・熱量	ジュール	J	$N \cdot m$
パワー・放射束	ワット	W	J/s
電荷・電気量	クーロン	C	$A \cdot s$
電位・電位差・電圧・起電力	ボルト	V	W/A
静電容量・キャパシタンス	ファラド	F	C/V
電気抵抗	オーム	Ω	V/A
コンダクタンス	ジーメンス	S	A/V
磁束	ウェーバ	Wb	$V \cdot s$
磁束密度	テスラ	T	Wb/m^2
インダクタンス	ヘンリー	H	Wb/A
セルシウス温度	セルシウス度	℃	$t\,℃=(t+273.1)K$
光束	ルーメン	lm	$cd \cdot sr$
照度	ルクス	lx	lm/m^2
放射能	ベクレル	Bq	s^{-1}
質量エネルギー分与・吸収線量	グレイ	Gy	J/kg
線量当量	シーベルト	Sv	J/kg

1.3.4　固有の名称を用いて表されるSI組立単位の例

表付録・6

量	名　称	記　号
粘度	パスカル秒	Pa·S
力のモーメント	ニュートンメートル	N·m
表面張力	ニュートン毎メートル	N/m
熱流束密度・放射照度	ワット毎平方メートル	W/m^2
熱容量・エントロピー	ジュール毎ケルビン	J/K
比熱容量・比エントロピー	ジュール毎キログラム毎ケルビン	J/(kg·K)
熱伝導率	ワット毎メートル毎ケルビン	W/(m·K)
誘電率	ファラド毎メートル	F/m
磁化率	ヘンリー毎メートル	H/m

1.3.5　SI接頭語

SI 接頭語とは，SI 単位の 10 の整数乗倍を構成するための接頭語である．

表付録・7

倍数	接頭語	記号	倍数	接頭語	記号
10^{24}	ヨタ	Y	10^{-1}	デシ	d
10^{21}	ゼタ	Z	10^{-2}	センチ	c
10^{18}	エクサ	E	10^{-3}	ミリ	m
10^{15}	ペタ	P	10^{-6}	マイクロ	μ
10^{12}	テラ	T	10^{-9}	ナノ	n
10^{9}	ギガ	G	10^{-12}	ピコ	p
10^{6}	メガ	M	10^{-15}	フェムト	f
10^{3}	キロ	k	10^{-18}	アト	a
10^{2}	ヘクト	h	10^{-21}	ゼプト	z
10^{1}	デカ	da	10^{-24}	ヨクト	y

2. 三角形の辺と角の関係・三角関数・指数関数

2.1 三角形の辺と角の関係

図付録・1のように，$\triangle ABC$ の3つの角を A，B，C，それらの角の対辺の長さをそれぞれ a，b，c とし，外接円の半径を R とすると，以下の関係が成り立つ．

① **辺の関係**　$|c-b|<a<b+c$（$a>0$，$b>0$，$c>0$）

角の関係　$A+B+C=180°$（$0°<A$，B，$C<180°$）

② **正弦定理**

$$\frac{a}{\sin A}=\frac{b}{\sin B}=\frac{c}{\sin C}=2R$$（R は$\triangle ABC$ の外接円の半径）

$$a:b:c=\sin A:\sin B:\sin C$$

③ **第一余弦定理**

$$a=b\cos C+c\cos B$$
$$b=c\cos A+a\cos C$$
$$c=a\cos B+b\cos A$$

④ **第二余弦定理**

$$a^2=b^2+c^2-2bc\cos A$$
$$b^2=c^2+a^2-2ca\cos B$$
$$c^2=a^2+b^2-2ab\cos C$$

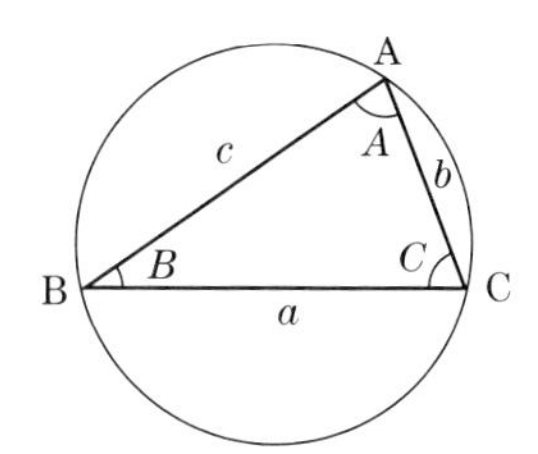

図付録・2　三角形の辺と角の関係

2.2 三角関数

2.2.1 三角関数の定義

三角関数は，一般角（0～360°までの1回転だけでなく，角度の制限がなく，角度の方向も正負で扱う）でも定義され，周期関数ということがわかる．

$\sin\theta=\dfrac{y}{r}$　：θ に関する正弦関数

$\sin\theta=\sin(\theta+2n\pi)$：周期 2π の周期関数

$\cos\theta=\dfrac{x}{r}$　：θ に関する余弦関数

$\cos\theta=\cos(\theta+2n\pi)$：周期 2π の周期関数

$\tan\theta=\dfrac{y}{x}$　：θ に関する正接関数

$\tan\theta=\tan(\theta+n\pi)$：周期 π の周期関数 $\left(\theta=\dfrac{\pi}{2}+n\pi\right.$ のとき定義されない$\left.\right)$

一般角：$\theta+2n\pi$
動径：OP

図付録・3　三角関数の定義

ただし，ここで n は整数とする．

2.2.2 三角関数の相互関係

任意の角 θ に対して，三角関数には，以下のような相互関係が成り立つ．

$$\sin^2\theta+\cos^2\theta=1$$

$$\tan\theta=\frac{\sin\theta}{\cos\theta},\qquad 1+\tan^2\theta=\frac{1}{\cos^2\theta}$$

2.2.3 加法定理

三角関数には，任意の角 θ に対して，以下のような**加法定理**が成り立つ．

$$\sin(\alpha\pm\beta)=\sin\alpha\cos\beta\pm\cos\alpha\sin\beta$$

$$\cos(\alpha\pm\beta)=\cos\alpha\cos\beta\mp\sin\alpha\sin\beta$$

$$\tan(\alpha\pm\beta)=\frac{\tan\alpha\pm\tan\beta}{1\mp\tan\alpha\tan\beta}$$

2.2.4 三角関数の合成

① $a\sin\theta+b\cos\theta=\sqrt{a^2+b^2}\,\sin(\theta+\alpha)$

ただし，

$$\cos\alpha=\frac{a}{\sqrt{a^2+b^2}},\qquad \sin\alpha=\frac{b}{\sqrt{a^2+b^2}}$$

② $a\sin\theta+b\cos\theta=\sqrt{a^2+b^2}\,\cos(\theta+\beta)$

ただし，

$$\sin\beta=\frac{a}{\sqrt{a^2+b^2}},\qquad \cos\beta=\frac{b}{\sqrt{a^2+b^2}}$$

2.2.5 逆三角関数

① $x=\sin y$ となるような関数 y のことを，逆正弦関数と呼び，$\sin^{-1}x$ で表す．

$$x=\sin y\quad\Leftrightarrow\quad y=\sin^{-1}x\qquad\left(-1\leq x\leq 1,\ -\frac{\pi}{2}\leq y\leq\frac{\pi}{2}\right)$$

② $x=\cos y$ となるような関数 y のことを，逆余弦関数と呼び，$\cos^{-1}x$ で表す．

$$x=\cos y\quad\Leftrightarrow\quad y=\cos^{-1}x\qquad(-1\leq x\leq 1,\ 0\leq y\leq\pi)$$

③ $x=\tan y$ となるような関数 y のことを，逆正接関数と呼び，$\tan^{-1}x$ で表す．

$$x=\tan y\quad\Leftrightarrow\quad y=\tan^{-1}x\qquad\left(-\infty<x<\infty,\ -\frac{\pi}{2}<y<\frac{\pi}{2}\right)$$

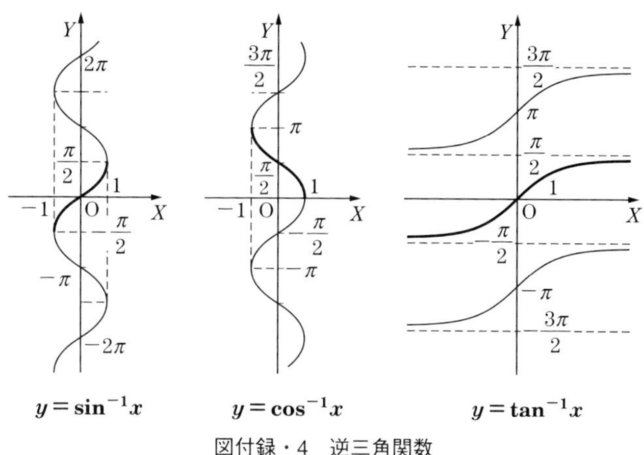

図付録・4　逆三角関数

2.3　指数関数と対数関数

2.3.1　指数関数

$y=a^x$（$a>0$，$a\neq 1$，a は定数）を，「底とする x の指数関数」という．この式は，$a>1$ のとき単調増加，$0<a<1$ のとき単調減少する．

また，a を自然対数の底 e とする場合の e^x を，一般に**指数関数**という．ここで，e は**ネイピア数**と呼ばれる数で $e=2.718\,281\,828\,459\,045\cdots$ である．また，以下が成り立つ．

$$e^x e^y = e^{x+y},\qquad \frac{e^x}{e^y}=e^{x-y},\qquad e^0=1$$

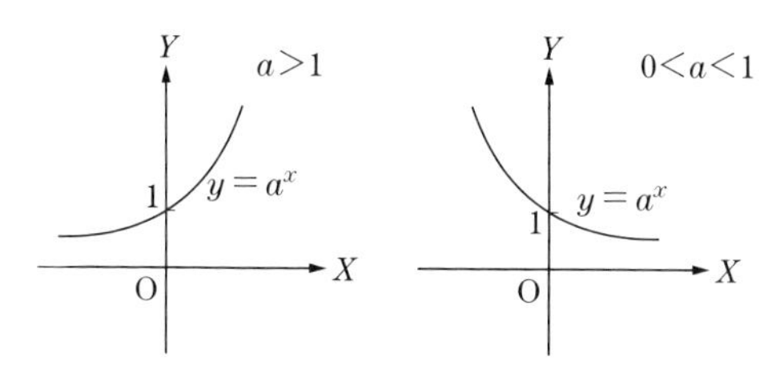

図付録・5　指数関数

2.3.2　対数関数

対数関数とは，指数関数の逆関数である．

$$a^x=y \iff x=\log_a y \qquad (a>0,\ a\neq 1) \qquad ①$$

上の式で，a を底という．e を底とする対数（$\log_e$）を**自然対数**，10 を底とする対数（$\log_{10}$）を**常用対数**という．

なお，自然対数の場合，$\log_e$ の e を省略して log と表したり，記号 ln（natural logarithm の略）を用いて表したりする．また，ポケコンの表示において，「log」は常用対数を，「ln」は自然対数を示していることに注意する．

高等学校の教科書では，対数関数を以下のように定義している．

$a>0$，$a \neq 1$，$x>0$ のとき

$x=a^y \iff y=\log_a x$　②

上の式で，a を**底数**，x を**真数**という．

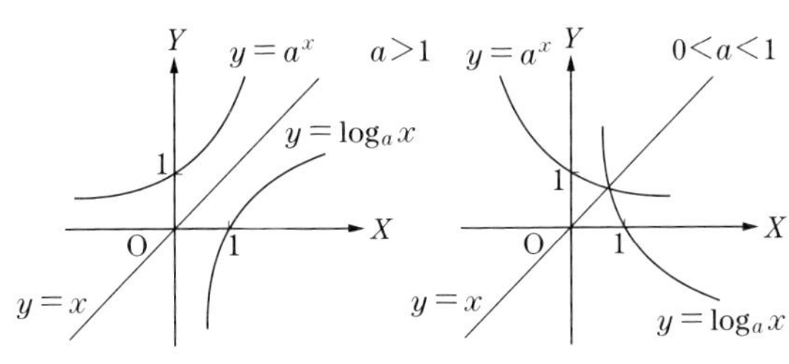

図付録・6　対角関数

①，② より $y=\log_a x$ は $y=a^x$ の逆関数である．

2.3.3　対数の基本性質

$a>0$，$a \neq 1$，$M>0$，$N>0$ で p を実数とする．

① $\log_a a=1$，$\log_a 1=0$

② $\log_a MN=\log_a M+\log_a N$

③ $\log_a \dfrac{M}{N}=\log_a M-\log_a N$

④ $\log_a M^p=p\log_a M$

⑤ $\log_a \sqrt[n]{M^m}=\dfrac{m}{n}\log_a M$

⑥ $\log_a M=\dfrac{\log_b M}{\log_b a}$　　$(b>0,\ b \neq 1)$

3. ベクトル

3.1　ベクトルの表現

大きさと向きをもつ量を**ベクトル**という．この量は，始点と終点を結ぶ有向線分として表すことができる（$\vec{a}$ を $\boldsymbol{a}$ と表す場合もある）．

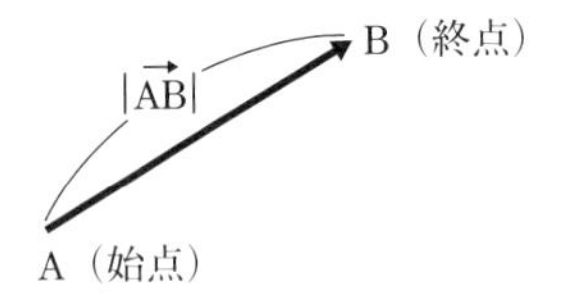

有向線分 AB が表すベクトルを $\overrightarrow{AB}$ と表し，A を $\overrightarrow{AB}$ の始点，B を $\overrightarrow{AB}$ の終点と呼ぶ．$\overrightarrow{AB}$ の大きさを $|\overrightarrow{AB}|$ で表す

図付録・7　ベクトルの表現

3.2 ベクトルの加法の計算法則

① 交換法則：$\overrightarrow{a}+\overrightarrow{b}=\overrightarrow{b}+\overrightarrow{a}$

② 結合法則：$(\overrightarrow{a}+\overrightarrow{b})+\overrightarrow{c}=\overrightarrow{a}+(\overrightarrow{b}+\overrightarrow{c})$

③ $\overrightarrow{a}+(-\overrightarrow{a})=\overrightarrow{0}$

$\overrightarrow{0}$ は**零ベクトル**といい，大きさが 0 である．

3.3 ベクトルの実数倍の計算法則

① 分配法則：$(p+q)\overrightarrow{a}=p\overrightarrow{a}+q\overrightarrow{a}$　　(p，q は実数)

② 分配法則：$p(\overrightarrow{a}+\overrightarrow{b})=p\overrightarrow{a}+q\overrightarrow{b}$

③ 結合法則：$(pq)\overrightarrow{a}=p(q\overrightarrow{a})$

3.4 ベクトルの平行条件

$\overrightarrow{a}\neq 0$，$\overrightarrow{b}\neq 0$ であるとき $\overrightarrow{a}$ と $\overrightarrow{b}$ が平行 ($\overrightarrow{a}/\!/\overrightarrow{b}$) ならば，$\overrightarrow{b}=k\overrightarrow{a}$ となる実数 k がある．

3.5 ベクトルの分解

平面上に $\overrightarrow{a}$，$\overrightarrow{b}$ があって $\overrightarrow{a}\neq 0$，$\overrightarrow{b}\neq 0$ であり，かつ $\overrightarrow{a}/\!/\overrightarrow{b}$ でないとき，平面上の任意のベクトル $\overrightarrow{p}$ は，次の形に，ただ 1 通りに表される．

$\overrightarrow{p}=m\overrightarrow{a}+n\overrightarrow{b}$　　(m，n は実数)

3.6 ベクトルの成分表示

3.6.1 座標平面上のベクトル

大きさ 1 のベクトルを**単位ベクトル**という．

座標平面において，X 軸，Y 軸の正の向きと同じ向きの単位ベクトルを，**基本ベクトル**といい，それぞれ $\overrightarrow{e_1}$，$\overrightarrow{e_2}$ で表す．基本ベクトルを用いると，座標平面上の任意のベクトル $\overrightarrow{a}$ は，次のように表される．

$$\overrightarrow{a}=a_1\overrightarrow{e_1}+a_2\overrightarrow{e_2} \qquad ①$$

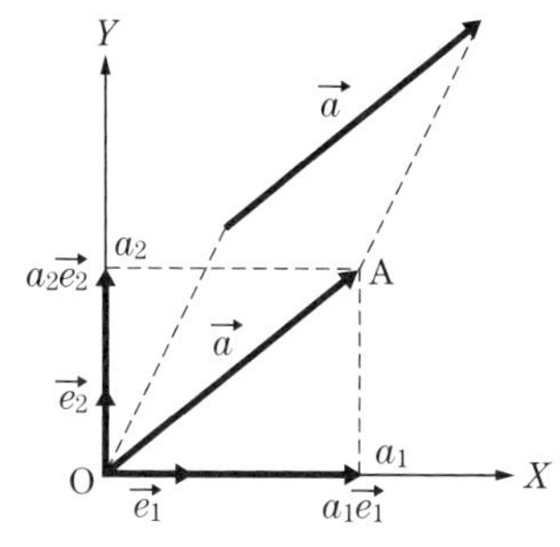

図付録・8　座標平面上のベクトル

a_1, a_2 は，$\overrightarrow{a}$ によってただ 1 通りに定まる実数で，a_1 を $\overrightarrow{a}$ の x 成分，a_2 を $\overrightarrow{a}$ の y 成分という．① のベクトル $\overrightarrow{a}$ を，$\overrightarrow{a}=(a_1, a_2)$ と表し，これを $\overrightarrow{a}$ の成分表示という．

このとき，$\overrightarrow{a}=\overrightarrow{\mathrm{OA}}$ となる点 A の座標は (a_1, a_2) である．また，$\overrightarrow{a}$ の大きさは，$|\overrightarrow{a}|=|\overrightarrow{\mathrm{OA}}|=\mathrm{OA}=\sqrt{{a_1}^2+{a_2}^2}$ である．ここで，$|\quad|$ は絶対値記号である．

基本ベクトル $\overrightarrow{e_1}$，$\overrightarrow{e_2}$ を成分表示すると，次のようになる．

$\overrightarrow{e_1}=(1, 0)$，　$\overrightarrow{e_2}=(0, 1)$

3.6.2　座標空間上のベクトル

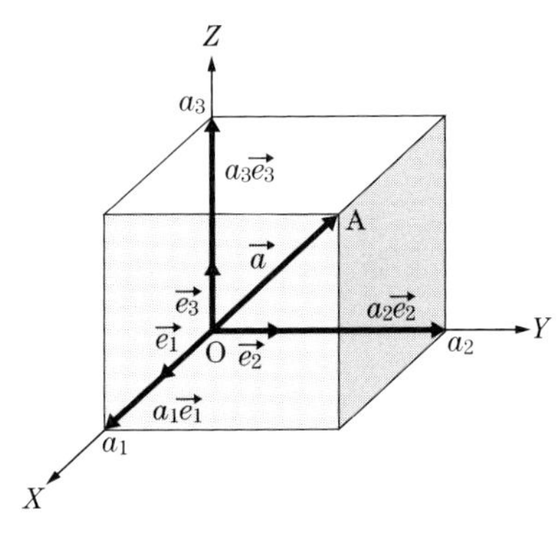

図付録・9　座標空間上のベクトル

座標空間において，X 軸，Y 軸，Z 軸の正の向きと同じ向きの単位ベクトルを**基本ベクトル**といい，それぞれ $\overrightarrow{e_1}$，$\overrightarrow{e_2}$，$\overrightarrow{e_3}$ で表す．基本ベクトルを用いると，座標空間上の任意のベクトル $\overrightarrow{a}$ は，次のように表される．

$$\overrightarrow{a} = a_1\overrightarrow{e_1} + a_2\overrightarrow{e_2} + a_3\overrightarrow{e_3} \qquad ②$$

a_1，a_2，a_3 は，$\overrightarrow{a}$ によってただ1通りに定まる実数で，a_1 を $\overrightarrow{a}$ の x 成分，a_2 を $\overrightarrow{a}$ の y 成分，a_3 を $\overrightarrow{a}$ の z 成分という．② のベクトル $\overrightarrow{a}$ を，$\overrightarrow{a} = (a_1, a_2, a_3)$ と表し，これを $\overrightarrow{a}$ の成分表示という．

このとき，$\overrightarrow{a} = \overrightarrow{\mathrm{OA}}$ となる点 A の座標は (a_1, a_2, a_3) である．また，$\overrightarrow{a}$ の大きさは，$|\overrightarrow{a}| = |\overrightarrow{\mathrm{OA}}| = \mathrm{OA} = \sqrt{a_1{}^2 + a_2{}^2 + a_3{}^2}$ である．

基本ベクトル $\overrightarrow{e_1}$，$\overrightarrow{e_2}$，$\overrightarrow{e_3}$ を成分表示すると，次のようになる．

$$\overrightarrow{e_1} = (1, 0, 0), \qquad \overrightarrow{e_2} = (0, 1, 0), \qquad \overrightarrow{e_3} = (0, 0, 1)$$

3.7　ベクトルの内積と外積

3.7.1　内積の定義

ベクトル $\overrightarrow{a}$, $\overrightarrow{b}$ のなす角を θ とするとき，$|\overrightarrow{a}||\overrightarrow{b}|\cos\theta$ を $\overrightarrow{a}$, $\overrightarrow{b}$ の**内積**または**スカラー積**といい，$\overrightarrow{a} \cdot \overrightarrow{b}$ で表す．

$$\overrightarrow{a} \cdot \overrightarrow{b} = |\overrightarrow{a}||\overrightarrow{b}|\cos\theta$$

$\overrightarrow{a} = 0$ または $\overrightarrow{b} = 0$ のときは $\overrightarrow{a} \cdot \overrightarrow{b} = 0$ と定める．すると，次の関係式が成り立つ．

① 交換法則：$\overrightarrow{a} \cdot \overrightarrow{b} = \overrightarrow{b} \cdot \overrightarrow{a}$

② 分配法則：$(\overrightarrow{a} + \overrightarrow{b}) \cdot \overrightarrow{c} = \overrightarrow{a} \cdot \overrightarrow{c} + \overrightarrow{b} \cdot \overrightarrow{c}$

③ 結合法則：$(p\overrightarrow{a}) \cdot \overrightarrow{b} = p(\overrightarrow{a} \cdot \overrightarrow{b})$　　（p は実数）

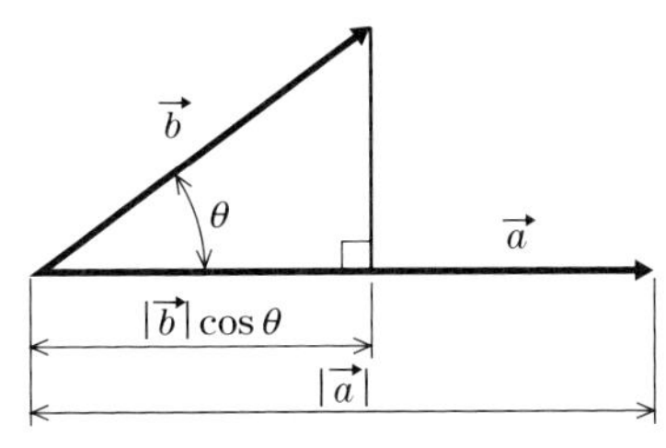

$|\overrightarrow{a_1}||\overrightarrow{b}|\cos\theta =$（$\overrightarrow{a}$ の大きさ）・（$\overrightarrow{b}$ の $\overrightarrow{a}$ 上への正射影ベクトルの大きさ）

図付録・10　内積の定義

3.7.2　外積の定義

二つのベクトル$\vec{a}$，$\vec{b}$に対して，次のような大きさと向きをもったベクトル$\vec{c}$を，$\vec{a}$と$\vec{b}$との**外積**または**ベクトル積**といい，$\vec{a}\times\vec{b}$で表す．

$\vec{c}=\vec{a}\times\vec{b}$の大きさは，$\vec{a}$，$\vec{b}$を２辺とする平行四辺形の面積に等しい．すなわち，$|\vec{a}||\vec{b}|\sin\theta$である．$\vec{c}=\vec{a}\times\vec{b}$の向きは$\vec{a}$と$\vec{b}$に垂直で，$\vec{a}$，$\vec{b}$，$\vec{c}$が右手系となる方向である．

$\vec{a}$と$\vec{b}$が平行なとき，あるいは$\vec{a}$か$\vec{b}$のいずれかが零ベクトルのときは，$\vec{a}\times\vec{b}=0$と定める．すると，次の関係式が成り立つ．

① $\vec{a}\times\vec{b}=-\vec{b}\times\vec{a}$　　（交換法則は成立しない）

② $\vec{a}\times\vec{a}=0$

③ 結合法則：$(m\vec{a})\times\vec{b}=\vec{a}\times(m\vec{b})=m(\vec{a}\times\vec{b})$　　（mは実数）

④ 分配法則：$\vec{a}\times(\vec{b}+\vec{c})=\vec{a}\times\vec{b}+\vec{a}\times\vec{c}$，$(\vec{a}+\vec{b})\times\vec{c}=\vec{a}\times\vec{c}+\vec{b}\times\vec{c}$

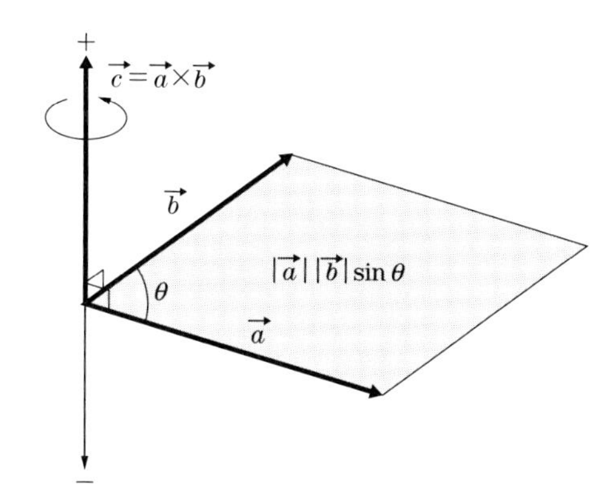

図付録・11　外積の定義

4. 摩擦係数

4.1 静摩擦係数

表付録・8

摩擦片	摩擦面	摩擦係数	摩擦片	摩擦面	摩擦係数
木	金属	0.2～0.6	木	木	0.2～0.5
石	金属	0.3～0.4	ゴム	ゴム	0.5
皮革	金属	0.4～0.6	ナイロン	ナイロン	0.15～0.25
木	石	0.4	テフロン	テフロン	0.04
氷	氷	0.3～0.5	スキー	雪	0.08

（日本機械学会 編：機械工学便覧，丸善出版（2014）より引用）

4.2 動摩擦係数

表付録・9

摩擦片	摩擦面	摩擦係数	摩擦片	摩擦面	摩擦係数
硬鋼	硬鋼	0.3～0.40	銅	銅	1.4
軟鋼	軟鋼	0.35～0.40	ニッケル	ニッケル	0.7
鉛・ニッケル・亜鉛	軟鋼	0.40	ガラス	ガラス	0.7
ホワイトメタル・ケルメット・りん青銅	軟鋼	0.30～0.35	スキー	雪	0.06
カーボン	軟鋼	0.21			

（日本機械学会 編：機械工学便覧，丸善出版（2014）より引用）

4.3 転がり摩擦係数

表付録・10

回転体	転がり面	摩擦係数
鋼	鋼	0.02～0.04
鋼	木	0.15～0.25
空気入りタイヤ	良い道	0.05～0.055
空気入りタイヤ	どろ道	0.1～0.15
ソリッドゴムタイヤ	良い道	0.1
ソリッドゴムタイヤ	どろ道	0.22～0.28

（日本機械学会 編：機械工学便覧，丸善出版（2014）より引用）

5. カム線図

5.1 カムの速度線図の不連続点の扱い

例えば，あるカム機構について，カムの回転角 θ が $\beta<\theta<\lambda$ の範囲で，三つの区間に分割されるような接触子の変位が**図付録・12** のように与えられていると考える．

この変位線図から，カムの接触子の速度を求めたときに，**図付録・13** に示すようになり，数式で考えると

$$\begin{cases} \beta<\theta<\gamma & => \quad v=C_1(\text{一定}) \\ \gamma<\theta<\delta & => \quad v=f(\theta) \\ \delta<\theta<\lambda & => \quad v=C_2(\text{一定}) \end{cases}$$

となったとする．ただし，以下の解説は，速度が数式ではなく，離散的な数値データで与えられても同じである．

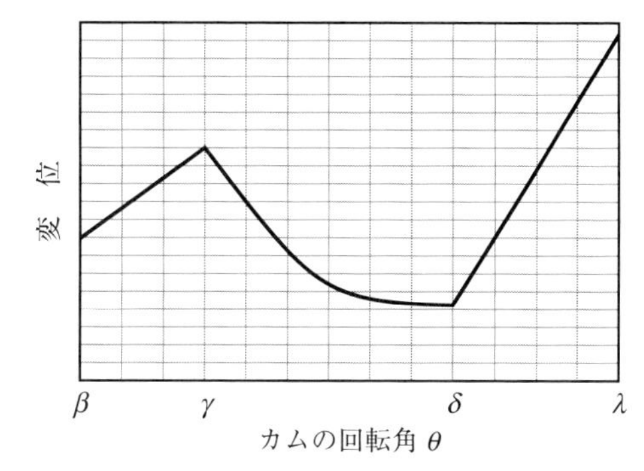

図付録・12　カムの変位線図

図付録・12 に示したように，変位線図の滑らかでない点（$\theta=\gamma$ および $\theta=\delta$）では，速度線図は不連続となり，その点を**不連続点**と呼ぶ．その点の値（速度）を数値で扱う場合，両者の平均値（例えば，$\theta=\gamma$ では点 B と点 C の中間値）とする．

導関数（速度は変位の導関数，加速度は速度の導関数）を求めることができるのは，連続で滑らかな区間ごとで，不連続点や滑らかでない点では導関数を求めることはできない．

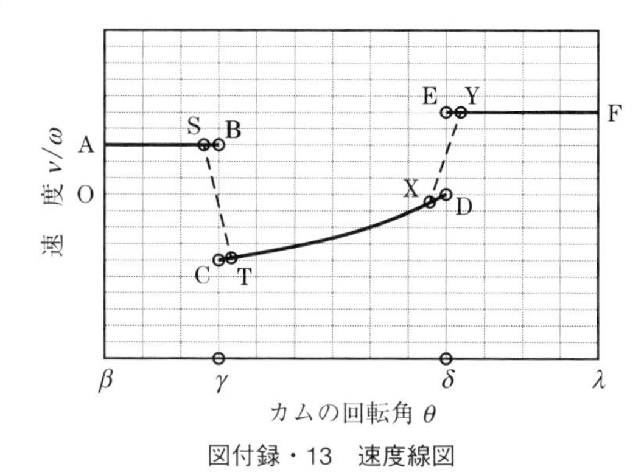

図付録・13　速度線図

そこで，図付録・13 に示したように，$\theta=\gamma$ の近傍で B–C のような不連続ではなく，S–T のように斜線（傾きが一定）で結んで考える．同様に，$\theta=\delta$ の近傍でも，X–Y のように斜線を考える．この斜線は変位曲線の折れ線部分（滑らかでない部分）を放物線でカムの輪郭線を緩和していることになる．

このように考えると，A–S–T–X–Y–F は区分的に滑らかで，各区間ごとに一つの速

度式を示すことができる．この方法で，図付録･13 の各不連続点の近傍をよりせばめていけば，**図付録･14** の加速度線図は極限として，**図付録･15** のようになることが推察できる．

以上のことから，速度線図で不連続点を生ずるような場合，速度が急変することになるから加速度が異常に大きくなることが予測できる．

したがって，加速度が急激に大きくなると,カムの接触子に,（質量）×（加速度），すなわち大きな慣性力が働き，カムの目標とする動きに接触子が追従できない状況が生ずる可能性があることが理解できる．

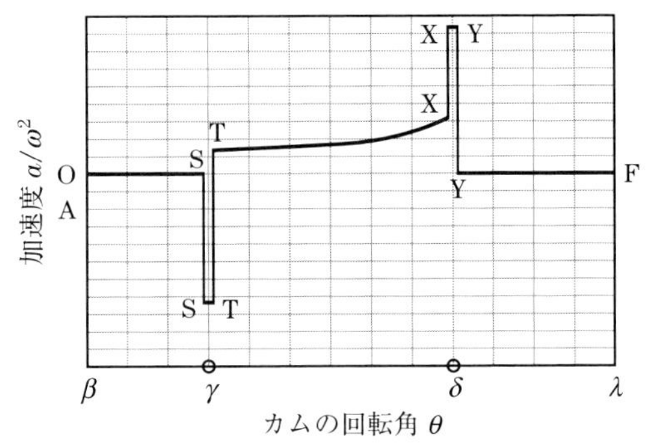

図付録・14　加速度線図 1

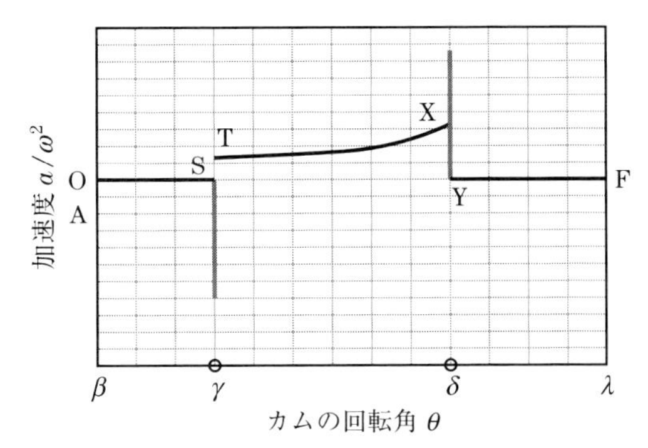

図付録・15　加速度線図 2

文　献

引用文献

1）スガツネ工業株式会社 資料
2）全国自動車整備専門学校協会編「シャシ構造1」山海堂，1993
3）アライエンジニアリング ホームページ（http://www.kumagaya.or.jp/~tarai/）
4）株式会社オオツカハイテック 技術資料
5）株式会社ツバキエマソン カムクラッチカタログ
6）株式会社ツバキエマソン 無段変速機カタログ
7）ジヤトコ株式会社 資料
8）ジヤトコ株式会社 ホームページ
（http://www.jatco.co.jp/）
9）小原歯車工業株式会社 総合カタログ
10）住野和男「やさしい機械図面の見方・描き方」オーム社
11）もの作りのための機械設計工学
（http://www.nmri.go.jp/old pages/eng/khirata/design/ch06/ch06_02.html）
12）株式会社椿本チエイン タイミングベルト伝動カタログ
13）株式会社椿本チエイン ドライブチェーン伝動カタログ
14）株式会社椿本チエイン トップチェーン伝動カタログ
15）株式会社椿本チエイン アタッチメント付小型コンベヤチェーン伝動カタログ

参考文献

・桜井恵三「基礎機構学」槇書店
・高行男「機構学入門」山海堂
・井垣久，中山英明，川島成平，安富雅典「機構学」朝倉書店
・森田鈞「機構学」サイエンス社
・藤田勝久「機械運動学」森北出版
・佃勉「精解 機構学の基礎」現代工学社
・萩原芳彦「よくわかる 機構学」オーム社

・稲田重男，森田鈞「大学課程 機構学」オーム社
・木村南「動画で学ぶ機構学入門 上巻」日刊工業新聞社
・日本カム工業会技術委員会編「設計者のためのカム機構図例集」日刊工業新聞社
・機械学ポケットブック編集委員会「図解版 機械学ポケットブック」オーム社
・住野和男「やさしい機械図面の見方・描き方」オーム社
・門田和雄，長谷川大和「絵ときでわかる 機械力学」オーム社
・全国自動車整備専門学校協会編「シャシ構造 1」山海堂
・細川武志「蒸気機関車メカニズム図鑑」グランプリ出版
・太田博「工学基礎 機構学 増補版」共立出版
・日本機械学会編「機械工学 SI マニュアル 改訂 2 版」日本機械学会
・日本規格協会編「JIS Z 8203 国際単位系（SI）及びその使い方」日本規格協会
・石田健二郎，松田孝「わかる機構学」日新出版
・守屋富次郎，鷲津久一郎「力学概論」培風館
・江沢洋「よくわかる力学」東京図書
・一松信 他「基礎数学 B」学校図書
・矢野健太郎監修・春日正文「モノグラフ 24 公式集 4 改訂」科学新興社
・日本機械学会編「機械工学 SI マニュアル改訂 第 2 版」日本機械学会，1989
・鈴木健司・森田寿郎「基礎から学ぶ機構学」，オーム社，2010
・岩本太郎「機構学」，森北出版，2012
・森田鈞「機構学」，実教出版，1974
・日本機械学会編「機械工学のための力学」，日本機械学会，2014
・日本機械学会編「機構学 機械の仕組みと運動」，日本機械学会，2007
・日本工業標準調査会（JISC）ホームページ (http://www.jisc.go.jp/)

索　引

■ア　行

アイテルワインの式 …… 161
アイドラー …… 108
アイドラスプロケット …… 157
アイドルギア …… 137
遊び車 …… 108, 137
アッカーマン方式による舵取り装置 …… 61
圧力角 …… 81, 128
アンダーカット …… 131

移送法 …… 56
板カム …… 71
一段歯車機構 …… 134
位置ベクトル …… 26
インデックスカム …… 90
インボリュート曲線 …… 120
インボリュート歯車 …… 121

ウォーム …… 124
ウォームホイール …… 124
ウォームギア …… 124
内歯車 …… 123
腕 …… 140
運動摩擦 …… 103

永久中心 …… 22, 52
円形歯車 …… 144
円すいカム …… 75
円すい摩擦車 …… 110
円筒ウォームギア …… 124
円筒カム …… 74
円筒車 …… 106
円筒摩擦車 …… 106
円板カム …… 71
円ピッチ …… 128

往復スライダクランク機構 …… 44
オフセット …… 74, 127
オフセットスライダクランク機構 …… 46
オフセットリンク …… 155, 156
オープンベルト …… 148

■カ　行

外　積 …… 205
回転カム …… 68
外転サイクロイド曲線 …… 121
回転中心 …… 21
角速度比 …… 113
確動カム …… 73
加速度線図 …… 78
加速度ベクトル …… 26
かたより …… 149
かたよりカム …… 74
滑車伝動 …… 158
加法定理 …… 200
カ　ム …… 68
カムクラッチ …… 97
カム線図 …… 78
間欠コンベヤ …… 95
間欠運動 …… 90
干　渉 …… 175
冠歯車 …… 126
緩和曲線 …… 89

機　械 …… 2
機　構 …… 2
機構の交替 …… 37
機　素 …… 3
基礎円 …… 79, 120, 145

基準円 …… 128
基準円すい面 …… 126
基準面 …… 128
基礎円 …… 145
基礎円直径 …… 120
基礎曲線 …… 78
きのこ形カム …… 71
基本単位 …… 195
基本ベクトル …… 203, 204
ギ　ヤ …… 122
逆三角関数 …… 200
球面カム …… 75
球面対偶 …… 10
球面リンク機構 …… 50
共役カム …… 73
切下げ …… 131, 175
金属ベルト式 CVT …… 172

食い違い軸 …… 101
くさび作用 …… 150
鎖　車 …… 154
駆動軸 …… 122
駆動歯車 …… 134
組立単位 …… 196
クラウン …… 149
クラウンギア …… 126
グラスホフ機構 …… 40
グラスホフの定理 …… 40
クランク …… 15, 37
クロスベルト …… 148

欠歯歯車 …… 90
ケネディーの定理 …… 23
けん引駆動 …… 174
原　節 …… 5
減速歯車 …… 127
減速比 …… 127
限定対偶 …… 8
限定連鎖 …… 13
原動車 …… 100
原動節 …… 5

交差軸 …… 101
剛節接合 …… 14
拘束連鎖 …… 13
固定節 …… 6
固定中心 …… 22, 52
固定連鎖 …… 12
コネクティングロッド …… 37
転がり接触 …… 100
転がり接触伝動 …… 100
転がり摩擦 …… 103
コンロッド …… 37

■サ　行

サイクロイド曲線 …… 121
サイクロイド歯車 …… 121
最終減速比 …… 133
最大静摩擦力 …… 102
サイレントチェーン …… 154
逆さカム …… 70
差動歯車機構 …… 140
差動歯車装置 …… 141
三角カム …… 71
三角関数 …… 199
三中心の定理 …… 23

思案点 …… 40
軸間距離 …… 159
自在継手 …… 50
指数関数 …… 201
自然対数 …… 201
死　点 …… 40
自動工具交換装置 …… 94
斜板カム …… 76
車輪の空転現象 …… 105
十字掛け …… 148
従　節 …… 5
自由度 …… 30
従動車 …… 100
従動節 …… 5
瞬間中心 …… 21

小歯車 ………… 122
正面カム ………… 73
常用対数 ………… 201
真　数 ………… 202

スカラー ………… 26
スカラー積 ………… 204
すぐば ………… 123
すぐばかさ歯車 ………… 124
図式解析法 ………… 53
ステラジアン ………… 195
スパーギヤ ………… 123
スプロケット ………… 154
滑り接触 ………… 100
滑り対偶 ………… 8
滑り摩擦 ………… 103
スライダ ………… 44
スライダクランク機構 ………… 44
スライダクランク連鎖 ………… 44
スラスト ………… 123

正弦定理 ………… 198
静止節 ………… 6
静止摩擦 ………… 102
静止摩擦力 ………… 102
静摩擦 ………… 102
静摩擦力 ………… 102
節 ………… 12
接触子 ………… 68, 69
接線カム ………… 71
ゼネバ ………… 90, 93
零ベクトル ………… 202
ゼロール歯車 ………… 127
線接触 ………… 32
線対偶 ………… 10, 32

増速歯車 ………… 127
増速比 ………… 127
速度線図 ………… 78
速度伝達比 ………… 107, 113, 135, 137, 138
速度比 ………… 112
速度ベクトル ………… 26
速　比 ………… 112
外歯車 ………… 123

■タ　行

第一余弦定理 ………… 199
対数関数 ………… 201
第二余弦定理 ………… 198
大歯車 ………… 122
大プーリ ………… 164
タイミングベルト ………… 152
ダイヤメトラルピッチ ………… 142
太陽歯車 ………… 140, 142
だ円歯車 ………… 144
たすき掛け ………… 149
多段歯車機構 ………… 137
単位ベクトル ………… 203
ターンテーブル ………… 117
端面カム ………… 76

チェーン伝動 ………… 154
中間車 ………… 108
中間節 ………… 6
中心間距離 ………… 159
中心距離 ………… 159
中心軸固定の歯車列 ………… 134
頂げき ………… 132
直進カム ………… 68
直道カム ………… 68

継手リンク ………… 156
鼓形ウォームギア ………… 126
爪　車 ………… 90
つり下げ駆動 ………… 174

定滑車 ………… 158
底　数 ………… 202
て　こ ………… 15, 37
てこクランク機構 ………… 37
ディファレンシャルギア装置 ………… 141
ディファレンシャルギア比 ………… 133

転　位 ………… 131, 175
転位歯車 ………… 131
テンショナスプロケット ………… 157
点対偶 ………… 11, 31

動滑車 ………… 158
等速円運動 ………… 27
動弁機構 ………… 29
動摩擦 ………… 103
動摩擦力 ………… 103
トグル機構 ………… 61
トラス ………… 13, 14
トロイダル式 CVT ………… 116

■ナ　行

内　積 ………… 204
内転サイクロイド曲線 ………… 121
ナイフエッジ ………… 71
中　高 ………… 149
並　歯 ………… 130

ネイピア数 ………… 201
ねじ対偶 ………… 10
ねじ歯車 ………… 125
ねじれ角 ………… 127

■ハ　行

歯　圧 ………… 128
媒介節 ………… 6
ハイポイド歯車 ………… 126
ハイポイドピニオン ………… 127
倍力装置 ………… 61
歯数比 ………… 113, 136
歯切り ………… 131
歯　車 ………… 120
歯車対 ………… 123
歯車列 ………… 134
歯先円 ………… 128
歯末のたけ ………… 128
歯末面 ………… 128
はすば ………… 123
はすば歯車 ………… 123
はすばラック歯車 ………… 123
歯底円 ………… 128
歯付きベルト伝動 ………… 152
バックラッシ ………… 132, 133
ハート形カム ………… 80
歯　幅 ………… 128
歯溝の幅 ………… 128
歯　面 ………… 128
歯元のたけ …………
歯元面 ………… 128
パラレルカム ………… 90, 91
張り側 ………… 160
バレルカム ………… 90, 93
半径線 ………… 128
反対カム ………… 70
パンタグラフ機構 ………… 42, 62

非円形歯車 ………… 144
被駆動軸 ………… 122
ピック＆プレース ………… 95
ピッチ ………… 130
ピッチ円 ………… 121, 128, 145
被動歯車 ………… 134
ピニオン ………… 122
標準基準ラック ………… 131
標準平歯車 ………… 131, 132
平歯車 ………… 122
平ベルト ………… 148
ピンギヤ駆動 ………… 174

ファイナルギア比 ………… 133
フェース歯車 ………… 126
フォロワ ………… 69
不限定連鎖 ………… 13
不拘束連鎖 ………… 13
フック継手 ………… 50
プランジャ ………… 77
不連続点 ………… 206
分解法 ………… 55

平行掛け …… 148
平行クランク機構 …… 41
平行軸 …… 101
平行リンク機構 …… 41
並進運動 …… 8
平　面 …… 126
平面カム …… 69
平面リンク機構 …… 36
ベクトル …… 26, 53, 201
ベクトル積 …… 205
ヘリカルギヤ …… 123
ベルト中立面 …… 166
ベルト長 …… 162
変位曲線 …… 78
変位線図 …… 78
変位ベクトル …… 26
変　速 …… 137
変速比 …… 112

■マ　行

まがりばかさ歯車 …… 124
マイタ歯車 …… 127
巻掛け角 …… 149, 160
巻掛け伝動 …… 174
巻掛け伝動機構 …… 148
巻付け角 …… 157
摩　擦 …… 102
摩擦角 …… 104
摩擦車 …… 100, 104
摩擦式無段変速装置 …… 116
摩擦伝導装置 …… 101
摩擦力 …… 102
回り対偶 …… 8

溝カム …… 73
溝付き摩擦車 …… 109

無段変速機構 …… 114
無段変速装置 …… 172
面対偶 …… 8, 30
モジュール …… 130

■ヤ　行

やまば歯車 …… 123

遊星歯車 …… 140, 142
遊星歯車機構 …… 142
緩み側 …… 160

■ラ　行

ラジアン …… 195
らせん運動 …… 10
らせん対偶 …… 10
ラック歯車 …… 123

立体カム …… 69
立体リンク機構 …… 50
リフト …… 78
両クランク機構 …… 41
両てこ機構 …… 41
リンク …… 12
リング歯車 …… 142
リンク機構 …… 12, 36

レバー …… 37
連　鎖 …… 12
連　節 …… 6
連節法 …… 58
連接棒 …… 6, 37

ロッカ …… 37
ロープ伝動 …… 158
ローラカム …… 71
ローラギヤカム …… 90, 92
ローラチェーン …… 154

■ワ　行

ワイヤ …… 158
割出し数 …… 90

■数字・英字

3 瞬間中心の定理 …… 23

4 節回転連鎖 …… 15, 36

ATC …… 94

CVT …… 114

DP …… 142

SI …… 195
SI 接頭語 …… 198

V プーリ …… 150
V ベルト …… 150
V ベルト車 …… 150
V ベルト伝動 …… 150

〈著者略歴〉
宇津木　諭（うつぎ　さとし）
武蔵工業大学大学院博士課程（機械工学専攻）修了　工学博士
武蔵工業大学（現 東京都市大学），幾徳工業大学（現 神奈川工科大学）にて非常勤講師
科学技術学園専門学校講師
科学技術学園高等学校（2013 年 3 月末退職）

住 野 和 男（すみの　かずお）
1971 年　東海大学工学部機械工学科卒業
工学院大学学生創造活動支援室「夢づくり工房」担当講師
2013 年 9 月逝去

林　俊 一（はやし　しゅんいち）
2000 年　横浜国立大学工学研究科生産工学専攻修士課程修了
工学院大学専門学校メカニカル 3D・CAD 科非常勤講師
2008 年 3 月末退職

絵ときでわかる 機構学（第 2 版）

2006 年 11 月 20 日　第 1 版第 1 刷発行
2018 年 7 月 13 日　第 2 版第 1 刷発行
2024 年 8 月 10 日　第 2 版第 8 刷発行

著　者　宇津木　諭
住 野 和 男
林　俊 一
発 行 者　村 上 和 夫
発 行 所　株式会社 オ ー ム 社
郵便番号　101-8460
東京都千代田区神田錦町 3-1
電 話 03(3233)0641(代表)
URL https://www.ohmsha.co.jp/

印刷　中央印刷　　製本　協栄製本
ISBN978-4-274-22242-9　Printed in Japan